RocketMQ
消息中间件实战派

·上册·

胡弦◎著

电子工业出版社·
Publishing House of Electronics Industry
北京·BEIJING

内 容 简 介

本书覆盖了开发人员在落地分布式架构过程中使用 RocketMQ 的主要技术点，包括 RocketMQ 的高性能通信渠道、生产消息、消费消息、存储消息、分布式事务消息、消息的可追踪性、消息的稳定性、消息的高并发、消息的高可用、消息的高性能和 RocketMQ 5.x 的新特性。采用"是什么→怎么用→什么原理（源码分析）"的主线来讲解这些技术点。

本书的主要目标：①让读者在动手中学习，而不是"看书时好像全明白了，一动手却发现什么都不会"；②让读者掌握整个 RocketMQ 生态的全栈技术和最佳实践，而不是只有 RocketMQ 框架；③让读者从 RocketMQ 体系化的视角熟悉 RocketMQ 的核心原理，而不是零散且碎片化；④让读者成为消息中间件领域的技术专家或架构师，而不只是熟悉 RocketMQ；⑤让读者具备自研消息中间件的能力，而不是仅停留在源码分析的层次，"授人以鱼，不如授人以渔"是本书最大的宗旨。

本书适合对分布式架构及支撑分布式架构落地的中间件感兴趣的技术开发人员。无论读者是否接触过分布式消息中间件，只要具备一定的 Java 开发基础，都能通过本书的学习快速掌握分布式架构中消息中间件的开发技能，并利用 RocketMQ 消息中间件支撑分布式架构的落地。

图书在版编目（CIP）数据

RocketMQ 消息中间件实战派：上下册 / 胡弦著. —北京：电子工业出版社，2024.1

ISBN 978-7-121-46970-1

Ⅰ. ①R… Ⅱ. ①胡… Ⅲ. ①计算机网络—软件工具 Ⅳ. ①TP393.07

中国国家版本馆 CIP 数据核字（2023）第 240699 号

责任编辑：吴宏伟
印　　刷：中国电影出版社印刷厂
装　　订：中国电影出版社印刷厂
出版发行：电子工业出版社
　　　　　北京市海淀区万寿路 173 信箱　　邮编：100036
开　　本：787×980　　1/16　　印张：52.75　　字数：1314 千字
版　　次：2024 年 1 月第 1 版
印　　次：2024 年 1 月第 1 次印刷
定　　价：236.00 元（上下册）

凡所购买电子工业出版社图书有缺损问题，请向购买书店调换。若书店售缺，请与本社发行部联系，联系及邮购电话：（010）88254888，88258888。

质量投诉请发邮件至 zlts@phei.com.cn，盗版侵权举报请发邮件至 dbqq@phei.com.cn。

本书咨询联系方式：faq@phei.com.cn。

前言

在编写本书之前，我已经在电子工业出版社出版了微服务架构体系化的技术类图书《Spring Cloud Alibaba 微服务架构实战派（上下册）》。它算得上是一个"巨无霸"，技术面非常广。这一年多以来该书的销量和口碑都不错，并且也得到了业界专家的一致好评。

开发人员要想成为技术专家，除了需要技术的广度和体系化，还需要技术的深度。很多读者读完《Spring Cloud Alibaba 微服务架构实战派（上下册）》之后总觉得意犹未尽，期盼着我再编写一本专注于某个技术领域的图书（如 RocketMQ），于是就诞生了这本书。

消息中间件作为开发人员在落地分布式架构过程中必须掌握的技术栈，其技术角色将会越来越重要。因此，开发人员要想完成级别的晋升，消息中间件绝对是绕不开的一道坎。

另外，我目前是杭州某大型互联网公司 P8 级别技术专家，将自己对于阿里巴巴中间件生态的 RocketMQ 的理解和最佳实践以技术类的书籍展示给广大技术爱好者，希望对大家有所帮助。

1. 本书特色

本书具有以下特色。

（1）由浅到深。

本书将 RocketMQ 的技术原理和最佳实践体系化，按照由浅到深的顺序呈现给读者，使读者可以按照章节顺序按部就班地学习。当学习完全书内容之后，读者不仅能熟悉 RocketMQ 的核心原理，还能充分理解 RocketMQ 的"根"。

（2）技术新。

本书不仅包括 RocketMQ 4.x（4.9.2 版本）的核心原理分析和最佳实践，还包括 RocketMQ 5.x（5.1.0 版本）的新特性分析和最佳实践。

（3）精心设计的主线：零基础入门，循序渐进，直至彻底掌握 RocketMQ。

本书精心研究了程序类、架构类知识的认知规律，全书共分为 6 篇：①基础；②进阶；③高级；④高并发、高可用和高性能；⑤应用；⑥新特性，是一条相对科学的主线，让读者快速从"菜鸟"向"RocketMQ 分布式架构实战高手"迈进。

（4）绘制了大量的图，便于读者理解 RocketMQ 的原理、架构、流程。

一图胜千文，书中在涉及原理、架构、流程的地方配有插图，以便读者更加直观地理解。

（5）从架构师和技术专家的视角分析 RocketMQ。

本书创造性地分析了 RocketMQ 具备高并发、高可用和高性能的功能及原理，并从架构的视角展开分析，这些也是程序员进阶为技术专家或架构师必备的技能。

（6）不仅有原理分析，还有大量的实战案例。

本书介绍了大量的实战案例，能让读者"动起来"，在实践中体会功能，而不只是一种概念上的理解。

在讲解每一个知识模块时，我在思考：在这个知识模块中，哪些是读者必须实现的"标准动作"（实例）；哪些"标准动作"是可以先完成的，以求读者能快速有一个感知；哪些"标准动作"具有一定难度，需要放到后面完成。读者在实践完书中的案例之后，就能更容易理解那些抽象的概念和原理了。

本书的目标之一是，让读者在动手中学习，而不是"看书时好像全明白了，一动手却发现什么都不会"。本书相信"知行合一"的理念，而不是"只知，而不行"，避免开发人员出现眼高手低的现象。

（7）深入剖析原理。

本书以系统思维的方式，从业务功能视角剖析 RocketMQ 底层的技术原理，使读者具备快速阅读 RocketMQ 框架源码的能力。读者只有具备了这种能力，才能举一反三，实现更复杂的功能，应对更复杂的应用场景。

（8）从运维的视角分析 RocketMQ 的最佳实践。

本书除了分析大量的原理和实战案例，还从运维的视角分析 RocketMQ 的最佳实践（消息的可追踪性和稳定性），让开发人员也能从中受益。

（9）参与开源。

本书向读者展示了如何修改 RocketMQ 源码，并快速验证案例分析。这样，读者可以从中学到参与开源的技能，并为后续自己能够参与开源做准备。

2. 阅读本书，你能学到什么

（1）熟悉 RocketMQ 通信渠道的核心原理及最佳实践。

（2）熟悉 RocketMQ 消息路由的核心原理及最佳实践。

（3）熟悉 RocketMQ 生产和消费消息的核心原理及最佳实践。

（4）熟悉 RocketMQ 存储消息的核心原理及最佳实践。

（5）熟悉 RocketMQ 治理消息的核心原理及最佳实践。

（6）熟悉 RocketMQ 分布式事务消息的核心原理及最佳实践。

（7）熟悉 RocketMQ 消息可追踪性的核心原理及最佳实践。

（8）熟悉 RocketMQ 消息稳定性的核心原理及最佳实践。

（9）熟悉 RocketMQ 消息高并发的核心原理及最佳实践。

（10）熟悉 RocketMQ 消息高性能的核心原理及最佳实践。

（11）熟悉 RocketMQ 消息高可用的核心原理及最佳实践。

（12）熟悉 RocketMQ 在分布式架构中的应用原理及最佳实践。

（13）熟悉 RocketMQRocketMQ 5.x 新特性的原理及最佳实践。

3. 读者对象

本书读者对象如下。

◎ 初学 Java 的自学者；　　　　　　　◎ 培训机构的老师和学员；

◎ 软件开发工程师；　　　　　　　　　◎ 高等院校计算机相关专业的学生；

◎ Java 中高级开发人员；　　　　　　　◎ RocketMQ 初学者；

◎ 编程爱好者；　　　　　　　　　　　◎ DevOps 运维人员；

◎ 中间件爱好者；　　　　　　　　　　◎ 技术经理；

◎ 技术总监；　　　　　　　　　　　　◎ 其他对技术感兴趣的 IT 从业人员。

4. 致谢

特别感谢我的妻子陈益超和儿子胡辰昱在编写本书期间对我的支持；也要感谢电子工业出版社的编辑吴宏伟老师，将我带进"通过文字进行技术知识输出"的大门。

胡弦（@游侠）

于 2023.11

目录

第 1 篇　基础

第 2 篇 进阶

第1篇

基础

第 1 章
初识 RocketMQ

随着分布式架构的盛行，服务被水平拆分和垂直拆分，服务与服务之间的调用关系越来越复杂，服务治理的技术挑战性也越来越大。例如，将拆分之前和拆分之后的调用链路关系复杂度进行对比，后者通常都是前者的好几倍。架构师和技术专家在面对复杂的业务场景带来的技术挑战时，为了保证核心业务的高吞吐量，通常要考虑将核心业务的接口进行异步设计。

消息中间件作为异步设计的一种技术和架构手段，不仅能解耦服务之间的强依赖关系，还能最大限度地提升服务的 QPS 处理功能。开源的消息中间件有很多，RocketMQ 就是其中之一。它基于分布式集群管理技术，并提供高并发、高性能和高可用的消息发布和订阅服务。

下面将会带着大家一起进入 RocketMQ 的世界。

1.1　认识分布式架构

对于"分布式架构"，技术人员要用"技术小白"的视角认识它。

人的大脑在认知未知的知识领域时，如果用系统思维认知新的知识，则通常要经历"从部分到整体，再从整体到部分"的思考过程。因此，本节将分布式架构拆分为"分布式"和"架构"两部分。

1.1.1　什么是分布式

下面从概念和技术的角度分析"分布式"。

1. 从概念的角度分析

从概念的角度分析，分布式本质上是计算机的一种算法，通常可以将它分为"分布式计算"和"分布式存储"两类。

- 分布式计算。

分布式计算是计算机科学中的一个研究方向。它首先研究如何把一个需要巨大的计算功能才能解决的问题分成许多小的部分，然后把这些小的部分分配给多个计算机进行处理，最后把这些计算结果综合起来得到最终的结果。

- 分布式存储。

分布式存储是也是计算机科学中的一个研究方向。它研究如何将海量数据从单设备迁移到不同的设备中，并利用 IT 技术，提供高可靠性、高确定性、高性能及数据一致性的数据存储服务。

2. 从技术的角度分析

从技术的角度分析，分布式本质上是一种技术手段，利用它可以解决分布式环境带来的许多技术难点的挑战性问题。

> 提示：
> 服务从单体架构向分布式架构的演进是一个持续研究和创造新技术，并用新技术解决已知和未知的新问题的过程。

在分布式环境中，技术手段主要包括以下 6 种。

- 服务调度：包括服务灰度与路由、分布式配置管理、弹性伸缩、故障处理等。
- 资源调度：包括对底层资源的调度和管理，如计算资源、网络资源和存储资源等。
- 流量调度：包括路由、负载均衡、流控和熔断等。
- 数据调度：包括数据副本、数据一致性、分布式事务、分库分表等。
- 容错处理：包括隔离、幂等、重试、业务补偿、异步和降级等。
- 自动化运维：包括持续集成、持续部署、全链路监控等。

1.1.2 什么是架构

我们可以从概念和非功能性两个角度分析"架构"。

1. 从概念的角度分析

从概念的角度分析，架构关注的是"结构"。它通常是指一个软件系统的顶层结构。当然，用更加简洁的话来描述：架构是支撑最佳实践的方法论及思维领导力。

2. 从非功能性的角度分析

> 📢 提示：
>
> 从角色的角度分类，我们可以将架构分为业务架构、中间件架构、系统架构、解决方案架构、技术架构等。

从非功能性的角度分析，架构需要关注以下 7 点。

- 可用性。

它用来描述一个系统经过专门的设计，从而减少停工时间，保持其服务的高度可用性。

- 可伸缩性。

它是一种对软件系统计算处理功能的设计指标。可伸缩性代表一种弹性，通过很少的改动就能实现整个系统处理功能的线性增长，以及高吞吐量和高性能。

- 可扩展性。

它是一种为了应对将来需求变化而提供的扩展功能。当服务处理新的需求时，服务不需要或仅需要少量的修改就可以支持，无须修改核心模块的代码，对服务的侵入性非常小。

- 高并发（高吞吐量）。

它是一种单位时间处理流量的功能。一个具备一定高并发处理功能的服务，通常都会有处理流量功能的阈值。例如，一个订单服务，在不升级现有软硬件资源的前提下，会有一个处理订单流量的阈值（1000 单/s）。如果流量超过这个阈值，订单服务就会报错，从而影响整个服务的可用性。如果一个服务具备高并发功能，处理流量功能的阈值就会很大。

- 高性能。

它是一种减少服务响应时间的技术功能。当服务进入流量洪峰，高性能的服务在处理流量时，就会减小出现网络波动的概率。

- 可追踪性。

它是一种能够快速定位故障的功能。在本地环境中，开发人员可以利用日志定位线上故障，但是分布式环境是跨服务和网络的，并且调用链路关系非常复杂，这时需要服务具备可追踪性，如可以利用 Skywalking 追踪。

- 可观察性。

可观察性又被称为"可度量性"，是一种观察服务运行状态的功能。在分布式环境中，开发人员需要实时观察服务运行的各种性能指标和度量指标，如 QPS、TPS、P95、P90 等。

1.1.3　分布式架构的冰与火

在分析完"什么是分布式"和"什么是架构"两部分之后，还是要将两者整合起来，形成一个整体"分布式架构"。

那么分布式架构的冰与火又是什么？以某电商公司支撑业务中台的分布式架构作为案例来分析，如图 1-1 所示。

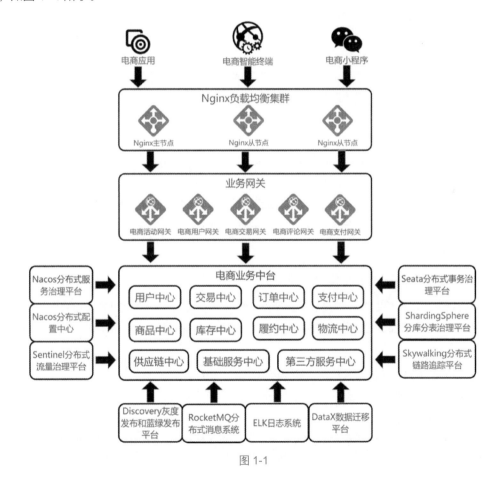

图 1-1

1. 为什么需要分布式架构（分布式架构的火）

从图 1-1 中可以看到，落地电商业务中台需要分布式架构作为技术支撑，主要包括如下。

- Nacos 分布式服务治理平台：为服务提供高效的服务治理功能，从而确保服务注册与订阅的高性能和高可用性。
- Nacos 分布式配置中心：为服务提供动态的管理配置信息功能，从而确保服务运行的稳定性和可用性。
- Sentinel 分布式流量治理平台：为服务提供管理服务的流量功能，从而提高服务的容错性和可降级性。
- Seata 分布式事务治理平台：为服务提供高可靠性、高性能和高吞吐量的分布式事务治理功能，从而确保分布式环境的数据一致性。
- ShardingSphere 分库分表治理平台：为服务提供分库分表的功能，从而提高数据库处理数据访问的高吞吐量。
- Skywalking 分布式链路追踪平台：为服务提供分布式链路追踪的功能，从而提高服务的可监控性、可观察性（可追踪性）和稳定性。
- Discovery 灰度发布和蓝绿发布平台：为服务提供灰度发布和蓝绿发布的功能，从而提高服务开发和上线过程中业务功能的可用性。
- RocketMQ 分布式消息系统：为服务提供分布式消息队列的异步功能，从而提高服务的高吞吐量。
- ELK 日志系统：为服务提供日志处理功能，从而提高服务运行状态的可追溯性。
- DataX 数据迁移平台：为服务提供实时的离线数据处理功能，从而提高服务的同步数据的高可靠性和数据一致性。

2. 分布式架构的挑战性（分布式架构的冰）

分布式架构可以支撑业务，提高业务运行的高性能、高可用、高吞吐量等非功能性的架构质量指标。但是，任何事情都是存在因果关系的。如果在业务产品中实施分布式架构，则需要增加很多成本，具体如下。

- 需要采购大量的机器，并配合中间件团队部署中间件。
- 需要维护各种中间件，确保中间件运行的稳定性和可用性。
- 需要业务改造的成本。
- 提高了业务运行的技术复杂度，需要增加相关的开发人员，解决这些技术复杂度带来的技术问题。

1.2　认识 RocketMQ

在熟练使用 RocketMQ 之前，先认识 RocketMQ，厘清它与分布式架构之间的关系。

1.2.1　什么是 RocketMQ

RocketMQ 是一个分布式消息和流数据平台，具有低延迟、高性能、万亿级容量和灵活的可扩展性。通俗来讲，它也是一个消息中间件。2016 年 11 月 21 日，社区管理员向 Apache 软件基金会捐献了 RocketMQ。2017 年 2 月 20 日，Apache 软件基金会宣布 Apache RocketMQ 成为 Apache 顶级项目。

1. 诞生的缘由

早在 RocketMQ 诞生之前，Kafka、ActiveMQ 等消息中间件已经诞生，那么社区为什么要重复造轮子呢？下面看一看 RocketMQ 给的解释。

- 业务场景的需要。

在早期的跨境电商业务中，有大量的异步设计，需要使用消息中间件来解耦。

- 旧的分布式消息中间件不能更好地支撑业务。

原有的分布式消息中间件是基于 ActiveMQ 5.x（5.3 版本之前）的。随着跨境业务迅猛发展，业务的吞吐量越来越高，消息中间件集群的载荷也变高。另外，随着业务中消息队列和消息主题的数量剧增，ActiveMQ 的 I/O 资源逐步成为影响性能的瓶颈。虽然社区已经采用熔断和降级等高可用手段，但是效果不好。

- Kafka 不能满足低延迟和高性能的业务场景。

经过社区调研，Kafka 无法满足大量消息主题和消息队列的业务场景，尤其不能满足业务对低延迟和高性能的要求，所以社区才会重新使用 Java 开发一个与 Kafka 类似的分布式消息中间件，但是摒弃了 Kafka 的缺点。

- 回馈开源社区，社区希望把 RocketMQ 贡献给开源组织，并持续地维护。

为了让开发人员能够全面认识 RocketMQ，本书特意对分布式消息中间件的功能选型进行了对比，对比 RocketMQ、RabbitMQ、ActiveMQ、Kafka 和 Pulsar，如表 1-1 所示。

表 1-1 对比 RocketMQ、RabbitMQ、ActiveMQ、Kafka 和 Pulsar

	RocketMQ	RabbitMQ	ActiveMQ	Kafka	Pulsar
编程语言	Java	Erlang	Java	Scala	Java
客户端	Java、C++和 Go	Java、C/C++、C#、Ruby、Perl、Python 和 PHP	Java 、.NET 和 C++	Java、C /C++、Python、Node.js、PHP 、Erlang 和 Scala	Java、Go、Python、C++、C#、Node.js 和 WebSocket
消息协议	支持TCP、JMS和 OpenMessaging	支持 MQTT 和 SSL	支持 OpenWire、STOMP、AMQP、MQTT 和 JMS	支持 TCP 和 MQTT	支持 ROP（兼容RocketMQ 协议）、AMQP
顺序消息	支持严格的顺序消息，可以进行横向扩容	不支持	支持	支持同一个分区内的消息的顺序性	支持
定时消息	支持	支持使用延迟消息实现定时消息	支持	不支持	支持
批量消息	支持采用"同步"模式生产批量消息	支持	不支持	支持采用"异步"模式生产批量消息	支持
广播消息	支持	采用 fanout 模式实现广播消息	支持	支持	不支持
集群消息	支持	支持 direct 、topic 和 headers 模式，其中 direct 模式类似 yu 集群消息	支持	支持单播，指定一个消费者消费消息	支持共享模式、独占模式、灾备模式和键共享模式，其中共享模式类似于集群消息
死信消息	支持	支持	支持	支持	支持
过滤消息	支持	支持	支持	支持，可以采用 Kafka Streams 过滤消息	不支持
服务端重试	支持	不支持	支持	支持	支持
溯源消息	支持 offset 和时间戳溯源	不支持	支持	支持 offset 溯源	支持
优先级消息	不支持	支持	支持	支持	支持
高可用性和故障转移	支持主/从、Raft 自动选举和无状态的名字服务	用 Erlang 实现集群管理	支持 ZooKeeper	支持 ZooKeeper	支持 Apache BookKeeper 和 ZooKeeper
消息轨迹	支持	不支持	不支持	支持	支持
消息治理（控制台）	社区支持 UI 控制台和命令控制台	社区支持 UI 控制台和命令控制台	社区支持 UI 控制台和命令控制台	社区支持命令控制台，可以二次开发 UI 控制台	社区支持 UI 控制台和命令控制台

续表

	RocketMQ	RabbitMQ	ActiveMQ	Kafka	Pulsar
事务消息	支持两阶段提交的事务机制	支持	支持	支持	支持
并发模式消费消息	支持	支持	支持	支持	支持
push 模型消费消息	支持	支持	支持	不支持	支持
pull 模型消费消息	支持	支持	支持	支持	不支持
同步刷盘	支持	支持	支持	支持	支持
异步刷盘	支持	支持	支持	支持	支持
高性能通信渠道	Netty、gRPC（RocketMQ 5.0 支持）	RPC（请求响应模式）	JMS、P2P 和 RPC（请求响应模式）	NIO	Netty 和 WebSocket 等
多副本机制	支持	不支持	不支持	支持	支持
同构数据同步	支持	不支持	不支持	支持	支持
异构数据同步	支持	不支持	不支持	支持	支持
全球化消息	支持	不支持	不支持	支持	支持
可分可合的存储计算分离架构	RocketMQ 5.0 支持	不支持	不支持	不支持	支持
多模存储	RocketMQ 5.0 支持	不支持	不支持	不支持	支持
云原生	RocketMQ 5.0 支持	支持	支持	支持	支持

2. 基础概念

在认识 RocketMQ 之前，开发人员要先了解它的基础概念，这样才能更深层次理解它的设计理念。

RocketMQ 的基础概念主要包含以下内容。

- 消息生产者（Message Producer）。

消息生产者负责生产消息，一般由业务系统负责生产消息。一个消息生产者会把业务应用系统产生的消息发送到 Broker Server。RocketMQ 提供多种发送模式：同步、异步、最多发送一次。"同步"模式和"异步"模式均需要 Broker Server 返回确认信息，而"最多发送一次"模式则不需要。

- 消息消费者（Message Consumer）。

消息消费者负责消费消息，一般由后台系统负责异步消费。一个消息消费者从 Broker Server 拉取消息，并将其提供给应用程序。从用户应用的角度来说，RocketMQ 提供了两种消费形式：pull 模式、push 模式。

- 主题（Topic）。

主题表示一类消息的集合。每个主题包含若干条消息。每条消息只能属于一个主题。它是 RocketMQ 进行消息订阅的基本单位。

- 代理服务器（Broker Server）。

代理服务器是消息中转的角色，负责存储和转发消息。在 RocketMQ 系统中，代理服务器负责接收从生产者发送来的消息并存储，同时为消费者的拉取请求做准备。代理服务器也能存储消息相关的元数据，包括消费者组、消费进度偏移、主题和队列消息等。

- 名字服务器（Name Server）。

名字服务器充当路由消息的提供者。生产者或消费者能通过名字服务器查找各主题相应的 Broker IP 地址列表。多个 Name Server 实例组成集群，但相互独立，没有信息交换。Name Server 是无状态的，其集群可以按照容量规划进行弹性扩容，对 Broker Server 节点、Consumer 节点和 Producer 节点来讲是无感知的。

- 拉取式消费（Pull Consumer）。

拉取式消费是 Consumer 消费的一种类型。应用通常主动调用 Consumer 的拉取消息方法从 Broker Server 拉取消息，拉取进度由应用来控制。一旦获取了批量消息，应用就会启动消费线程并消费消息。

- 推动式消费（Push Consumer）。

推动式消费是 Consumer 消费的一种类型。在该模式下，Broker Server 在收到数据后会主动推送给消费端。该消费模式一般实时性较高。

- 生产者组（Producer Group）。

生产者组是同一类 Producer 的集合，这类 Producer 发送同一类消息，且发送逻辑一致。如果发送的是事务消息，且原始生产者在发送之后崩溃，则 Broker Server 会联系同一生产者组的其他生产者实例以提交或回溯消费。

- 消费者组（Consumer Group）。

消费者组是同一类 Consumer 的集合，这类 Consumer 通常消费同一类消息，且消费逻辑一致。消费者组使得在消费消息方面实现负载均衡和容错变得非常容易。需要注意的是，消费者组的消费者实例必须订阅完全相同的 Topic。RocketMQ 支持两种消息模式：集群消费（Clustering）和广播消费（Broadcasting）。

- 集群消费（Clustering）。

在集群消费模式下，相同 Consumer Group 的每个 Consumer 实例平均地消费消息。

- 广播消费（Broadcasting）。

在广播消费模式下，相同 Consumer Group 的每个 Consumer 实例都能接收全量的消息。

- 普通顺序消息（Normal Ordered Message）。

在普通顺序消费模式下，消费者通过同一个消费队列收到的消息是有顺序的，而通过不同消息队列收到的消息则可能是无顺序的。

- 严格顺序消息（Strictly Ordered Message）。

在严格顺序消息模式下，消费者收到的所有消息均是有顺序的。

- 消息（Message）。

消息是系统所传输信息的物理载体，也是生产和消费数据的最小单位。每条消息必须属于一个主题。RocketMQ 中的每条消息都拥有唯一的 Message ID，且可以携带具有业务标识的 Key。系统提供了通过 Message ID 和 Key 查询消息的功能。

- 标签（Tag）。

标签是 RocketMQ 为消息设置的标志，用于在同一个主题下区分不同类型的消息。来自同一个业务单元的消息，可以根据不同业务目的在同一个主题下设置不同标签。标签能够有效地保持代码的清晰度和连贯性，并优化 RocketMQ 提供的查询系统。针对不同的子主题，消费者可以实现不同的消费逻辑，从而实现消费消息的扩展性。

3. 逻辑架构

RocketMQ 的逻辑架构如图 1-2 所示。

- 在启动 Broker Server 之后，向 Name Server 注册消息路由信息。
- Producer 首先从 Name Server 获取消息路由信息，然后生产消息。
- Consumer 首先从 Name Server 获取消息路由信息，然后消费消息。
- UI 控制台或命令控制台首先连接 Broker Server，然后治理消息。

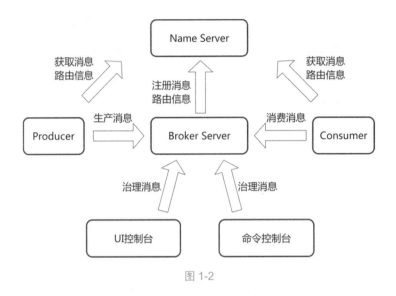

图 1-2

1.2.2 RocketMQ 与分布式架构

随着服务从单体向分布式架构演进，服务之间的调用方式从本地调用转变为 RPC 调用，这样就带来了一个巨大的技术挑战性问题——跨进程通信。

为了厘清 RocketMQ 和分布式架构之间的关系，我们可以从业务和技术的视角分析。

1. 从业务的视角分析

如图 1-3 所示，在电商业务落地分布式架构中，将交易服务和支付服务分布式化，并隔离在不同的进程中。此时，原有的本地消息就不能完成跨进程的通信。

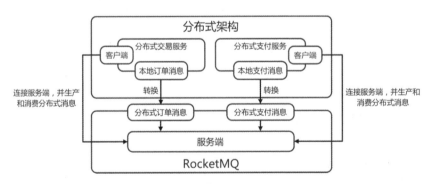

图 1-3

简单来说，RocketMQ 就是利用消息队列，将服务的本地消息转换为分布式消息，从而达到跨进程通信，具体过程如下。

- RocketMQ 提供客户端，客户端可以连接服务端，并生产和消费分布式消息。
- RocketMQ 提供 RPC 通信渠道，如 Netty、gRPC 等。
- RocketMQ 用服务端处理客户端的 RPC 请求，并存储和查询持久化的消息。
- 服务端利用客户端提供的 RPC 通信渠道，主动从服务端获取订阅的消息，从而实现跨进程的消费分布式消息。

2. 从技术的视角分析

如图 1-4 所示，从技术的视角分析，RocketMQ 需要支持多语言客户端，满足分布式架构的多语言的特性；还需要支持跨机房的数据同步，满足分布式架构的高可用和数据一致性的特性。

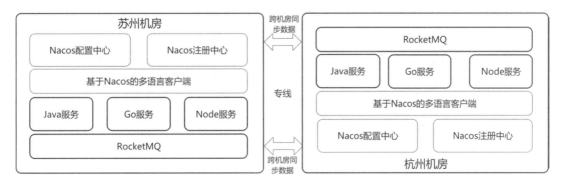

图 1-4

1.3 搭建 RocketMQ 环境

1.3.1 了解 RocketMQ 相关的安装包

RocketMQ 相关的安装包主要有：服务端安装包和 UI 控制台安装包。

1. 服务端安装包

从官网下载 RocketMQ 的服务端安装包 rocketmq-all-4.9.2-bin-release.zip，解压缩之后的文件如图 1-5 所示，总共有 4 个文件夹，具体内容如下。

- benchmark 文件夹中主要存放基准测试相关的启动脚本，如基准测试生产者的启动脚本 producer.sh。
- bin 文件夹中主要存放服务端的启动脚本，如 Broker Server 的 mqbroker.sh 启动脚本。
- conf 文件夹中主要存放服务端的配置文件，如 Broker Server 的 broker.conf 配置文件。

- lib 文件夹中主要存放服务端的 Jar 包，如 Broker Server 的 Jar 包 rocketmq-broker-4.9.2.jar。

图 1-5

2. UI 控制台安装包

从官网下载 RocketMQ Dashboard 的源码包 rocketmq-dashboard-1.0.0-source-release.zip，解压缩之后用 Maven 工具打包，打包完成之后，在模块 rocketmq-dashboard 的 target 目录下，会生成打包好的 UI 控制台安装包 rocketmq-dashboard-1.0.0.jar，如图 1-6 所示。

图 1-6

> 🔖 提示：
>
> 在开始编写本书时，社区已经将 UI 控制台的名称从 RocketMQ Console 变更为 RocketMQ Dashboard，主要是为了支持 RocketMQ 5.x 的新特性。

1.3.2 搭建单 Master 的单机环境

RocketMQ 支持单 Master 部署。单 Master 部署不需要修改配置信息，一切采用默认值即可，搭建过程如下。

（1）启动 Name Server。

在 bin 目录下，使用"nohup sh mqnamesrv &"命令启动 Name Server。

（2）启动 Broker Server。

在 bin 目录下，使用"nohup sh mqbroker –n localhost:9876 &"命令启动 Broker Server。

（3）使用"ps –ef | grep java"命令查看 RocketMQ 对应的 Java 进程。

（4）启动 UI 控制台。

在 rocketmq-dashboard-1.0.0.jar 文件对应的目录下，执行以下命令，启动 UI 控制台。

```
 java -jar rocketmq-dashboard-1.0.0.jar --server.port=12581
--rocketmq.config.namesrvAddr=127.0.0.1:9876
```

输入地址"127.0.0.1:12581"，可以看到一个 Master 节点（Broker Server）启动成功，并注册到 Name Server 上。

1.3.3 搭建多 Master 的集群环境

RocketMQ 支持多 Master 的集群部署，搭建过程如下。

（1）在 bin 目录下，使用"nohup sh mqnamesrv &"命令启动 Name Server。

（2）配置 Broker Server 节点 a 和 Broker Server 节点 b，代码如下。

```
//①配置 Broker Server 节点 a
brokerClusterName=DefaultCluster
brokerName=broker-a
brokerId=0
deleteWhen=04
fileReservedTime=48
brokerRole=ASYNC_MASTER
flushDiskType=ASYNC_FLUSH
listenPort=10908
//②配置 Broker Server 节点 b
brokerClusterName=DefaultCluster
```

```
brokerName=broker-b
brokerId=0
deleteWhen=04
fileReservedTime=48
brokerRole=ASYNC_MASTER
flushDiskType=ASYNC_FLUSH
listenPort=10911
```

（3）启动两个 Broker Server 节点。

```
//①启动 Broker Server 节点 a
nohup sh mqbroker -n 127.0.0.1:9876
    -c ../conf/2m-noslave/broker-a.properties &
//②启动 Broker Server 节点 b
nohup sh mqbroker -n 127.0.0.1:9876
    -c ../conf/2m-noslave/broker-b.properties &
```

（4）启动 UI 控制台。

在 rocketmq-dashboard-1.0.0.jar 文件对应的目录下执行以下命令，启动 UI 控制台。

```
java -jar rocketmq-dashboard-1.0.0.jar --server.port=12581
    --rocketmq.config.namesrvAddr=127.0.0.1:9876
```

输入地址"127.0.0.1:12581"，可以看到两个 Master 节点（Broker Server）启动成功，并注册到 Name Server 上。

1.3.4 搭建单 Master 和单 Slave 的集群环境

RocketMQ 支持多 Master 和多 Slave 的集群部署，如一个 Master 节点可以对应多个 Slave 节点。

在 RocketMQ 中，Master 节点具备消息的"读"和"写"功能；Slave 节点只能具备消息的"读"功能。

如果开发人员的业务接口，对接口吞吐量要求非常高，而对接口处理的时延性要求不是很高，则可以使用"单 Master 对多 Slave 部署模式"：Master 节点负责写消息，而 Slave 节点负责读消息。这样可以做到消息的读/写分离，Master 节点可以将资源全部给生产消息的应用客户端。

如果开发人员要提高消息的可用性，则可以使用"多 Master 对多 Slave 部署模式"，如图 1-7 所示。

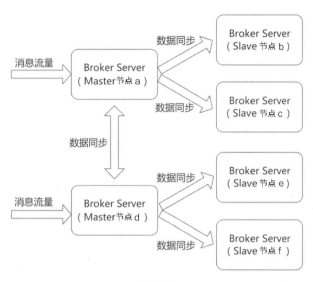

图 1-7

为了保持 RocketMQ 的高可用和吞吐量,线上通常部署 6 个节点。在消息流量被路由到 Master 节点 a 或 Master 节点 d 后,会在 Master 节点 a 和 Master 节点 d 之间进行消息数据同步;Master 节点 a 会将消息数据同步到对应的 Slave 节点 b 和 Slave 节点 c;Master 节点 d 会将消息数据同步到对应的 Slave 节点 e 和 Slave 节点 f。

在 RocketMQ 中,Master 节点和 Slave 节点之间的消息数据主/从同步(HA)支持以下两种模式。

- 异步复制。

如果消息数据主/从同步采用异步复制模式,则主/从之间有短暂的消息延迟(毫秒级)。如果采用异步复制模式,则即使磁盘损坏,丢失的消息也非常少,且消息实时性不会受影响。另外,在 Master 节点宕机后,消费者仍然可以从 Slave 节点消费,而且此过程对应用是透明的。

- 同步双写。

如果采用同步双写模式,则只有当主/从都写成功后才会向应用返回成功。如果采用双写模式,则同步双写时,数据与服务都无单点故障。在 Master 宕机时,消息无延迟,服务可用性与数据可用性都非常高。

下面演示搭建单 Master 和单 Slave 的集群环境(异步复制)的过程。

(1)在 bin 目录下,使用"nohup sh mqnamesrv &"命令启动 Name Server。

(2)配置 Broker Server 节点。

配置异步 Master 节点的属性文件 broker-a.properties，代码如下。

```
brokerClusterName=DefaultCluster
brokerName=broker-a
brokerId=0
deleteWhen=04
fileReser
vedTime=48
brokerRole=ASYNC_MASTER
flushDiskType=ASYNC_FLUSH
```

配置 Slave 节点的属性文件 broker-a-s.properties，代码如下。

```
brokerClusterName=DefaultCluster
brokerName=broker-a
brokerId=1
deleteWhen=04
fileReservedTime=48
brokerRole=SLAVE
flushDiskType=ASYNC_FLUSH
```

（3）启动异步 Master 节点和 Slave 节点。

启动异步 Master 节点的代码如下。

```
nohup sh mqbroker -n 127.0.0.1:9876 -c ../conf
    /2m-2s-async/broker-a.properties &
```

启动 Slave 节点的代码如下。

```
nohup sh mqbroker -n 127.0.0.1:9876 -c ../conf
    /2m-2s-async/broker-a-s.properties &
```

启动之后，在 RocketMQ 的 UI 控制台中可以看到两个 Broker Server 节点已经启动成功。

1.3.5 【实例】搭建 Raft 集群环境

📁 提示：

本实例的源码在本书配套资源的 "/chapterone/rocketmq-raft-env" 目录下。

从 RocketMQ 4.5.0 版本开始，就支持 Broker Server 的多副本机制。多副本机制主要依靠分布式一致性算法 Raft 来实现。

📌 提示：

启动一个 RocketMQ 节点是非常消耗资源的，所以本书利用两个服务器来搭建 Raft 集群环境（模拟线上环境），两个服务器的 IP 地址分别为 192.168.0.123 和 192.168.0.182。

下面演示搭建一组 Raft（3 个节点）集群环境的过程。

（1）在 bin 目录下，使用"nohup sh mqnamesrv &"命令启动 Name Server。

（2）配置 Raft 节点信息。

在 broker-n0.conf 文件中，配置 RaftNode00 节点，代码如下。

```
brokerClusterName = RaftCluster
brokerName=RaftNode00
listenPort=30911
namesrvAddr=192.168.0.123:9876
storePathRootDir=../../rmqstore/node00
storePathCommitLog=../../rmqstore/node00/commitlog
enableDLegerCommitLog=true
dLegerGroup=RaftNode00
dLegerPeers=n0-192.168.0.123:40911;n1-192.168.0.123:40912;n2-192.168.0.1
    82:40913
dLegerSelfId=n0
sendMessageThreadPoolNums=16
```

关于 broker-n1.conf 文件和 broker-n2.conf 文件的配置信息，读者可以参考本书配套源码。

（3）启动 3 个 Raft 节点。

使用以下代码分别启动 3 个 Raft 节点。

```
nohup sh mqbroker -n 192.168.0.123:9876 -c ../conf/dledger/broker-n0.conf
    &
nohup sh mqbroker -n 192.168.0.123:9876 -c ../conf/dledger/broker-n1.conf
    &
nohup sh mqbroker -n 192.168.0.123:9876 -c ../conf/dledger/broker-n2.conf
    &
```

执行完上述代码后，在 UI 控制台中可以看到 3 个 Raft 节点已经启动。

1.4　RocketMQ 5.0 的新特性

RocketMQ 5.0 专注于消息基础架构的云原生演进。它不再局限于消息解耦的场景，而是全面支持事件驱动和消息的流式处理，实现分布式消息的就近计算和数据分析。

在 RocketMQ 5.0 中，"消息、事件和流"一站式融合处理技术架构可以实现一份消息存储，支持消息的流式计算、异步解耦和集成驱动的多种场景，极大地降低了开发人员运维多套系统的技术复杂度和运维成本。可以说，无论是微服务的 RPC 调用、异步消息通知，以及业务变更日志、用户行为埋点数据，还是资源运维和审计的事件数据，都可以统一采用 RocketMQ 5.0 处理。

☛ 提示：

在作者开始编写本书时，RocketMQ 官方已经发布了 5.0.0.Preview 版本，4.x 系列最新的版本为 4.9.2。本书涉及的新特性部分以 RocketMQ 5.0.0.Preview 版本为主。

如图 1-8 所示，RocketMQ 5.0 借鉴了 Service Mesh 关于控制和数据面划分的架构思想，以及 xDS 的概念来描述各个组件的职责。

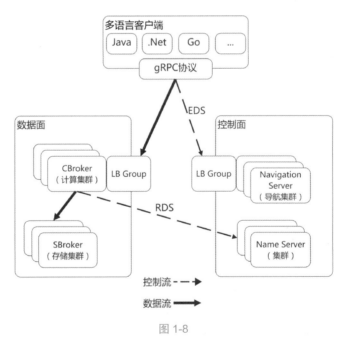

图 1-8

RocketMQ 5.0 的新特性主要包括以下 7 个。

- LB Group。

它可以按照开发人员的需求，提供多样化的负载均衡接入功能。

- Storage Broker（SBroker）。

它是 RocketMQ 5.0 重构后单独抽出的一个存储节点，主要专注于提供高性能和低延迟的存储服务。

- Compute Broker（CBroker）。

它是 RocketMQ 5.0 重构后单独抽出的一个无状态的计算节点。作为消息数据流量的入口，CBroker 提供了鉴权与签名、客户端 RPC 请求处理、消息的（编码/解码）、消息流量控制和支持多消息协议等。

- Name Server。

Name Server 是 RocketMQ 原有的核心组件，主要提供 SBroker 的集群发现（CDS），存储单元 Topic 的路由发现（RDS）等，为运维控制台组件、用户控制组件、计算集群 CBroker 提供 xDS 服务。

- 支持采用 pop 模式消费消息。

支持采用 pop 模式消费消息是 RocketMQ 5.0 的一个重要特性。pop 模式是一种全新的消费模式，具有轻量级、无状态和无独占的队列等优势，尤其是针对消息积压的业务场景(如电商 "11.11" 促销活动)、流式消费场景等都非常友好。

- 全新的轻量级 SDK。

RocketMQ 5.0 基于 gRPC 协议重新打造了一批多语言的客户端。采用 gRPC 的主要原因是，需要考虑 RocketMQ 在云原生时代的标准性、兼容性，以及多语言传输层代码的生成能力。

- 支持导航服务（Navigation Server）。

导航服务是一个可选的组件，主要通过 LB Group 暴露给客户端。首先，客户端通过导航服务获取数据面的接入点信息（Endpoint）；然后，通过计算集群 CBroker 的 LB Group 进行消息的收发；最后，通过 EDS 暴露 CBroker 的接入点信息的方式比通过 DNS 解析的负载均衡更加智能化，并且可以实现更加精细化的流量控制等。

第 2 章
实现通信渠道

在 RocketMQ 中，通信渠道是最基础的功能模块。Producer、Consumer、Name Server、Broker Server 等核心模块都需要通过它完成跨进程的 RPC 通信。

在开源社区有很多高性能的通信渠道框架，如 Netty、gRPC 和 Mina 等，而且它们已经在很多成熟的框架中被应用。RocketMQ 之所以是一款高性能、低延迟的分布式消息系统，比较关键的一个优势是它的通信渠道是基于 Netty 实现的。本章主要介绍实现 RocketMQ 通信渠道的方法。

2.1 认识通信渠道

从系统思维的角度来看，通信渠道主要包括客户端、服务端、信息和传输载体。

1. 什么是通信渠道

为了厘清通信渠道的概念，这里先举一个最原始的信息传递方式：古代的驿站。当一个士兵需要将重要的军事机密文件从皇帝手中传送给边关的将军时，信使需要利用载具（如快马），快马加鞭经过一个个驿站进行转发，这样才能在指定的时间之内到达边关将军手中；边关将军在收到军事机密文件之后，将自己的回执奏章通过信使和驿站传送到皇帝手中，这样就完成了军事机密文件的一次信息交换，如图 2-1 所示。

为了方便理解，可以将最原始的信息传递方式套用到通信渠道中，具体如下。

- 军事机密文件是信息。
- 信使和驿站是传输载体。

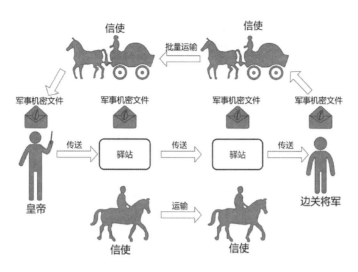

图 2-1

- 如果军事机密文件从皇帝传送给边关将军，则皇帝是客户端，边关将军是服务端；反之，边关将军是客户端，皇帝是服务端。

2. 通信渠道的类型

按照调用方式，通信渠道可以分为以下两种类型。

- 基于 HTTP 的通信渠道。
- 基于 RPC 的通信渠道。

（1）认识 HTTP。

HTTP 是一种超文本传输协议，主要包括 HTTP1.1 和 HTTP2，其底层基于 TCP 协议，并且是无状态的。例如，微服务 RPC 框架 Spring Cloud 底层就是采用 HTTP 作为通信渠道的。

图 2-2 所示为基于 HTTP（Restful API 框架）的 Spring Cloud Alibaba 分布式服务架构。它采用 Spring Cloud Alibaba 作为基础框架、Nacos 作为服务注册中心、HTTP 作为交易服务和支付服务之间的通信渠道。

（2）认识 RPC。

RPC（Remote Procedure Call，远程过程调用）是一种计算机通信协议，该协议允许一台计算机的程序调用另一台计算机的子程序，而开发人员无须额外为这个交互作用编程。通俗来说，A 计算机提供一个服务，B 计算机可以像调用本地服务一样调用 A 计算机的服务。

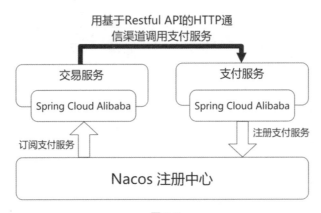

图 2-2

在开源社区中，成熟的基于 RPC 的框架非常多，如 Netty、gRPC、bRPC 和 Thrift 等。

一般 RPC 协议要比 HTTP 协议效率高，所以，在高性能和高吞吐量的业务场景中，都会采用基于 RPC 的通信框架。

图 2-3 所示为基于 RPC（Netty 框架）的 Spring Cloud Alibaba 分布式服务架构。它采用 Spring Cloud Alibaba 作为服务的基础框架、Nacos 作为服务注册中心，在不改变服务治理底层架构的前提下，直接使用 Netty 作为交易服务和支付服务之间的通信渠道。在实际的业务开发中，通常采用 Dubbo 作为交易服务和支付服务之间的通信渠道。

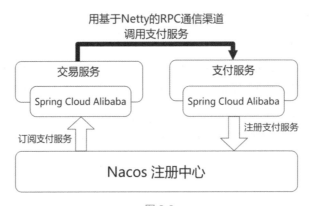

图 2-3

提示：

Dubbo 底层选择 Netty 作为基础 RPC 框架，所以，可以将 Dubbo 看作一个具有服务治理功能的通信渠道。

2.2　通信渠道的架构

RocketMQ 使用 Netty 作为客户端和服务端之间底层的 RPC 通信框架，因此，为了方便开发人员更深入地理解 RocketMQ 通信渠道的架构，下面先介绍一下 Netty。

2.2.1　认识 Netty

1. 什么是 Netty

Netty 是一款基于 NIO（非阻塞 I/O）的客户端和服务端的 RPC 框架，主要用于完成基于 TCP 或 UDP 的客户端和服务端的 Socket 通信。Netty 简化了编写高性能和高可靠性的 NIO 通信程序的过程，使得开发人员可以利用 Netty 快速开发出生产级别的通信渠道，并完成 RPC 调用。

在 Netty 出现之前，Java NIO 已经针对不同的操作系统提供了对应的 NIO 的实现，具体如下。

- macOS 操作系统使用 KQueueSelectorProvider 类来实现 NIO 通信。
- Windows 操作系统使用 WindowsSelectorProvider 类来实现 NIO 通信。
- Linux 操作系统使用 EPollSelectorProvider 类来实现 Epoll 模式的 NIO 通信，以及使用 PollSelectorProvider 类来实现 Selector 模式的 NIO 通信。

> 📢 提示：
>
> 线上服务，一般会部署到 Linux 操作系统中，所以针对 Linux 操作系统，Java NIO 会自动选择 Epoll 模式的 NIO 通信。

2. 常见的 Reactor 线程模型

常见的 Reactor 线程模型主要包括 Reactor 单线程模型、Reactor 多线程模型和主/从 Reactor 多线程模型。

（1）Reactor 单线程模型。

Reactor 单线程模型是指所有的 I/O 操作都在同一个 NIO 线程上面完成。NIO 线程的功能如下。

- 作为 NIO 服务端，接收客户端的 TCP 连接。
- 作为 NIO 客户端，向服务端发起 TCP 连接。
- 读取通信对端的请求或应答消息。
- 向通信对端发送消息请求或应答消息。

Reactor 单线程模型如图 2-4 所示。

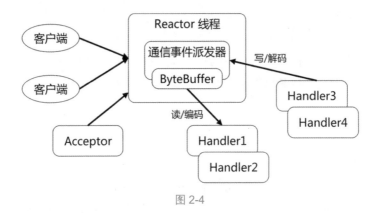

图 2-4

由于 Reactor 单线程模型使用的是异步非阻塞 I/O，所有的 I/O 操作都不会导致阻塞，因此，从理论上来讲，一个线程可以独立处理所有 I/O 相关的操作。从架构层面来看，一个 NIO 线程确实可以完成其承担的责任。例如，通过 Acceptor 类接收客户端的 TCP 连接请求消息，在链路建立成功后，通过 Dispatch 将对应的 ByteBuffer 派发到指定的 Handler 上，进行消息解码。用户线程消息编码后通过 NIO 线程将消息返回客户端。

在一些流量不是很高的业务场景中，可以使用 Reactor 单线程模型，但是对于一些高并发和高吞吐量的业务场景却不合适，主要原因如下。

- 一个 NIO 线程同时处理成百上千的通信链路，在性能上是无法支撑的，即便 NIO 线程的 CPU 负载达到了 100%，也无法满足海量消息的编码、解码、读取和发送。
- 当 NIO 线程负载过高后，其处理速度会变慢，这就导致大量的客户端连接超时，超时后往往会进行重试，这样就更加重了 NIO 线程的负载，最终导致大量的消息挤压和处理超时，并成为系统的性能瓶颈。
- 可用性问题，一旦 NIO 线程意外"假死"，将会导致整个系统通信模块不可用，不能接收和处理外部消息，造成节点故障。简单来说，就是 Reactor 单线程模型会增加通信模块单点故障的风险。

（2）Reactor 多线程模型。

Reactor 多线程模型与 Reactor 单线程模型最大的区别就是用一组 NIO 线程来处理 I/O 操作，主要原理如图 2-5 所示。

Reactor 多线程模型主要有以下 3 个特点。

- 有一个独立的 NIO 线程（Acceptor 线程）主要用于监听服务端，并接收客户端的 TCP 连接请求。

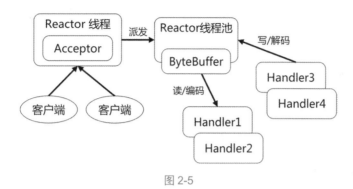

图 2-5

- 网络 I/O 操作（读/写等操作）是由一个 NIO 线程池负载的，线程池可以使用标准的 JDK 线程池来是实现，它包含一个任务队列和 N 个核心线程。由这些 NIO 线程负责消息的读取、解码和发送。
- 一个 NIO 线程可以同时处理 N 条通信链路，但是一条通信链路只能对应一个 NIO 线程，防止出现并发问题。

在大部分的业务场景下，Reactor 多线程模型都可以满足性能的需求。但是，在个别特殊场景中，一个 NIO 线程负责监听和处理所有客户端连接可能会存在性能问题。例如，对于百万流量的客户端连接，服务端需要对客户端的握手进行安全认证，但是安全认证本身是非常损耗性能的。在这类业务场景中，一个单独的 Acceptor 线程可能会存在严重性能不足的问题，为了解决这个问题，就产生了第 3 种 Reactor 线程模型——主/从 Reactor 多线程模型。

（3）主/从 Reactor 多线程模型。

主/从 Reactor 多线程模型的特点：服务端用于接收客户端连接的不再是一个单独的 NIO 线程，而是一个独立的 NIO 线程池。当 Acceptor 接收到客户端 TCP 连接请求并处理完成后，将新创建的 SocketChannel 注册到 I/O 线程池（子 Reactor 线程池）的某一个 I/O 线程上，由它负责 SocketChannel 的读/写和编码/解码工作。Acceptor 线程池仅用于客户端的连接、握手和安全认证，一旦链路建立成功，就将链路注册到后端子 Reactor 线程池的 I/O 线程上，由 I/O 线程负责后续的 I/O 操作。

图 2-6 所示为主/从 Reactor 多线程模型。

💡 提示：

利用主/从 Reactor 多线程模型，可以解决一个服务端监听线程无法有效处理所有客户端连接的性能不足的问题。因此，Netty 官方推荐使用该线程模型。

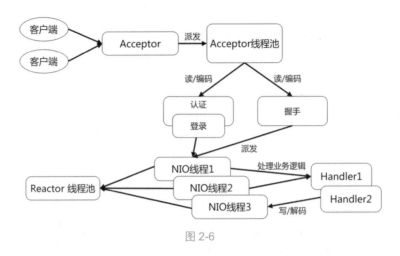

图 2-6

3. Netty 的线程模型

Netty 的线程模型并不是一成不变的，它实际取决于用户的启动参数配置。通过设置不同的启动参数，Netty 可以同时支持 Reactor 单线程模型、Reactor 多线程模型和主/从 Reactor 多线程模型。

图 2-7 所示为 Netty 的线程模型，主要分为 Netty 客户端和 Netty 服务端。

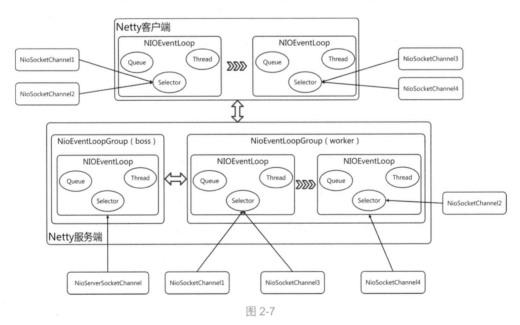

图 2-7

Netty 客户端启动流程如下。

- 当启动 Netty 客户端时，会创建一个 NioEventLoopGroup 用来发起请求，并对建立 TCP

三次连接的套接字的读/写事件进行处理。

- 当 Netty 客户端发起连接请求时，会创建一个 NioSocketChannel 用来代表该请求，并且会把该 NioSocketChannel 注册到 NioSocketChannel 管理的某个 NioEventLoop 的 Selector 上，NioEventLoop 的读/写事件都由 NioEventLoop 负责处理。

Netty 服务端启动流程如下。

- 当启动 Netty 服务端时，会创建两个 NioEventLoopGroup 线程池组，其中，boss 组用来接收客户端发来的连接，worker 组负责对完成 TCP 三次握手的连接进行处理。
- Netty 服务端的每个 NioEventLoopGroup 包含了多个 NioEventLoop，每个 NioEventLoop 包含了一个 NIO Selector、一个队列、一个线程。线程用来做轮询注册到 Selector 上的 Channel 的读/写事件和投递到队列中的事件。

2.2.2 RocketMQ 通信渠道的架构

RocketMQ 通信渠道的底层是基于 Netty 实现的。下面从架构和线程模型两个角度来分析 RocketMQ 通信渠道的架构。

1. 架构

图 2-8 所示为 RocketMQ 通信渠道的架构，主要包括以下内容。

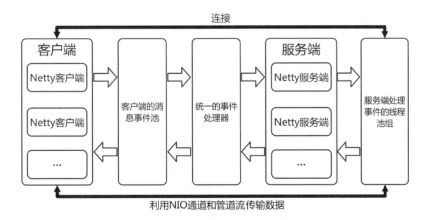

图 2-8

- 基于 Netty 的客户端通信渠道：用于连接服务端的通信渠道，并发送消息事件。
- 基于 Netty 的服务端通信渠道：用于接收客户端通信渠道的连接及消息事件的请求，并响应请求的结果。

- 基于事件驱动的客户端的消息事件池：将客户端的消息请求按照编码区分开，并做好处理消息事件的隔离性。如果新增一个与消息相关的通信连接请求，则只需要在消息事件池中新增一个事件类型，底层的消息处理逻辑不用变更，这样也提升了处理消息事件的可扩展性。
- 基于 Netty 的统一的事件处理器：统一处理客户端和服务端的消息事件。
- 基于线程池的服务端处理事件的线程组：利用线程池将实际处理消息事件的业务逻辑进行隔离，并且可以根据具体的消息业务，灵活地配置线程池的核心线程数。

2. 线程模型

关于 RocketMQ 通信渠道的线程模型，可以从客户端和服务端两个角度来分析。

（1）客户端线程模型。

RocketMQ 为了实现客户端高性能和高可靠性的网络通信渠道，采用"1+M1+M2"的 Reactor 单线程模型。图 2-9 所示为客户端的 Reactor 单线程模型。

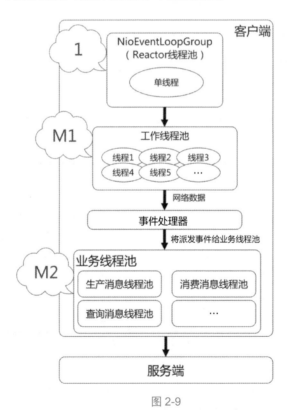

图 2-9

客户端的 Reactor 单线程模型主要包括以下 4 部分。

- Reactor 线程池。

它是一个核心线程数为 1 的线程池，主要负责向服务端发起一次 TCP 网络通信连接请求。客户端对系统资源的消耗比服务端低一些，所以，客户端线程模型采用 Reactor 单线程模型。如果业务场景需要处理海量消息，则可以将核心线程数调整为多个。

- 工作线程池。

它是一个核心线程数可变的线程池（RocketMQ 默认设置为 4，可以在启动客户端时，通过系统参数 "com.rocketmq.remoting.client.worker.size" 来设置），负责处理客户端通信渠道中的网络数据，主要包括编码/解码、管理通信连接及处理网络通信请求等，将 RocketMQ 可以识别的网络数据传递给统一的事件处理器。

- 事件处理器。

它是 RocketMQ 一个公共的事件处理器，可以用来统一处理客户端的事件，并按照事件的类型找到对应的业务线程池，将事件派发给指定的业务线程池。

- 业务线程池。

它是一个核心线程数大于或等于 1 的线程池。RocketMQ 支持按照具体的业务功能来自定义线程池，并配置合适的线程数。如果没有自定义线程池，则默认使用核心线程数为 1 的线程池。业务线程池在处理与 RocketMQ 消息相关的业务时，会将业务事件封装成任务，并推送到线程池的任务队列中，最终完成业务逻辑处理。

（2）服务端线程模型。

RocketMQ 为了实现服务端的高可靠性和高性能的网络通信渠道，采用 "1+N+M1+M2" 的主/从 Reactor 多线程模型。

服务端线程模型的整体设计思想是分而治之和事件驱动。

- 分而治之：一般来说，处理一次网络通信连接请求的过程可以分为接收连接（accept）、数据读取（read）、解码/编码（decode/encode）、业务处理（process）和发送响应请求（response）几个步骤。服务端线程模型将上面的每一个步骤都封装成一个独立任务，这样线程处理通信连接的最小执行逻辑单元不再是一次完整的网络请求，而是独立的任务，并且可以采用非阻塞的方式执行。
- 事件驱动：将每一个独立的任务抽象成一个特定的事件，当任务准备就绪后，服务端线程模型收到对应的网络事件，并将任务分发给绑定网络事件的 Handler 处理。

图 2-10 所示为服务端的线程模型，其中，虚线部分代表 "基于 Epoll NIO 通信模式的通信请求"，实线部分代表 "基于 JDK NIO 通信模式的通信请求"。

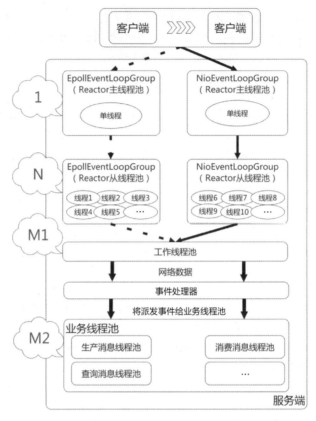

图 2-10

服务端线程模型主要包括以下 5 部分。

- Reactor 主线程池。

它是一个核心线程数为 1 的线程池，主要负责监听客户端发起的 TCP 网络通信连接请求，并创建一个连接（通常是指完成 TCP 的三次握手），将可用的连接传递给 Reactor 工作线程池。

- Reactor 从线程池（Selector 线程池）。

它是一个核心线程数大于或等于 1 的线程池（RocketMQ 默认设置为 3），负责将创建好的连接注册到 Selector 上，监听通信渠道中的网络数据(通常是指 Netty 底层的通信网络数据)。Reactor 从线程池获取网络数据后，将数据传递给工作线程池。

- 工作线程池。

它是一个核心线程数大于 1 的线程池（RocketMQ 默认设置为 8），负责处理服务端通信渠道中的网络数据，主要包括编码/解码、管理通信连接及处理网络通信请求等。将 RocketMQ 可以识别的网络数据传递给统一的事件处理器。

- 事件处理器。

它是 RocketMQ 一个公共的事件处理器，可以用来统一处理服务端的事件，并按照事件的类型找到对应的业务线程池，将事件派发给指定的业务线程池。

- 业务线程池。

它是一个核心线程数大于或等于 1 的线程池，其中，RocketMQ 支持按照具体的业务功能来自定义线程池，并配置合适的线程数。如果没有自定义线程池，则默认使用核心线程数为 1 的线程池。业务线程池在处理与 RocketMQ 消息相关的业务时，将业务事件封装成任务，并推送到线程池的任务队列中，执行业务逻辑处理。

2.3 "使用 Netty 实现通信渠道"的原理

> 提示：
>
> 本节源码分析在本书配套资源的"chaptertwo/2.3/source-code-review"目录下。

使用 Netty 实现通信渠道主要包括通信协议、客户端通信渠道和服务端通信渠道。

2.3.1 实现通信渠道的通信协议

为了使开发人员能够深入熟悉通信渠道的通信协议，下面将通信协议拆分为 5 部分来分析：核心类、数据结构、序列化/反序列化、编码和解码。

1. 核心类

在 rocketmq-remoting 模块的 org.apache.rocketmq.remoting.protocol 包路径和 rocketmq-common 模块的 org.apache.rocketmq.common.protocol.*包路径中定义了与通信协议相关的类。

rocketmq-remoting 模块中封装的是基础通信协议，如表 2-1 所示。

表 2-1 rocketmq-remoting 模块中与通信协议相关的类

类名称	主要功能
LanguageCode	通信协议支持的语言，主要包括 Java、CPP、Go、PHP、HTTP 等
SerializeType	通信协议支持的序列化类型，取值 0 表示 JSON 类型，取值 1 表示 ROCKETMQ 类型

续表

类名称	主要功能
RocketMQSerializable	ROCKETMQ 序列化的编码/解码
RemotingSysResponseCode	通信渠道处理客户端请求结果的响应编码
RemotingCommandType	通信渠道的事件命令类型，其中，REQUEST_COMMAND 是客户端的请求，RESPONSE_COMMAND 是服务端的响应
RemotingCommand	通信渠道的通信事件命令，主要定义了通信渠道的通信协议和编码/解码等功能
RemotingSerializable	JSON 序列化的编码/解码

rocketmq-common 模块中封装的是具体功能模块相关的通信协议，如消息主题、消息路由、心跳包等。由于类比较多，这里就只描述相关包名称及主要功能，如表 2-2 所示。关于具体类的说明，读者可以查阅相关源码。

表 2-2　rocketmq-common 模块中与通信协议相关的包

包名称	主要功能
org.apache.rocketmq.common.protocol	主要封装了与具体模块相关的请求码和响应码
org.apache.rocketmq.common.protocol.body	主要封装了与具体功能模块相关的 JSON 序列化的编码/解码的实现类，针对消息的消息体
org.apache.rocketmq.common.protocol.header	主要封装了与具体功能模块相关的消息头的实现类
org.apache.rocketmq.common.protocol.header.filtersrv	主要封装了与消息过滤相关的消息头的实现类
org.apache.rocketmq.common.protocol.header.namesrv	主要封装了与 Name Server 相关的消息头的实现类
org.apache.rocketmq.common.protocol.heartbeat	主要封装了与心跳消息相关的协议类
org.apache.rocketmq.common.protocol.route	主要封装了与消息路由信息相关的协议类
org.apache.rocketmq.common.protocol.topic	主要封装了与消息主题相关的协议类

2. 数据结构

图 2-11 所示为通信协议的数据结构，总共可以分为以下 4 部分。

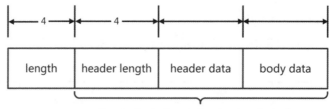

图 2-11

- 第一部分：代表消息的长度，int 类型，占用 4 字节，用来存储 header length、header data

和 body data 的总长度。

- 第二部分：代表序列化类型和 header 长度，int 类型，占用 4 字节。第 1 个字节用来存储序列化类型，后面 3 个字节用来存储消息头的长度。
- 第三部分：代表消息头数据，用来存储经过序列化的消息头数据。
- 第四部分：代表消息主体数据，用来存储消息主体的二进制字节数据内容。

（1）消息头数据。

消息头数据是通信协议的元数据，关键字段及其功能描述如表 2-3 所示。

表 2-3　消息头数据关键字段及其功能描述

字段	类型	请求	响应
code	int 类型	客户端的请求操作码，服务端通过 code 来派发并处理请求	服务端处理结果的响应码，0 表示成功，非 0 表示错误码
language	enum 类型	客户端请求的语言类型，如 Java、Go 等	服务端处理结果的语言类型，如 Java、Go 等
version	int 类型	客户端请求的版本号	服务端处理结果的版本号
opaque	int 类型	在同一个连接上	标记消息请求和响应唯一性的自增 ID
flag	int 类型	通信渠道中客户端请求的类型，默认为 0，用 "RPC_TYPE=0" 字段来标记客户端请求类型为 REQUEST_COMMAND	通信渠道中服务端响应的类型，用左移运算(1<<RPC_TYPE)来标记服务端响应的类型为 RESPONSE_COMMAND
remark	string 类型	客户端请求自定义的文本数据	服务端响应请求的文本数据，一般用来存储错误信息
extFields	hash 类型	客户端请求自定义的字段，主要是 CommandCustomHeader 接口的实现类	服务端响应自定义的字段，主要是 CommandCustomHeader 接口的实现类

按照序列化类型不同，构建消息头数据的方式也不一样。

图 2-12 所示为基于 JSON 序列化来构建消息头数据的方式，具体步骤如下。

- 用 RemotingSerializable 类集成序列化框架 fastjson。
- 使用 fastjson 将 RemotingCommand 类中所有的字段，解析为 string 类型的 JSON 数据格式。
- 将 string 类型的 JSON 数据格式转换为 byte 类型的数组。
- 构建好的消息头数据包含 RemotingCommand 类中所有的属性字段，包括 body 字段（消息主体数据）。所以，这种方式是重量级的，不是很友好。

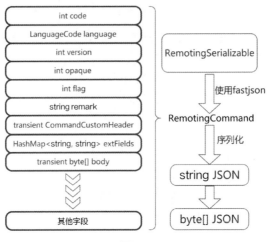

图 2-12

图 2-13 所示为基于 ROCKETMQ 序列化来构建消息头数据的方式，具体步骤如下。

- 用 RemotingSerializable 类直接将 RemotingCommand 类中的部分字段设置到 ByteBuffer 类中，并转换为一个 NIO 字节缓冲区对象。
- 用 NIO 字节缓冲区对象生产一个 byte 类型的数组。
- 构建好的消息头数据只包含 RemotingCommand 类中指定的属性字段。所以，这种方式是轻量级的，非常友好。

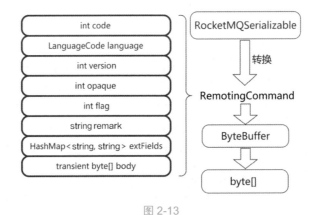

图 2-13

（2）消息主体数据。

消息主体数据主要指实际的消息内容，如生产消息过程中的消息对象 Message。

3. 序列化/反序列化

RocketMQ 的通信协议支持两种序列化/反序列化类型：JSON 和 ROCKETMQ。

（1）用 fastjson 实现 JSON 类型的序列化/反序列化。

使用抽象模板 RemotingSerializable 类封装 fastjson，并实现 JSON 类型的序列化/反序列。具体代码分析可以参考本书配套资源中源码分析中的"RemotingSerializable.markdown"文件。

（2）自定义 ROCKETMQ 类型的序列化/反序列化。

使用 RocketMQSerializable 类来实现 ROCKETMQ 类型的序列化/反序列化。具体代码分析可以参考本书配套资源中源码分析中的"RocketMQSerializable.md"文件。

4. 编码

（1）定义一个编码器。

客户端向服务端发送请求和服务端响应客户端并返回响应结果都需要进行编码。RocketMQ 在通信渠道中，定义了一个专门用于编码的 NettyEncoder 类，具体步骤如下。

- 定义一个编码器 NettyEncoder 类，并继承 Netty 的编码器 MessageToByteEncoder 类。
- 调用 RemotingCommand 类的 encodeHeader()方法编码请求头数据，并返回一个 NIO 字节缓冲区对象。
- 将请求头设置到通信渠道中。
- 获取消息主体数据。
- 将消息主体数据设置到通信渠道中。

具体代码分析可以参考本书配套资源中源码分析中的"NettyEncoder.md"文件。

（2）调用 RemotingCommand 类的 encodeHeader()方法完成通信协议的编码，具体步骤如下。

- 调用 encodeHeader()方法完成消息的编码，其中，body 为消息主体数据。
- 编码通信协议的消息头。
- 定义消息头的长度为 4 字节。
- 定义消息头数据。
- 使用序列化框架完成消息头数据的序列化，默认采用 JSON 类型。
- 定义消息主数据的长度。
- 将消息的总长度设置到通信协议中。
- 将消息头的长度设置到通信协议中。
- 将消息头数据设置到通信协议中。

- 反转 NIO 字节缓冲区的读/写指针，并将读/写指针的 position 指向缓冲区的头部。

具体代码分析可以参考本书配套资源中源码分析中的"RemotingCommand(encodeHeader).md"文件。

5. 解码

（1）定义一个解码器。

服务端处理客户端的请求和客户端处理服务端的响应结果都需要进行解码。RocketMQ 在通信渠道中，定义了一个专门用于解码的 NettyDecoder 类，具体步骤如下。

- 定义一个解码器 NettyDecoder 类并继承 Netty 的解码器。
- 从配置文件中读取发送数据帧最大长度。
- 调用构造函数，设置 Netty 的解码器 LengthFieldBasedFrameDecoder 类的配置信息。
- 调用解码器 LengthFieldBasedFrameDecoder 类的 decode()方法，从 Netty 通信渠道中解码消息，防止 TCP 粘包。
- 调用 RemotingCommand 类的 decode()方法进行解码。

具体代码分析可以参考本书配套资源中源码分析中的"NettyDecoder .md"文件。

（2）调用 RemotingCommand 类的 decode()方法完成通信协议的解码，具体步骤如下。

- 从 Netty 的 NIO 通信渠道中解析出消息头数据。
- 解码消息头数据。
- 从 Netty 的 NIO 通信渠道中解析出消息主体数据。
- 如果采用 JSON 序列化方式，则调用 RemotingSerializable 类的 decode()方法完成消息头数据的解码。
- 如果采用 ROCKETMQ 序列化方式,则调用 RocketMQSerializable 类的 rocketMQProtocol Decode()方法完成消息头数据的解码。

具体代码分析可以参考本书配套资源中源码分析中的"RemotingCommand(decode).md"文件。

2.3.2　实现客户端通信渠道

用 Netty 实现客户端通信渠道。图 2-14 所示为客户端通信渠道具体实现类之间的依赖关系。

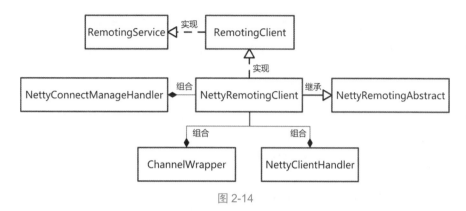

图 2-14

客户端通信渠道具体实现类的功能描述如表 2-4 所示。

表 2-4　客户端通信渠道具体实现类的功能描述

类名称	功能描述
NettyRemotingClient	NettyRemotingClient 类是客户端的核心类，其他功能模块可以直接使用它连接服务端，并完成消息的 RPC 通信
NettyRemotingAbstract	NettyRemotingAbstract 类是从服务端和客户端层抽象出来的一个抽象模板类，可用于统一处理服务端或客户端关于消息的 RPC 请求
NettyConnectManageHandler	NettyConnectManageHandler 类是 NettyRemotingServer 类的内部类，可用于管理 Netty 通信渠道的注册、取消注册、激活等通信事件
ChannelWrapper	ChannelWrapper 类包装了 Netty 的 NIO 通信渠道的 Channel 类，这样客户端可以用 ConcurrentHashMap 缓存和复用 NIO 通信渠道，并充分利用系统资源
NettyClientHandler	NettyClientHandler 类是用于处理与客户端相关的 RocketMQ 消息事件的处理器

1. 分析 NettyRemotingClient 类初始化的过程

我们可以用构造函数初始化 NettyRemotingClient 类，具体过程如下。

（1）初始化客户端通信渠道中的 Netty 配置信息、通信渠道监听器和处理客户端通信渠道命令事件的线程池，具体步骤如下。

- 初始化"最多发送一次"模式和"异步"模式客户端通信渠道的信号量数量，前者默认为 256 个，后者默认为 64 个。客户端通信渠道使用这两个参数来限流，表示每秒处理请求的阈值，如果超过阈值，则提示"请求速度太快"的错误，这是 RocketMQ 针对"最多发送一次"模式和"异步"模式生产和消费消息的过载保护机制。
- 初始化客户端通信渠道对应的 Netty 配置信息。
- 初始化客户端通信渠道监听器。利用这个监听器，RocketMQ 可以实时监听客户端通信渠道事件，如连接、关闭等。
- 加载处理客户端通信渠道事件的线程池的核心线程数，默认为 4 个，并初始化该线程池。

具体代码分析可以参考本书配套资源中源码分析中的"NettyRemotingClient(init) .md"文件。

（2）初始化客户端通信渠道中的工作线程池，用来处理客户端的消息事件，代码如下。

```
private final EventLoopGroup eventLoopGroupWorker;
//①用 Netty 的 NioEventLoopGroup 类，初始化客户端通信渠道的工作线程池
this.eventLoopGroupWorker = new NioEventLoopGroup(1, new ThreadFactory() {
    private AtomicInteger threadIndex = new AtomicInteger(0);
    //②工作线程池固定线程数为一个
    @Override
    public Thread newThread(Runnable r) {
        //③新建一个线程
        return new Thread(r, String.format("NettyClientSelector_%d",
            this.threadIndex.incrementAndGet()));
    }
});
```

2. 定义一个处理客户端消息事件的 NettyClientHandler 类

在客户端与服务端连接成功后，除了要发送消息，还要处理服务端的响应结果的请求。在客户端的通信渠道中，定义了一个处理客户端消息事件的 NettyClientHandler 类，代码如下。

```
class NettyClientHandler extends
    SimpleChannelInboundHandler<RemotingCommand> {
    @Override
    protected void channelRead0(ChannelHandlerContext ctx,
        RemotingCommand msg) throws Exception {
        //调用抽象模板 NettyRemotingAbstract 类的 processMessageReceived()方法
            处理客户端消息事件
        processMessageReceived(ctx, msg);
    }
}
```

3. 启动 NettyRemotingClient 类

（1）初始化用于处理任务和通信握手事件的线程池，具体步骤如下。

- 初始化用于处理任务和通信握手事件的线程池。
- 线程池中的线程数为 Netty 配置信息中配置的工作线程数，默认为 4 个。
- 新建一个线程。

（2）启动客户端通信渠道，具体步骤如下。

- 在客户端启动类中，添加工作线程池 eventLoopGroupWorker。
- 绑定一个 NIO 通信渠道 NioSocketChannel 类。
- 配置 NIO 通信渠道相关连接参数。
- 绑定处理器。
- 获取 Netty 通信渠道中的管道流对象 ChannelPipeline。
- 在通信渠道的管道流中，添加消息编码器、解码器的处理器。
- 在通信渠道的管道流中，添加管理客户端通信连接的处理器和处理 RocketMQ 客户端消息事件的处理器。

具体代码分析可以参考本书配套资源中源码分析中的"NettyRemotingClient(start).md"文件。

📱 **提示**：客户端通信渠道不仅要"先将消息头和消息体编码成可以发送的消息，再将消息发送到服务端通信渠道中"，还要解码服务端的响应请求。从通信协议层来分析，客户端既需要编码器，也需要解码器。

4. 启动一个定时器，定时扫描客户端的通信渠道来调用服务端的通信渠道的结果

客户端会启动一个定时器，定时扫描调用服务端的通信渠道的结果，代码如下。

```
private final Timer timer = new Timer("ClientHouseKeepingService", true);
//①用 JDK 自带的定时器 Timer 启动一个定时任务，扫描客户端调用服务端的通信渠道的结果
this.timer.scheduleAtFixedRate(new TimerTask() {
    @Override
    public void run() {
        try {
            //②调用抽象模板 NettyRemotingAbstract 类的 scanResponseTable()方法，
              扫描客户端调用服务端的通信渠道的结果
            NettyRemotingClient.this.scanResponseTable();
        } catch (Throwable e) {
            log.error("scanResponseTable exception", e);
        }
    }
    //③定时器规则为"定时周期为 1s，延迟时间为 3s"
}, 1000 * 3, 1000);
```

2.3.3 实现服务端通信渠道

用 Netty 实现服务端通信渠道。服务端通信渠道具体实现类之间的依赖关系如图 2-15 所示。

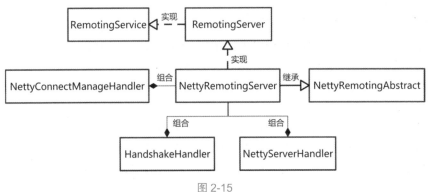

图 2-15

服务端通信渠道具体实现类的功能描述如表 2-5 所示。

表 2-5　服务端通信渠道具体实现类的功能描述

类名称	功能描述
NettyRemotingServer	NettyRemotingServer 类是服务端的核心类，其他功能模块可以直接使用它完成服务端的 RPC 通信（如 Broker Server）。它的功能主要包括①加载通信渠道中的 Netty 配置信息，②初始化 Netty 服务端的 ServerBootstrap 类（Netty 的启动类）③初始化通信渠道监听器 ChannelEventListener 类，④初始化 RocketMQ 处理消息事件的线程池，⑤启动 ServerBootstrap 类，等待客户端连接
NettyRemotingAbstract	NettyRemotingAbstract 类是从服务端和客户端抽象出来的一个抽象模板类，可用于统一处理服务端或客户端关于消息的 RPC 请求
NettyConnectManageHandler	NettyConnectManageHandler 类是 NettyRemotingServer 类的内部类，可用于管理 Netty 通信渠道的注册、取消注册、激活等通信事件
HandshakeHandler	HandshakeHandler 类继承 Netty 的 SimpleChannelInboundHandler 类，可用于处理 Netty 的通信握手事件
NettyServerHandler	NettyServerHandler 类是用于处理与服务端相关的 RocketMQ 消息事件的处理器

1. 分析 NettyRemotingServer 类初始化的过程

我们可以用构造函数来完成 NettyRemotingServer 类的初始化，具体过程如下。

（1）初始化服务端通信渠道中的 Netty 配置信息、通信渠道监听器、Netty 服务端启动类和处理服务端通信渠道事件的线程池，具体步骤如下。

- 初始化"最多发送一次"模式和"异步"模式服务端的信号量数量，前者默认为 256 个，后者默认为 64 个。与客户端通信渠道一样，服务端通信渠道也使用这两个参数来限流。
- 初始化一个 Netty 服务端启动对象 ServerBootstrap，它是 Netty 框架的服务端套接字编程的核心 API。

- 初始化服务端通信渠道监听器。利用这个监听器，RocketMQ 可以实时监听服务端通信渠道事件，如连接、关闭等。
- 加载处理服务端通信渠道事件的线程池的核心线程数，默认为 4 个，并初始化这个线程池。

具体代码分析可以参考本书配套资源中源码分析中的 "NettyRemotingServer(init).md" 文件。

（2）初始化 Netty 的 Reactor NIO 线程池，包括 boss 线程池和处理事件任务的工作线程池，具体步骤如下。

- 如果使用 Netty 的 Epoll NIO 通信模型，则可以使用 Reactor 线程池对象 EpollEventLoopGroup。
- 初始化一个 boss 线程池对象 EpollEventLoopGroup。
- 初始化一个处理事件的工作线程池对象 EpollEventLoopGroup。
- 如果使用 Java NIO 通信模型，则可以使用 Reactor 线程池对象 NioEventLoopGroup。
- 初始化一个 boss 线程池对象 NioEventLoopGroup。
- 初始化一个处理事件的工作线程池对象 NioEventLoopGroup。

具体代码分析可以参考本书配套资源中源码分析中的 "NettyRemotingServer(ReactorNIO).md" 文件。

2. 定义一个处理服务端消息事件的 NettyServerHandler 类

在服务端与客户端连接成功后，除了要处理客户端的消息事件，还要返回服务端的响应请求。通信渠道的服务端定义了一个处理服务端消息事件的 NettyServerHandler 类，代码如下。

```
@ChannelHandler.Sharable
class NettyServerHandler extends
    SimpleChannelInboundHandler<RemotingCommand> {
    @Override
    protected void channelRead0(ChannelHandlerContext ctx, RemotingCommand
        msg) throws Exception {
        //调用抽象模板 NettyRemotingAbstract 类的 processMessageReceived()方法
          处理客户端消息事件
        processMessageReceived(ctx, msg);
    }
}
```

3. 启动 NettyRemotingServer 类

（1）初始化 Netty 处理任务和通信握手事件的线程池，代码如下。

```
private DefaultEventExecutorGroup defaultEventExecutorGroup;
//①初始化一个 DefaultEventExecutorGroup 对象，它是 Netty 中处理任务和通信握手事件
```

```
的线程池
this.defaultEventExecutorGroup = new DefaultEventExecutorGroup(
    nettyServerConfig.getServerWorkerThreads(),
    //②从 RocketMQ 的 Netty 配置文件中，读取线程池的核心线程数，默认为 8 个
    new ThreadFactory() {
        private AtomicInteger threadIndex = new AtomicInteger(0);
        //③初始化一个线程
        @Override
        public Thread newThread(Runnable r) {
                return new Thread(r, "NettyServerCodecThread_" +
            this.threadIndex.incrementAndGet());
        }
});
```

（2）预处理公共处理器，如握手事件的处理器、Netty 编码处理器、Netty 连接管理处理器与 Netty 服务端处理器等，代码如下。

```
private HandshakeHandler handshakeHandler;
private NettyEncoder encoder;
private NettyConnectManageHandler connectionManageHandler;
private NettyServerHandler serverHandler;

private void prepareSharableHandlers() {
    //①初始化握手事件的处理器
    handshakeHandler = new HandshakeHandler(TlsSystemConfig.tlsMode);
    //②初始化 Netty 编码处理器
    encoder = new NettyEncoder();
    //③初始化 Netty 连接管理处理器
    connectionManageHandler = new NettyConnectManageHandler();
    //④初始化 Netty 服务端处理器
    serverHandler = new NettyServerHandler();
}
```

（3）启动服务端通信渠道，具体步骤如下。

- 初始化一个 DefaultEventExecutorGroup 组。它是 Netty 封装的一个默认线程池（默认核心线程数为 8 个），主要用来处理服务端通信渠道中的任务。
- 指定服务端通信渠道对应的 channel（通道）的类型，如果 RocketMQ 已经配置 Epoll，则使用 EpollServerSocketChannel，否则使用默认的 NioServerSocketChannel。
- 配置 ServerSocketChannel 的通信连接的选项。

- 配置子通道 SocketChannel 的通信连接的选项。
- 设置子通道 SocketChannel 的处理器。它通常是与业务功能相关的处理器。
- 设置通信连接处理握手事件的处理器。
- 设置 Netty 消息解码处理器。
- 设置用于管理通信连接的处理器和处理与 RocketMQ 消息相关事件的处理器。
- 默认使用 PooledByteBufAllocator 类开启 Netty 的内存管理。
- 调用 ServerBootstrap 类的 bind()方法启动服务端，同步等待客户端通信渠道的连接。

具体代码分析可以参考本书配套资源中源码分析中的"NettyRemotingServer(start).md"文件。

4. 用 NettyConnectManageHandler 类管理 Netty 通信连接

NettyConnectManageHandler 类继承了 Netty 中的 ChannelDuplexHandler 类，这样即可拦截 Netty 的通信连接请求，具体步骤如下。

- 注册 NIO 通信渠道。
- 取消注册 NIO 通信渠道。
- 如果激活 NIO 通信渠道，则向通信渠道监听器的事件队列中 put 一个连接事件。
- 如果取消激活 NIO 通信渠道，则向通信渠道监听器的事件队列中 put 一个关闭连接事件。
- 如果挂起 NIO 通信渠道，则向通信渠道监听器的事件队列中 put 一个挂起连接事件。
- 如果 NIO 通信渠道出现异常，则向通信渠道监听器的事件队列中 put 一个连接异常事件。

具体代码分析可以参考本书配套资源中源码分析中的"NettyConnectManageHandler.md"文件。

5. 用异步线程任务 NettyEventExecutor 类扫描服务端通信渠道监听器中的渠道事件队列

在 Netty 通信连接状态变更后，会产生不同类型的事件对象 NettyEvent，如 NettyEventType.CONNECT、NettyEventType.CLOSE 等。为了高效地处理这些事件，定义了一个缓冲队列异步存储这些事件，并利用一个异步线程任务 NettyEventExecutor 类扫描服务端通信渠道监听器中的渠道事件队列，具体步骤如下。

- 如果通信渠道事件监听器不为空，则开启异步线程任务，执行 run()方法，扫描事件队列中的事件对象 NettyEvent。
- 启动异步线程任务。
- 在事件队列中，添加需要处理的事件对象 NettyEvent，事件队列的最大容量为 10000 个，如果超过这个阈值，则直接丢弃。
- 获取通信渠道监听器对象 ChannelEventListener。
- 从事件队列中取出事件对象 NettyEvent。

- 如果事件类型为 IDLE，则执行通信渠道监听器的 onChannelIdle()方法。
- 如果事件类型为 CLOSE，则执行通信渠道监听器的 onChannelClose()方法。
- 如果事件类型为 CONNECT，则执行通信渠道监听器的 onChannelConnect()方法。
- 如果事件类型为 EXCEPTION，则执行通信渠道监听器的 onChannelException()方法。

具体代码分析可以参考本书配套资源中源码分析中的"NettyEventExecutor.md"文件。

6. 定义通信渠道监听器，完成通信渠道连接状态变更后的后置处理

如果服务端通信渠道连接的状态发生变化，则需要实时通过通信渠道监听器通知"使用服务端通信渠道"的业务模块，如 Broker Server。在 Broker Server 中，定义了一个 ClientHouseKeepingService 类，并实现监听器 ChannelEventListener 类，完成通信渠道连接状态变更后的后置处理，其中，处理通信渠道关闭事件的代码如下。

```
public class ClientHousekeepingService implements ChannelEventListener {
  @Override
  public void onChannelClose(String remoteAddr, Channel channel) {
    //①通知生产者，通信渠道已经关闭
    this.brokerController.getProducerManager().
      doChannelCloseEvent(remoteAddr, channel);
    //②通知消费者，通信渠道已经关闭
    this.brokerController.getConsumerManager().
      doChannelCloseEvent(remoteAddr, channel);
    //③通知过滤器服务，通信渠道已经关闭
    this.brokerController.getFilterServerManager().
      doChannelCloseEvent(remoteAddr, channel);
  }
  ...
}
```

7. 启动一个定时器，定时扫描服务端通信渠道的响应结果

为了实现高效地处理客户端的消息请求，服务端会将异步的处理结果存储在一个内存缓存中。如果要实时处理服务端通信渠道的响应结果，则需要一个定时器定时扫描结果，代码如下。

```
//①用 JDK 的定时器 Timer 类，启动一个定时任务定时扫描，定时规则为"定时周期为 1s，延
  迟时间为 3s"
this.timer.scheduleAtFixedRate(new TimerTask() {
  @Override
  public void run() {
```

```
        try {
            NettyRemotingServer.this.scanResponseTable();
        } catch (Throwable e) {
            log.error("scanResponseTable exception", e);
        }
    }
}, 1000 * 3, 1000);

public void scanResponseTable() {
    final List<ResponseFuture> rfList = new LinkedList<ResponseFuture>();
    //②从内存缓存中，取出响应结果对象 ResponseFuture，并存储在列表对象 rfList 中
    Iterator<Entry<Integer, ResponseFuture>> it =
        this.responseTable.entrySet().iterator();
    while (it.hasNext()) {
        Entry<Integer, ResponseFuture> next = it.next();
        ResponseFuture rep = next.getValue();
        if ((rep.getBeginTimestamp() + rep.getTimeoutMillis() + 1000) <=
            System.currentTimeMillis()) {
            rep.release();
            it.remove();
            rfList.add(rep);
            log.warn("remove timeout request, " + rep);
        }
    }
    //③遍历列表对象 rfList，执行通信结果回调，将结果通知到客户端
    for (ResponseFuture rf : rfList) {
        try {
            executeInvokeCallback(rf);
        } catch (Throwable e) {
            log.warn("scanResponseTable, operationComplete Exception", e);
        }
    }
}
```

2.4　使用客户端连接服务端

在 RocketMQ 中，需要利用通信渠道完成通信的模块主要有 6 个：Consumer、Producer、

Name Server、Broker Server、UI 控制台及命令控制台。

基于 Netty 的通信渠道是双向的。也就是说，参与通信的模块既可以是客户端，也可以是服务端，这主要取决于通信消息流转的方向。

2.4.1 分析模块通信渠道的类型

我们可以将模块通信连接的类型分为客户端和服务端。

1. 属于客户端通信渠道类型的模块

图 2-16 所示为依赖客户端的类，主要包括 MQClientAPIImpl 类和 BrokerOuterAPI 类。

图 2-16

下面可以先分析 MQClientAPIImpl 类和 BrokerOuterAPI 类的依赖关系，从而确定属于客户端通信渠道类型的模块。

（1）图 2-17 所示为 MQClientAPIImpl 类的依赖关系，分析过程如下。

- MQClientInstance 类组合 MQClientAPIImpl 类。
- MQClientManager 类组合 MQClientInstance 类。
- Producer 模块中的 DefaultMQProducerImpl 类依赖 MQClientManager 类。
- Consumer 模块中的 DefaultMQPushConsumerImpl 类和 DefaultLitePullConsumerImpl 类依赖 MQClientManager 类。
- 命令控制台和 UI 控制台模块中的 DefaultMQAdminExtImpl 类依赖 MQClientManager 类。

> 📌 提示：
>
> 通过上文可以得出结论：Producer、Consumer、命令控制台和 UI 控制台属于客户端通信渠道类型。

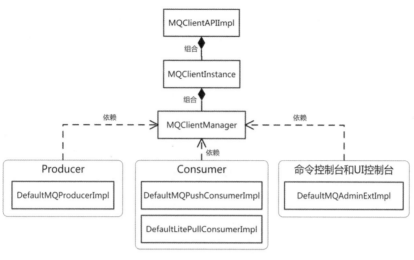

图 2-17

（2）图 2-18 所示为 BrokerOuterAPI 类的依赖关系，分析过程如下。

- Broker Server 模块中的 BrokerController 类组合 BrokerOuterAPI 类。
- Broker Server 模块中的 AssignmentManager 类依赖 BrokerController 类。

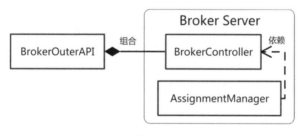

图 2-18

提示：

通过上文可以得出结论：Broker Server 也属于客户端通信渠道类型。

2. 属于服务端通信渠道类型的模块

图 2-19 所示为依赖服务端的类，主要包括 BrokerController 类和 NamesrvController 类。其中，前者属于 Broker Server 模块，后者属于 Name Server 模块。

		Usages of org.apache.rocketmq.remoting.netty.NettyRemotingServer — Results in 'All Places'	Found 20 us.
© BrokerController.java	115	⇢ import org.apache.rocketmq.remoting.netty.**NettyRemotingServer**;	
© BrokerController.java	317	⇢ this.remotingServer = new **NettyRemotingServer**(this.nettyServerConfig, this.clientHousekeepingService);	
© BrokerController.java	320	⇢ this.fastRemotingServer = new **NettyRemotingServer**(fastConfig, this.clientHousekeepingService);	
© BrokerController.java	548	⇢ ((**NettyRemotingServer**) remotingServer).loadSslContext();	
© BrokerController.java	549	⇢ ((**NettyRemotingServer**) fastRemotingServer).loadSslContext();	
© NamesrvController.java	36	⇢ import org.apache.rocketmq.remoting.netty.**NettyRemotingServer**;	
© NamesrvController.java	80	⇢ this.remotingServer = new **NettyRemotingServer**(this.nettyServerConfig, this.brokerHousekeepingService);	
© NamesrvController.java	133	⇢ ((**NettyRemotingServer**) remotingServer).loadSslContext();	

图 2-19

📢 提示：

通过上文可以得出结论：Broker Server 与 Name Server 都属于服务端通信渠道类型。

2.4.2　连接服务端

在分析完模块的通信渠道类型后，我们应该知道只有 Broker Server 和 Name Server 才能作为服务端。图 2-20 所示为 RocketMQ 各模块之间的通信渠道连接的关系。其中，Broker Server 既可以作为客户端，又可以作为服务端。

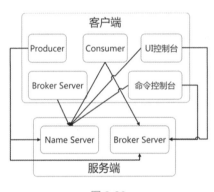

图 2-20

1. 连接 Name Server

有 5 个模块会作为客户端连接 Name Server，分别是 Producer、Consumer、Broker Server、UI 控制台和命令控制台。

在使用 Producer 生产消息和 Consumer 消费消息之前，都需要从 Name Server 获取消息路由信息。为了方便大家能够理解 Producer 和 Consumer 连接服务端 Name Server 的原理，下面以"获取消息主题路由信息"作为业务场景来分析原理。

（1）获取消息主题路由信息的代码如下。

```
public TopicRouteData getTopicRouteInfoFromNameServer(final String topic,
    final long timeoutMillis,boolean allowTopicNotExist, Set<Integer>
        logicalQueueIdsFilter) throws MQClientException,
    InterruptedException, RemotingTimeoutException,
        RemotingSendRequestException, RemotingConnectException {
    //①构造消息头数据，并设置消息主题的名称
    GetRouteInfoRequestHeader requestHeader = new
        GetRouteInfoRequestHeader();
    requestHeader.setTopic(topic);
    requestHeader.setSysFlag(MessageSysFlag.LOGICAL_QUEUE_FLAG);
    requestHeader.setLogicalQueueIdsFilter(logicalQueueIdsFilter);
    //②用通信协议核心 RemotingCommand 类，构造 RPC 请求对象
    RemotingCommand request = RemotingCommand.createRequestCommand(
     RequestCode.GET_ROUTEINFO_BY_TOPIC, requestHeader);
    //③设置 invokeSync()方法的参数 addr 为空并连接 Name Server，获取消息主题
        路由信息
    RemotingCommand response = this.remotingClient.invokeSync(null,
        request, timeoutMillis);
    ...
}
```

（2）区分 Name Server 和 Broker Server 的 NIO 通信渠道的代码如下。

```
private Channel getAndCreateChannel(final String addr) throws
    RemotingConnectException, InterruptedException {
    //①如果将 addr 设置为空，则创建 Producer 和 Name Server 之间的 NIO 通信渠道
    if (null == addr) {
        return getAndCreateNameserverChannel();
    }
    //②否则创建 Producer 和 Broker Server 之间的 NIO 通信渠道
    ...
}
```

（3）创建 Producer 和 Name Server 之间的 NIO 通信渠道的代码如下。

```
private Channel getAndCreateNameserverChannel() throws
    RemotingConnectException, InterruptedException {
    //①获取 Name Server 的 IP 地址
    String addr = this.namesrvAddrChoosed.get();
    if (addr != null) {
```

```
    //②如果addr不为空，则直接从通信渠道缓存中获取已经初始化完成的通信渠道
    ChannelWrapper cw = this.channelTables.get(addr);
    if (cw != null && cw.isOK()) {
        return cw.getChannel();
    }
}
//③获取Name Server节点列表
final List<String> addrList = this.namesrvAddrList.get();
//④加锁，保证线程安全
if (this.namesrvChannelLock.tryLock(LOCK_TIMEOUT_MILLIS,
    TimeUnit.MILLISECONDS)) {
    try {
        addr = this.namesrvAddrChoosed.get();
        //⑤如果addr不为空，则再次尝试直接从通信渠道缓存中获取已经初始化完成
            的通信渠道
        if (addr != null) {
            ChannelWrapper cw = this.channelTables.get(addr);
            if (cw != null && cw.isOK()) {
                return cw.getChannel();
            }
        }
        //⑥遍历Name Server节点列表，并重新创建一个通信渠道
        if (addrList != null && !addrList.isEmpty()) {
            for (int i = 0; i < addrList.size(); i++) {
                int index = this.namesrvIndex.incrementAndGet();
                index = Math.abs(index);
                index = index % addrList.size();
                String newAddr = addrList.get(index);
                this.namesrvAddrChoosed.set(newAddr);
                log.info("new name server is chosen. OLD: {} , NEW: {}.
                    namesrvIndex = {}", addr, newAddr, namesrvIndex);
                Channel channelNew = this.createChannel(newAddr);
                if (channelNew != null) {
                    return channelNew;
                }
            }
            throw new RemotingConnectException(addrList.toString());
        }
```

```
        } finally {
            //⑦自动解锁，防止出现死锁
            this.namesrvChannelLock.unlock();
        }
    } else {
    }
}
```

2. 连接 Broker Server

有 4 个模块会作为客户端连接 Broker Server，分别是 Producer、Consumer、UI 控制台和命令控制台，其中，创建它们与服务端 Broker Server 之间 NIO 通信渠道的代码如下。

```
 private Channel getAndCreateChannel(final String addr) throws
RemotingConnectException, InterruptedException {
    //①如果将addr设置为空，则创建Producer和Name Server之间的NIO通信渠道，否则创
    //    建 Producer 和 Broker Server 之间的 NIO 通信渠道
    if (null == addr) {
        return getAndCreateNameserverChannel();
    }
    //②从通信渠道本地缓存中获取NIO通信渠道，如果能够获取可用的通信渠道，则直接返回
    ChannelWrapper cw = this.channelTables.get(addr);
    if (cw != null && cw.isOK()) {
        return cw.getChannel();
    }
    //③否则调用 createChannel()方法，重新创建一个新的通信渠道
    return this.createChannel(addr);
}
```

创建新的 NIO 通信渠道的代码如下。

```
if (this.lockChannelTables.tryLock(LOCK_TIMEOUT_MILLIS,
    TimeUnit.MILLISECONDS)) {
    try {
        boolean createNewConnection;
        //①创建通信渠道会遇到并发问题，需要先从缓存中获取指定IP地址的通信渠道
        cw = this.channelTables.get(addr);
        //②如果缓存中已经存在可用的通信渠道，则直接返回，否则标记
        //    createNewConnection为true，表示从缓存中删除不可用的通信渠道
        if (cw != null) {
```

```
        if (cw.isOK()) {
            return cw.getChannel();
        } else if (!cw.getChannelFuture().isDone()) {
            createNewConnection = false;
        } else {
            this.channelTables.remove(addr);
            createNewConnection = true;
        }
    } else {
        createNewConnection = true;
    }
    //③如果需要创建一个新的通信渠道，则使用Netty的客户端启动Bootstrap类的
      connect()方法连接Broker Server
    if (createNewConnection) {
        ChannelFuture channelFuture =
            this.bootstrap.connect(RemotingHelper.
                string2SocketAddress(addr));
        log.info("createChannel: begin to connect remote host[{}]
            asynchronously", addr);
        cw = new ChannelWrapper(channelFuture);
        //④将新的可用的通信渠道设置到本地缓存中
        this.channelTables.put(addr, cw);
    }
} catch (Exception e) {
} finally {
    this.lockChannelTables.unlock();
}
} else {
    ...
}
```

2.5 【实例】修改通信渠道客户端和服务端的线程模型

📌 提示：

本实例的源码在本书配套资源的 "chaptertwo/" 目录下。

本实例会采用 Spring Cloud Alibaba 作为基础框架，首先启动客户端 Producer 和 Consumer，

然后连接服务端 Broker Server 和 Name Server。

1. 修改通信渠道客户端的线程模型

（1）修改 Reactor 线程池的核心线程数。

客户端线程模型中 Reactor 线程池的核心线程数默认为 1 个，但是这样的配置不能处理海量的消息，需要修改 Reactor 线程池的核心线程数。目前，RocketMQ 不支持动态修改 Reactor 线程池的核心线程数。本实例采用修改源码的方式，修改 RocketMQ 的 NettyRemotingClient 类，代码如下。

```
public NettyRemotingClient(final NettyClientConfig nettyClientConfig,
    final ChannelEventListener channelEventListener) {
//调整Netty的工作线程池的核心线程数为5个，提高客户端处理消息的并行度
this.eventLoopGroupWorker = new NioEventLoopGroup(5,
    new ThreadFactory() {
    private AtomicInteger threadIndex = new AtomicInteger(0);
    @Override
    public Thread newThread(Runnable r) {
        return new Thread(r, String.format("NettyClientSelector_%d",
            this.threadIndex.incrementAndGet()));
    }
});
    ...
}
```

（2）修改工作线程池的核心线程数。

客户端线程模型中工作线程池的核心线程数默认为 4 个，但是这样的配置不能处理海量的消息，需要修改工作线程池的核心线程数。我们可以通过设置系统属性"com.rocketmq.remoting.client.worker.size"来修改工作线程池的核心线程数，代码如下。

```
System.setProperty("com.rocketmq.remoting.client.worker.size","8");
```

（3）修改业务线程池的核心线程数。

客户端线程模型中业务线程池的核心线程数默认为"当前进程所在的虚拟机中可用的核心数"，代码如下。

```
//①从客户端配置信息中动态读取核心线程数，如果开发人员没有动态修改客户端配置信息，则默认
    为当前进程所在的虚拟机中可用的核心线程数，并用clientCallbackExecutorThreads
    变量来存储
private int clientCallbackExecutorThreads = Runtime
```

```
.getRuntime().availableProcessors();
//②读取客户端配置信息中的核心线程数
int publicThreadNums =nettyClientConfig
.getClientCallbackExecutorThreads();
//③ 如果 publicThreadNums 的值小于或等于 0，则客户端配置信息中的核心线程数默认为 4 个
if (publicThreadNums <= 0) {
    publicThreadNums = 4;
}
```

2. 修改通信渠道服务端的线程模型

（1）修改 Reactor 主线程池的核心线程数。

服务端线程模型中 Reactor 主线程池的核心线程数默认为 1 个。从线程安全的角度来看，一般不会修改它。

（2）修改 Reactor 从线程池的核心线程数。

服务端线程模型中 Reactor 从线程池的核心线程数默认为 3 个。如果服务端的消息流量非常大，如 Broker Server，则可以修改 Reactor 从线程池的核心线程数，提高消息处理的并行度。下面采用修改源码的方式实现，代码如下。

```
public class NettyServerConfig implements Cloneable {
    //private int serverSelectorThreads = 3;
    private int serverSelectorThreads = 8;
}
```

（3）修改工作线程池的核心线程数。

服务端线程模型中工作线程池的核心线程数默认为 8 个。如果机器配置非常高，则可以修改工作线程池的核心线程数，这样可以更加充分地利用机器资源。下面采用修改源码的方式实现，代码如下。

```
public class NettyServerConfig implements Cloneable {
    //private int serverWorkerThreads = 8;
    private int serverWorkerThreads = 12;
}
```

（4）修改业务线程池的核心线程数。

服务端线程模型中业务线程池的核心线程数默认为 4 个。如果事件任务没有设置线程池，则可以与其他的事件任务共用这个公共的业务线程池。修改公共的业务线程池的代码如下。

```
public class NettyServerConfig implements Cloneable {
    private int serverCallbackExecutorThreads = 0;
```

```
}
```

//①修改 NettyServerConfig 类的变量 serverCallbackExecutorThreads，用于控制业务
线程池的核心线程数

```
int publicThreadNums = nettyServerConfig.getServerCallbackExecutorThreads();
if (publicThreadNums <= 0) {
    //②如果不修改，则表示业务线程池的核心线程数默认为 4 个
    publicThreadNums = 4;
}
```

业务线程池已经采用了线程池隔离的技术手段，所以一般不会修改它的核心线程数。

🔊 提示：

服务端的大部分事件任务都会自定义线程池，并设定合适的核心线程数。RocketMQ 定义了一个公共的业务线程池，主要是为了确保服务端线程模型的扩展性。

（5）用配置文件修改工作线程池和 Reactor 从线程池的核心线程数。

- 用配置文件修改 Name Server 的核心线程数。

定义一个配置文件 name-server-start.properties，代码如下。

```
//①修改 Name Server 工作线程池的核心线程数
serverWorkerThreads = 20
//②修改 Name Server Reactor 从线程池的核心线程数
serverSelectorThreads = 10
```

使用脚本命令重新启动 Name Server，代码如下。

```
nohup sh mqnamesrv -c ../conf/name-server-start.properties &
```

- 用配置文件修改 Broker Server 的核心线程数。

在启动 Broker Server 的配置文件 broker.properties 中添加配置信息，代码如下。

```
//①修改 Broker Server 工作线程池的核心线程数
serverWorkerThreads = 20
//②修改 Broker Server Reactor 从线程池的核心线程数
serverSelectorThreads = 10
```

使用脚本命令重新启动 Broker Server，代码如下。

```
nohup sh mqbroker -n localhost:9876 -c ../conf/broker.properties &
```

3. 打包修改后的 RocketMQ 的源码

先使用 "mvn clean install –Dmaven.test.skip=true" 命令打包 RocketMQ 的源码；再用生

成的 Jar 包 "rocketmq-remoting-4.9.2.jar" 覆盖 RocketMQ 部署目录文件夹 "lib" 中对应的 Jar 包，并重新启动 Name Server 和 Broker Server。

4. 初始化两个服务

使用 Spring Cloud Alibaba 作为基础框架，快速初始化两个服务 producer-server 和 consumer-server，并初始化完成生产者和消费者客户端。具体实现可以参考本书配套资源中的代码。

5. 使用 IDEA 开启远程 debug 连接 Name Server 和 Broker Server

在 Broker Server 的 runbroker.sh 启动脚本文件中添加远程 debug 的配置信息，代码如下。

```
JAVA_OPT="${JAVA_OPT} -Xdebug -Xrunjdwp:transport=dt_socket,address=8027,
server=y,suspend-n"
```

在 Name Server 的 runserver.sh 启动脚本文件中添加远程 debug 的配置信息，代码如下。

```
JAVA_OPT="${JAVA_OPT} -Xdebug -Xrunjdwp:transport=dt_socket,address=9555,
server=y,suspend=n"
```

在 IDEA 中打开 RocketMQ 的源码，并开启远程 debug 模式，连接 Broker Server 和 Name Server。

6. 采用 debug 模式运行服务 producer-server 和 consumer-server

在 IDEA 中，采用 debug 模式运行服务 producer-server 和 consumer-server，并调试客户端线程模型的核心线程数。

图 2-21 所示为服务 producer-server 中客户端线程模型调试的结果，工作线程池 defaultEvent ExecutorGroup 的核心线程数已经修改为 8 个。

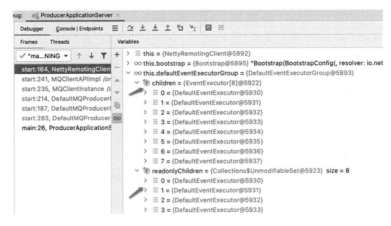

图 2-21

图2-22所示为服务consumer-server中客户端线程模型调试的结果,工作线程池defaultEvent
ExecutorGroup的核心线程数已经修改为8个。

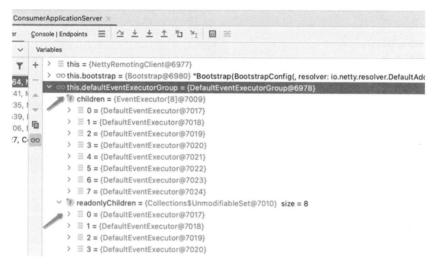

图 2-22

7. 验证服务端 Name Server 和 Broker Server 线程模型调试的结果

图 2-23 所示为 Name Server 服务端线程模型调试的结果，Reactor 从线程池（变量 event
LoopGroupSelector）的核心线程数已经修改为 8 个，工作线程池（变量 defaultEventExecutor
Group）的核心线程数已经修改为 12 个。

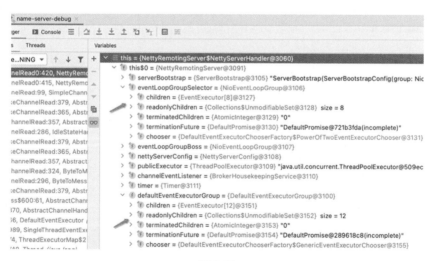

图 2-23

图 2-24 所示为 Broker Server 服务端线程模型调试的结果，Reactor 从线程池（变量 event LoopGroupSelector）的核心线程数已经修改为 8 个，工作线程池（变量 defaultEventExecutor Group）的核心线程数已经修改为 12 个。

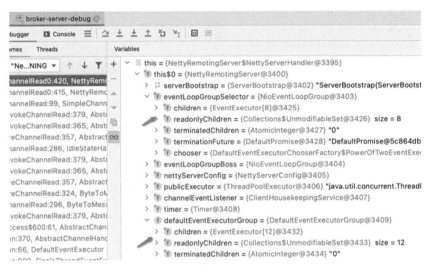

图 2-24

第 3 章
消息路由信息的无状态存储和管理

在 RocketMQ 中，如果"通信渠道"是分布式消息流转的交通工具，则消息路由信息是"导航仪"。

消息路由信息主要是用来定义分布式消息流转的路径。例如，在使用某个消息主题生产和消费消息时，可以从消息路由信息中获取消息队列、Broker Server 节点的 IP 地址等信息，从而到指定的 Broker Server 节点中生产和消费消息。

3.1 了解消息路由信息

消息路由信息的主要来源是 Broker Server。Broker Server 会利用本地缓存和磁盘文件来维护消息路由信息，而 Name Server 中的消息路由信息则是利用 Broker Server 定时同步过去的。

消息路由信息主要包括 5 部分：①消息主题队列信息；②Broker Server 地址信息；③集群地址信息；④活跃的 Broker Server 信息；⑤过滤服务信息。

1. 消息主题队列信息

消息主题队列信息是消息路由信息中最重要的部分，主要用来记录消息主题对应的消息队列的元数据。利用这个元数据，Producer 和 Consumer 可以构建生产消息和消费消息时所需的逻辑消息队列（主要指 MessageQueue 类）。

消息主题队列信息主要存储在 Broker Server 的本地缓存和磁盘文件中，具体如下。

- 本地缓存主要指 TopicConfigManager 类中的本地变量 topicConfigTable。它是一个

ConcurrentHashMap 类型的数据结构。

- 磁盘文件主要指 Broker Server 中的配置文件"topics.json"。它的存储路径为"${user.home}/store/config/topics.json"。其中，"user.home"代表部署 Broker Server 的根目录。

消息主题队列信息中的数据字段如表 3-1 所示。

表 3-1　消息主题队列信息中的数据字段

字段名称	字段描述
topic	消息主题名称
brokerName	Broker Server 的名称
readQueueNums	读权限队列的数量
writeQueueNums	写权限队列的数量
perm	队列的权限类型，2-写，4-读，6-读/写
topicSysFlag	消息主题的系统标志位，一般设置为默认值 0

如果开发人员使用脚本启动 Broker Server，则 Broker Server 会将本地持久化的消息主题队列信息推送到 Name Server 中。Name Server 中消息主题队列信息的代码实现可以查阅 QueueData 类的源码。

Name Server 用 RouteInfoManager 类来管理消息主题队列信息，并在 RouteInfoManager 类中，用一个 HashMap 作为本地缓存来缓存消息主题队列信息。本地缓存的代码如下。

```
//①HashMap 的 Key 取值"消息主题的名称"
private final HashMap<String, List<QueueData>> topicQueueTable;
//②设置 HashMap 的初始容量为 1024 个
this.topicQueueTable = new HashMap<String, List<QueueData>>(1024);
```

消息主题队列信息数据流的流转方向如图 3-1 所示，具体如下。

- 在生产消息时，Producer 向 Name Server 发起 RPC 请求，获取消息主题队列信息，如果不存在，则向 Broker Server 发起创建消息主题队列信息的 RPC 请求，并将消息主题队列信息推送给 Broker Server。之后，Broker Server 将它存储在本地缓存和磁盘文件中。
- 如果开发人员启动了 Broker Server，则 Broker Server 可以读取磁盘文件中持久化的消息主题队列信息，并向 Name Server 发起注册请求，将最新的消息主题队列信息注册到 Name Server 中。如果开发人员发起了取消注册请求，则删除已经注册成功的消息主题队列信息。
- 通过可视化的 UI 控制台或命令控制台，开发人员可以实时地创建和删除消息主题队列信息。
- 在消费消息时，Consumer 可以向 Name Server 发起 RPC 请求，获取消息主题队列信息。

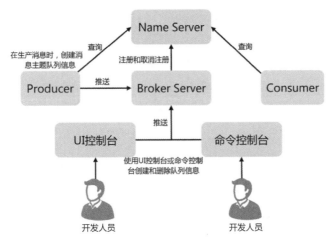

图 3-1

> 📖 提示：

RocketMQ 官方建议不要使用 Producer 创建消息主题队列信息，因为 Producer 中的相关 API 已经被废弃了。

建议在 Consumer 和 Producer 上线之前，使用 UI 控制台或命令控制台创建消息主题队列信息，这样方便开发人员集中管控和维护。

2. Broker Server 地址信息

Broker Server 地址信息是 Broker Server 节点私有的。Broker Server 不需要用磁盘文件来持久化。Broker Server 地址信息主要用来记录集群名称、Broker Server 名称和 Broker Server 的 IP 地址之间映射关系的元数据。利用这个元数据，Producer 和 Consumer 可以构建消息主题和 Broker Server IP 地址之间的映射关系。这样，在生产和消费消息时，可以按照路由规则快速寻址到指定的 Broker Server 节点。

Broker Server 地址信息中的数据字段如表 3-2 所示，具体代码实现可以查阅 BrokerData 类的源码。

表 3-2　Broker Server 地址信息中的数据字段

字段名称	字段描述
cluster	RocketMQ 集群的名称
brokerName	Broker Server 的名称
brokerAddrs	Broker Server 的 IP 列表，它是一个 HashMap 的数据结构，Key 为 brokerId，value 为 Broker Server 的 IP 地址

如果开发人员使用脚本启动了 Broker Server，则 Broker Server 会将地址信息推送给 Name Server。

Name Server 用 RouteInfoManager 类来管理消息主题配置信息，并在 RouteInfoManager 类中用一个 HashMap 作为本地缓存来缓存 Broker Server 地址信息。其中，存储消息主题配置信息的本地缓存代码如下。

```
//①HashMap 的 Key 取值 "Broker Server 的名称"
private final HashMap<String, BrokerData> brokerAddrTable;
//②设置 HashMap 的初始容量为 128 个
this.brokerAddrTable = new HashMap<String, BrokerData>(128);
```

Broker Server 地址信息数据流的流转方向如图 3-2 所示，具体如下。

- 当发起注册 Broker Server 请求时，会将 Broker Server 地址信息推送到 Name Server 中，并完成注册。
- 利用 UI 控制台或命令控制台，可以从 Name Server 中获取 Broker Server 地址信息。
- 利用 RPC 通信渠道，Producer 和 Consumer 同样可以从 Name Server 中获取 Broker Server 地址信息。
- 当重启 Broker Server 或宕机时，Broker Server 向 Name Server 发起取消注册的 RPC 请求，并将已经注册成功的 Broker Server 地址信息直接删除。

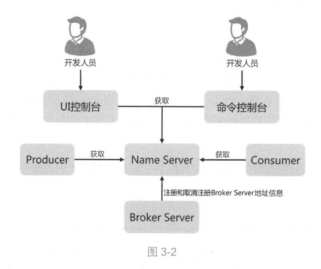

图 3-2

3. 集群地址信息

集群地址信息是 Broker Server 节点私有的元数据，主要用来记录集群中所有 Broker Server 节点的名称。Broker Server 不需要用磁盘文件来持久化。

集群地址信息中的数据字段如表 3-3 所示。

表 3-3　集群地址信息中的数据字段

字段名称	字段描述
clusterName	集群名称
brokerName	存储 Broker Server 名称的 Set 容器

Name Server 用 RouteInfoManager 类来管理集群地址信息，并在 RouteInfoManager 类中，用一个 HashMap 作为本地缓存来缓存集群地址信息。本地缓存的代码如下。

```
//①HashMap 的 Key 取值"集群的名称"
private final HashMap<String, Set<String>> clusterAddrTable;
//②HashMap 的初始容量为 32 个
this.clusterAddrTable = new HashMap<String, Set<String>>(32);
```

集群地址信息数据流的流转方向如图 3-3 所示，具体如下。

- 当注册 Broker Server 时，将集群地址信息注册到 Name Server。
- 通过 UI 控制台或命令控制台，可以从 Name Server 中获取集群地址信息。
- Producer 和 Consumer 可以从 Name Server 中获取集群地址信息。
- 当重启 Broker Server 或宕机时，Broker Server 会从 Name Server 中删除对应的集群地址信息。

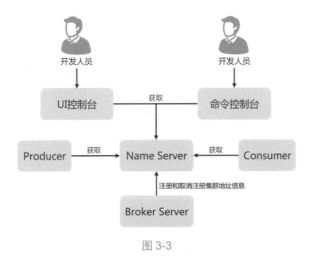

图 3-3

4. 活跃的 Broker Server 信息

活跃的 Broker Server 信息是 Broker Server 节点私有的元数据，主要用来记录 Broker Server 的运行状态，并通过定时心跳来动态更新运行状态。Broker Server 不需要用磁盘文件持久化。

活跃的 Broker Server 信息中的数据字段如表 3-4 所示。

表 3-4　活跃的 Broker Server 信息中的数据字段

字段名称	字段描述
brokerAddr	Broker Server 的 IP 地址
lastUpdateTimestamp	最近一次更新时间
dataVersion	数据的版本号
channel	Netty 服务端的 NIO 通信渠道
haServerAddr	Broker Server 从节点的 IP 地址

haServerAddr 字段是 Broker Server 从节点的 IP 地址。Broker Server 在完成消息的主/从同步时，需要用到这个字段。

如果开发人员使用脚本成功启动 Broker Server，则 Broker Server 会将活跃的 Broker Server 信息推送给 Name Server，具体代码实现可以查阅 RouteInfoManager 类的内部类 BrokerLiveInfo 的源码。

Name Server 用 RouteInfoManager 类来管理集群地址信息，并在 RouteInfoManager 类中用一个 HashMap 作为本地缓存来缓存活跃的 Broker Server 信息。本地缓存的代码如下。

```
//①HashMap 的 Key 取值"Broker Server 的 IP 地址"
private final HashMap<String, BrokerLiveInfo> brokerLiveTable;
//②设置 HashMap 的初始容量为 256 个
this.brokerLiveTable = new HashMap<String, BrokerLiveInfo>(256);
```

活跃的 Broker Server 信息数据流的流转方向如图 3-4 所示，具体如下。

- 当注册 Broker Server 时，将活跃的 Broker Server 信息同步到 Name Server 中。
- Name Server 会定时扫描存储活跃的 Broker Server 信息的本地缓存，如果 Name Server 和 Broker Server 之间的通信渠道（主要指 BrokerLiveInfo 类中的变量 channel）已经失效，则主动关闭这个失效的通信渠道。

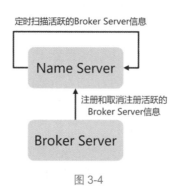

图 3-4

> 💡 提示：
>
> 计算 Name Server 和 Broker Server 之间通信渠道是否失效的公式如下。
>
> BrokerLiveInfo.lastUpdateTimestamp+BROKER_CHANNEL_EXPIRED_TIME<当前系统时间
>
> 需要注意的是，小于表示失效，大于或等于表示有效。
>
> 其中，lastUpdateTimestamp 表示 Broker Server 和 Name Server 之间最新的心跳时间，BROKER_CHANNEL_EXPIRED_TIME 表示通信渠道失效的阈值时间，BROKER_CHANNEL_EXPIRED_TIME=1000×60×2，单位为"秒"。

5. 过滤服务信息

过滤服务信息是 Broker Server 节点私有的元数据，主要用来记录某个 Broker Server 节点和过滤服务 IP 地址的映射关系。

在消费消息时，Consumer 从客户端实例的本地缓存（主要指 MQClientInstance 类的 brokerAddrTable）中获取"需要消费消息的 Broker Server 的 IP 地址 brokerAddr"。如果调用者开启了"消费消息的类过滤机制"（默认是关闭的），则会用这个元数据中的过滤服务 IP 地址替换原有的 brokerAddr，从而完成消费消息的过滤操作。

过滤服务信息中的数据字段如表 3-5 所示。

表 3-5　过滤服务信息中的数据字段

字段名称	字段描述
brokerAddr	Broker Server 的 IP 地址
filterServerAddrs	过滤服务的 IP 地址，它是一个使用 Java 的 List 实现的链表结构

如果开发人员使用脚本成功启动 Broker Server，则 Broker Server 会将过滤服务信息推送给 Name Server。在 RouteInfoManager 类中，可以使用一个 HashMap 作为本地缓存来缓存过滤服务信息。本地缓存的代码如下。

```
//①HashMap 的 Key 取值 "Broker Server 的 IP 地址"
private final HashMap<String, List<String>> filterServerTable;
//②设置 HashMap 的初始容量为 256 个
this.filterServerTable = new HashMap<String, List<String>>(256);
```

从 RocketMQ 4.3.0 版本开始，去掉了"消费消息的类过滤机制"，但还是保留了"过滤服务信息"的元数据。开发人员可以通过命令控制台中的"RequestCode.REGISTER_FILTER_SERVER"命令，动态设置 Broker Server 节点和过滤服务 IP 地址的映射关系。

3.2 Name Server 的架构

Name Server 是无状态的。我们可以先认识一下无状态架构，这样才能更加深刻地理解 Name Server 的架构思想。

3.2.1 认识无状态架构

1. 什么是无状态服务和有状态服务

无状态服务（Stateless Service）是指在运行服务对应的实例时，不会在实例所在的机器节点中持久化数据（缓存除外），并且多个实例对于同一个请求响应的结果是完全一致的。

无状态服务可以被任意创建和销毁，服务中的数据都不会丢失。调用无状态服务的应用，可以任意切换到无状态服务集群中的一个实例，而不会影响应用调用的可用性。

> 📢 提示：
>
> 典型的无状态设计有 HTTP 的无状态的连接和通信机制、Serverless 的无状态的函数调用机制等。

有状态的服务（Stateful Service）是指服务需要记录访问者的信息，并识别访问者的身份，根据访问者的身份进行请求处理。

有状态的服务需要将数据持久化。所以，有状态服务只能同时有一个实例提供服务，因此它不支持"自动化扩容"。

> 📢 提示：
>
> 一般来说，数据库服务、存储在本地文件系统中的配置文件或其他永久数据的应用程序可以采用有状态服务模式。典型的有状态设计有业务状态机制、事务机制及 Tomcat 中的 Session 机制等。

2. 为什么需要无状态化

随着服务从单体架构向分布式架构的演进，服务无状态化对提升服务的稳定性和可用性显得尤其的重要。在分布式架构中，服务无状态化的具体原因如下。

（1）业务被拆分为多个微服务，需要动态扩容，抗住流量洪峰。

当业务被拆分为多个微服务之后，为了抗住流量洪峰，每个微服务会采用多进程部署，每个进程又会做主/从架构（如"一主多从"）。那么服务在不做重构的前提下，是否能够实施和落地"多主多从"的分布式架构？答案是否定的。

（2）如果服务有状态，则会给横向扩展带来瓶颈。

一般服务的处理包括分发、处理和存储 3 个过程。如果将一次请求的所有数据都保存在一个进程中，则需要在流量分发阶段要将请求分发到对应的进程中，否则无法确保正确的处理请求。当一个进程负载非常高时，不能靠扩容来解决问题，主要原因在于：新的进程无法处理保存在原有进程中的数据。因此，如果服务有状态，则会给服务横向扩展带来瓶颈。

一般会将服务请求拆分为有状态和无状态两部分。业务逻辑可以作为无状态的部分，而将有状态的部分交给中间件（如分布式缓存、分布式数据库等）。

3.2.2 认识 Name Server 架构

下面从无状态设计、逻辑架构及物理架构这 3 个方面来分析 Name Server 架构。

1. 无状态设计

（1）如何做到无状态。

首先，Name Server 是可以分布式部署的。例如，线上部署 3 个 Name Server 节点，3 个节点存储的消息路由信息是一致的，节点之间没有主/从关系，它们的角色是对等的。客户端（主要指 Producer 和 Consumer）随机访问一个 Name Server，获取的消息路由信息是一致的。

其次，如果其中一个 Name Server 节点出现故障，客户端不能连接这个节点来获取消息路由信息，则客户端会通过故障转移快速地切换到其他两个节点中的一个，不会影响客户端读消息路由信息。如果新添加了一个 Broker Server 节点，则需要将新的消息路由信息注册到 Name Server，如果遍历到出现故障的 Name Server 节点，则直接跳过，不会影响其他可用的 Name Server 节点的消息路由信息的推送。

再次，如果 Broker Server 节点出现故障，则遍历所有的 Name Server 节点，并取消注册 Broker Server 节点，这样所有的 Name Server 都会剔除这个出现故障的 Broker Server 节点的路由信息，但会存在一定的时延性。

最后，在启动 Producer、Consumer、Broker Server、命令控制台或 UI 控制台的过程中，可以使用地址服务动态寻址可用的 Name Server 节点的 IP 地址列表，这样可以实现消息路由信息读/写的最终数据一致性。即客户端能够动态感知 Name Server 集群中可用的 Name Server 节点的 IP 地址的变更，当只有大于或等于一个 Name Server 节点可以访问时，Name Server 集群整体是可用的。

> 📢 提示：
>
> Name Server 集群整体是无状态的，可以做到自动化的扩容和缩容。客户端 Producer、Consumer 和 Broker Server 等可以实时感知 Name Server 集群状态的变更。

（2）用线上部署的节点描述 Name Server 的无状态性。

图 3-5 所示为线上 Name Server 节点和 Broker Server 节点之间的无状态设计，主要包括如下内容。

- 线上用两个服务器节点"192.168.0.122"和"192.168.0.123"，分别部署两个 Name Server 的进程 A 和进程 B。
- 线上用两个服务器节点"192.168.0.124"和"192.168.0.125"，分别部署两个 Broker Server 的进程 C 和进程 D。
- 进程 A 和进程 B 不能通信，因此，在这两个进程中，用来存储消息路由信息的本地缓存是隔离的。
- 进程 A 和进程 B，无论哪一个重启，本地缓存都会失效，但是不会影响另外一个进程的可用性。
- 如果成功启动进程 C 和进程 D，则会向进程 A 和进程 B 分别注册它们的消息路由信息。
- 如果重启进程 C 和进程 D，则会向进程 A 和进程 B 发起取消注册 Broker Server 中消息路由信息的请求，并删除对应 Broker Server 的消息路由信息。

Name Server 无状态的关键点在于"消息路由信息存储在 Broker Server 中"。Broker Server 会将本地缓存或文件中的消息路由信息定时地同步到 Name Server 中，而 Name Server 只是提供了消息路由信息"读"的功能。

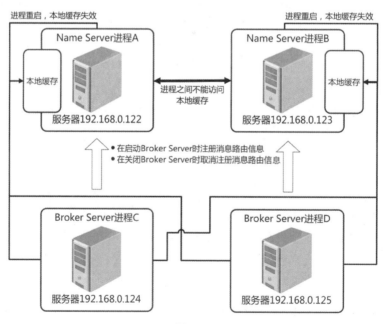

图 3-5

（3）用地址服务来实现 Name Server 集群的动态扩容/缩容。

如果开发人员需要扩容 Name Server 集群，则 Consumer、Producer 和 Broker Server 如何能够感知新的 Name Server 集群的 IP 地址列表呢？"Name Server 地址服务"主要就是来解决这个问题的，利用它可以实现 Name Server 集群 IP 地址的动态变更。

2. 逻辑架构

图 3-6 所示为 Name Server 的逻辑架构，主要包括客户端和服务端两部分。

- Name Server 作为服务端，主要负责 Broker 管理和路由管理。
- UI 控制台或命令控制台作为客户端，主要负责读/写消息路由信息。
- Broker Server 作为客户端，主要负责写消息路由信息。
- Producer 和 Consumer 作为客户端，主要负责读消息路由信息。

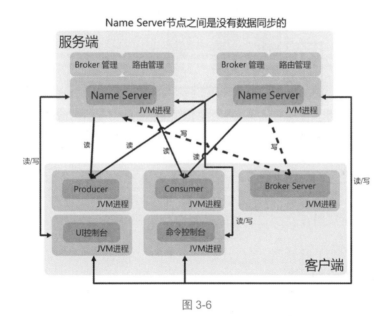

图 3-6

3. 物理架构

图 3-7 所示为 Name Server 的物理架构，具体内容如下。

- 在一般情况下，为了防止单点故障，Producer 和 Consumer 所在的业务服务都会采用多实例的集群部署。所以，Producer 和 Consumer 通常会以集群的模式接入 Name Server 集群。
- Broker Server 可以采用"单 Master"、"单 Master 单 Slave"或"多 Master 多 Slave"的模式接入 Name Server 集群。

- Broker Server 还可以开启副本机制，用 Raft 算法来管控集群，并接入 Name Server 集群。
- 如果启动了 UI 控制台或命令控制台，则它们也会以客户端模式接入 Name Server 集群。

如果是线上部署 Name Server，则一般建议部署多个 Name Server 节点，主要基于如下几点考虑。

- 单 Name Server 节点容易出现单点故障。
- 启动一个 Name Server，就会开启服务端的通信渠道，客户端的通信渠道（Consumer、Producer 等）都会和这个服务端的通信渠道开启一个"基于 Netty 的长连接"。只要是网络连接就会占用系统资源，如果当前 Broker Server 集群接入了很多业务服务，则这个业务服务需要定时连接 Name Server 节点，以获取消息路由信息；否则，单个 Name Server 是扛不住的。

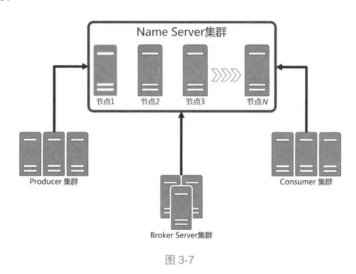

图 3-7

3.2.3 认识地址服务架构

当 Name Server 集群扩容/缩容时，Name Server 集群的 IP 地址就会发生变更。此时就需要"地址服务"动态变更 Consumer、Producer 和 Broker Server 等客户端中 Name Server 的地址信息，从而起到动态寻址的效果。

地址服务的架构如图 3-8 所示，具体内容如下。

- 初始 Name Server 集群中有 3 个节点：10.18.17.110、10.18.17.111 和 10.18.17.112。
- 启动客户端 Broker Server、Consumer 和 Producer，并将它们接入 Name Server 集群，此时客户端就能够感知 3 个 Name Server 节点的 IP 地址。
- 开发人员扩容 Name Server 集群，并上线一个新的 Name Server 节点 10.18.17.116。

- 开发人员缩容 Name Server 集群，并下线一个 Name Server 节点 10.18.17.110。
- 为了能够让客户端感知 Name Server 集群节点的变更，开发人员可以将最新的集群 IP 地址信息添加到地址服务中。
- 客户端 Broker Server、Consumer 和 Producer 启动一个定时器，定时调用地址服务提供的 HTTP 接口，以获取最新的集群 IP 地址，并将其推送到客户端。

总之，在启动客户端 Broker Server、Consumer 和 Producer 时，开启了地址服务提供的动态寻址功能，就可以自动感知 Name Server 集群节点的变更。

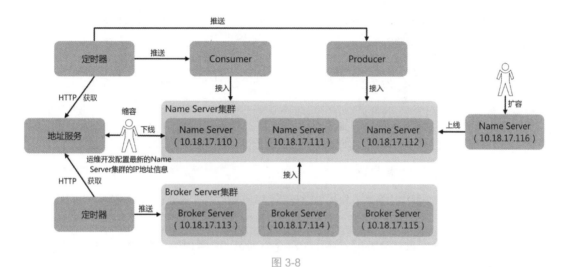

图 3-8

💬 提示：

地址服务默认的域名为 http://jmenv.tbsite.net:8080/rocketmq/nsaddr，如果需要重新设置域名，则在启动 Consumer、Producer 或 Broker Server 时重新设置系统参数即可。

域名组装的规则为"http://" + wsDomainName + ":8080/rocketmq/" + wsDomainSubgroup，其中，参数 wsDomainName 的值可以用系统参数"rocketmq.namesrv.domain"来设置，参数 wsDomainSubgroup 的值可以用系统参数"rocketmq.namesrv.domain.subgroup"来设置。

开启地址服务的方式如下。

- 如果在启动 Consumer 和 Producer 时，没有通过系统参数"rocketmq.namesrv.addr"或"NAMESRV_ADDR"设置 Name Server 的 IP 地址，就能开启地址服务提供的动态寻址功能（具体可以参考 ClientConfig 类中的 namesrvAddr 属性字段）。
- 如果在启动 Broker Server 时，没有通过配置文件或脚本命令中的系统参数"rocketmq.namesrv.addr"或"NAMESRV_ADDR"设置 Name Server 的 IP 地址，且开启"从地

址服务获取 Name Server 的 IP 地址列表"的开关，就能开启地址服务提供的动态寻址功能（具体可以参考 BrokerConfig 类中的属性字段 namesrvAddr 和 fetchNamesrvAddr ByAddressServer）。

另外，开发人员还需要额外启动一个 HTTP 服务，并输出一个 HTTP 接口，这样 Producer、Consumer 和 Broker Server 才能实时同步最新的 Name Server 集群节点的 IP 地址信息。

> 🔊 提示：
>
> 地址服务的源码可以查阅 BrokerOuterAPI 类的 fetchNameServerAddr()方法和 MQClientAPIImpl 类的 fetchNameServerAddr()方法，它们分别实现了 Producer、Consumer 及 Broker Server 来动态获取 Name Server 集群的 IP 地址信息。

3.2.4 【实例】用地址服务动态更新客户端中的 Name Server 节点的地址信息

> 🔊 提示：
>
> 本实例的源码在本书配套资源的 "/chapterthree/dynamic-name-server" 目录下。

1. 准备环境

（1）搭建 Nacos 配置中心环境，具体可以参考《Spring Cloud Alibaba 微服务架构实战派（上下册）》的相关章节。

（2）初始化一个地址服务 "dynamic-address-server"，并提供一个 HTTP 接口，具体逻辑如下。

- 设定服务的端口号为 8080。
- 输出一个 HTTP 接口 "/rocketmq/nsaddr"，这样客户端（Producer、Consumer 和 Broker Server）就可以使用 URL "127.0.0.1:8080/rocketmq/nsaddr" 获取最新的 Name Server 的 IP 地址。
- 使用 Nacos 的配置中心来管理 Name Server 的 IP 地址（参数 rocketmq.youxia.config. nameServerAddress=127.0.0.1:9876），并利用 HTTP 接口从配置中心 Nacos 中动态获取它。这样，既可以做到数据的动态化，又可以做到系统的可扩展性。
- 启动地址服务。

（3）初始化一个生产者服务 "dynamic-address-producer-server"，用来验证 "客户端 Producer 动态获取 Name Server 集群 IP 地址" 的场景，具体逻辑如下。

- 使用定时器启动一个定时任务，定时生产消息。
- 在 Nacos 配置中心中添加一个开关 "isOpenAddressServer"，如果取值为 "true"，则使用具备动态寻址功能的 Producer 客户端生产消息。

- 开启 Producer 客户端中地址服务提供的动态寻址功能，代码如下。

```
//①设置系统参数 rocketmq.namesrv.domain 的取值
System.setProperty("rocketmq.namesrv.domain","127.0.0.1:8080");
//②初始化一个 Producer 客户端，但是不设置 namesrvAddr
private DefaultMQProducer adressDefaultMQProducer;
adressDefaultMQProducer = new DefaultMQProducer("dynamicAddressServer");
//③设置实例名称
adressDefaultMQProducer.setInstanceName("dynamicAddressServer");
//④设置客户端 IP 地址
adressDefaultMQProducer.setClientIP("127.0.0.1:2220");
//⑤启动 Producer 客户端
adressDefaultMQProducer.start();
```

（4）初始化一个消费者服务"dynamic-address-consumer-server"，用来验证"客户端 Consumer 动态获取 Name Server 集群 IP 地址"的场景，具体逻辑如下。

- 使用定时器启动一个定时任务，定时消费消息。
- 在 Nacos 配置中心中添加一个开关"isOpenAddressServer"，如果取值为"true"，则使用具备动态寻址功能的 Consumer 客户端消费消息。
- 开启 Consumer 客户端中地址服务提供的动态寻址功能，代码如下。

```
//①设置系统参数 rocketmq.namesrv.domain 的取值
System.setProperty("rocketmq.namesrv.domain","127.0.0.1:8080");
//②初始化一个 Consumer 客户端，但是不设置 namesrvAddr
private DefaultLitePullConsumer addressPullConsumer;
addressPullConsumer = new DefaultLitePullConsumer("dynamicAddressServer");
//③订阅消息主题
addressPullConsumer.subscribe(topic, "");
//④启动 Consumer 客户端
addressPullConsumer.start();
```

（5）搭建 RocketMQ 集群环境，并开启地址服务提供的动态寻址功能，具体过程如下。

- 修改 runbroker.sh 脚本文件，添加配置信息，代码如下。

```
//设置系统参数 rocketmq.namesrv.domain 的取值
JAVA_OPT="${JAVA_OPT} -Drocketmq.namesrv.domain=127.0.0.1:8080"
```

- 修改 broker.properties 配置文件，代码如下。

```
//开启地址服务提供的动态寻址功能
fetchNamesrvAddrByAddressServer=true
```

```
//去掉参数namesrvAddr
//namesrvAddr=127.0.0.1:9876
```

- 在修改完脚本文件和配置文件之后，分别启动两个 Master 角色的 Broker Server 节点 "127.0.0.1:10911" 和 "127.0.0.1:10917"。
- 启动一个 Name Server 节点 "127.0.0.1:9876"。

（6）验证地址服务的状态。

如果能成功启动客户端（Producer、Consumer 和 Broker Server），则代表地址服务状态正常。

图 3-9 所示为地址服务输出的 Name Server 集群 IP 地址信息。

```
2022-03-04 15:22:13.264  INFO 24079 --- [ternal.notifier] o.s.c.e.event.RefreshEventListener
127.0.0.1:62060访问地址服务, 获取Name ServerIP地址信息:127.0.0.1:9876
127.0.0.1:62070访问地址服务, 获取Name ServerIP地址信息:127.0.0.1:9876
127.0.0.1:62080访问地址服务, 获取Name ServerIP地址信息:127.0.0.1:9876
```

图 3-9

2. 验证扩容 Name Server 集群

（1）扩容两个 Name Server 节点 "127.0.0.1:9877" 和 "127.0.0.1:9878"。

在扩容之后，客户端（Producer、Consumer 和 Broker Server）还感知不到新的 Name Server 节点，需要在 Nacos 配置中心手动地修改参数并重新发布配置信息，代码如下。

```
rocketmq.youxia.config.nameServerAddress=127.0.0.1:9876;127.0.0.1:9877;
127.0.0.1:9878
```

（2）在成功发布配置信息之后，扩容后的地址服务输出的 Name Server 集群 IP 地址信息如图 3-10 所示。

```
2022-03-04 15:25:55.735  INFO 24079 --- [ternal.notifier] o.s.c.e.event.RefreshEventListener
127.0.0.1:62110访问地址服务, 获取Name ServerIP地址信息:127.0.0.1:9876;127.0.0.1:9877;127.0.0.1:9878
127.0.0.1:62127访问地址服务, 获取Name ServerIP地址信息:127.0.0.1:9876;127.0.0.1:9877;127.0.0.1:9878
```

图 3-10

总之，经过验证之后得出的结论如下。

- 在不重启 Broker Server 的前提下，Broker Server 已经被注册到新扩容的两个 Name Server 节点中。
- Producer 和 Consumer 可以从新扩容的两个 Name Server 节点中获取消息路由信息。

3. 验证缩容 Name Server 集群

（1）下线一个 Name Server 节点"127.0.0.1:9878"。

在缩容之后，客户端（Producer、Consumer 和 Broker Server）还感知不到 Name Server 集群的变化，需要在 Nacos 配置中心手动地修改参数并重新发布配置信息，代码如下。

```
rocketmq.youxia.config.nameServerAddress=127.0.0.1:9876;127.0.0.1:9877
```

（2）在成功发布配置信息之后，缩容后的地址服务输出的 Name Server 集群 IP 地址信息如图 3-11 所示。

```
2022-03-04 15:17:17.043  INFO 24079 --- [ternal.notifier] o.s.c.e.event.RefreshEventListener
127.0.0.1:62000访问地址服务，获取Name ServerIP地址信息:127.0.0.1:9876;127.0.0.1:9877
127.0.0.1:62002访问地址服务，获取Name ServerIP地址信息:127.0.0.1:9876;127.0.0.1:9877
```

图 3-11

总之，经过验证之后得出的结论如下。

- 在不重启 Broker Server 的前提下，Broker Server 能够感知 Name Server 节点"127.0.0.1:9878"的下线，并在心跳连接中主动剔除该节点。
- Producer 和 Consumer 在获取消息路由信息时，会主动剔除已经下线的 Name Server 节点"127.0.0.1:9878"。

3.3 "使用 Name Server 存储和管理消息路由信息"的原理

📌 提示：

本节源码分析在本书配套资源的"chapterthree/3.3/source-code-review"目录下。

Name Server 运行在一个独立的进程中。它需要利用脚本启动，之后才能存储和管理消息路由信息。下面先来看一看 Name Server 的启动流程。

3.3.1 Name Server 的启动流程

1. 执行脚本文件

在 RocketMQ 的部署包的"bin"文件夹中，有 mqnamesrv.sh 和 runserver.sh 两个脚本文件，前者是为了启动 Name Server，后者是为了配置一些 JVM 进程的启动参数。

在执行"nohup sh mqnamesrv &"命令之后，会间接加载 runserver.sh 脚本文件，并执行 Name Server 的启动类 NamesrvStartup。mqnamesrv.sh 脚本文件的部分内容如下。

```
//①设置 Name Server 的部署路径
export ROCKETMQ_HOME
//②启动 runserver.sh 脚本文件
sh ${ROCKETMQ_HOME}/bin/runserver.sh
//③启动 Name Server 的启动类 NamesrvStartup
org.apache.rocketmq.namesrv.NamesrvStartup $@
```

2. 启动 NamesrvStartup

RocketMQ 并没有使用容器技术（如 Spring Framework）来托管 Java 类，而是在 NamesrvStartup 类中定义了一个 main()方法。下面来看一看执行这个方法的过程。

（1）读取脚本命令中的配置信息，具体步骤如下。

- 解析脚本命令"mqnamesrv"。

解析脚本命令"mqnamesrv"的代码如下。

```
private static CommandLine commandLine = null;
//将脚本命令"mqnamesrv"转换为命令对象 CommandLine
commandLine = ServerUtil.parseCmdLine("mqnamesrv", args,
buildCommandlineOptions(options), new PosixParser());
```

- 加载"mqnamesrv"脚本命令中的配置信息。

如果在"mqnamesrv"脚本命令中添加了个性化的配置信息，如"nohup sh mqnamesrv -c../conf/name-server-start.properties &"，则会优先加载配置信息，代码如下。

```
//①解析命令对象 CommandLine 的标志位"-c"
if (commandLine.hasOption('c')) {
    //②获取文件路径名
    String file = commandLine.getOptionValue('c');
    if (file != null) {
        InputStream in = new BufferedInputStream(new
            FileInputStream(file));
        properties = new Properties();
        //③将文件中的"键-值"对配置信息读取到属性对象 Properties 中
        properties.load(in);
        //④覆盖 Name Server 的 NamesrvConfig 对象中默认的配置信息
        MixAll.properties2Object(properties, namesrvConfig);
        //⑤覆盖 Name Server 的 NettyServerConfig 对象中默认的配置信息
        MixAll.properties2Object(properties, nettyServerConfig);
        namesrvConfig.setConfigStorePath(file);
```

```
        System.out.printf("load config properties file OK, %s%n", file);
        in.close();
    }
}
```

（2）构造一个 Name Server 的执行器 NamesrvController 类。

在读取到脚本命令中的配置信息之后，就可以构造一个 Name Server 的执行器 NamesrvController 类，代码如下。

```
//Name Server 的核心类
final NamesrvController controller = new NamesrvController(namesrvConfig,
    nettyServerConfig);
```

使用构造函数构造"键-值"对配置信息管理器类、消息路由信息管理器类等，代码如下。

```
public NamesrvController(NamesrvConfig namesrvConfig, NettyServerConfig
    nettyServerConfig) {
    this.namesrvConfig = namesrvConfig;
    this.nettyServerConfig = nettyServerConfig;
    //①构造"键-值"对配置信息管理器类 KVConfigManager
    this.kvConfigManager = new KVConfigManager(this);
    //②构造消息路由信息管理器 RouteInfoManager 类
    thi.routeInfoManager = new RouteInfoManager();
    //③构造通信渠道服务端监听器 BrokerHousekeepingService
    this.brokerHousekeepingService = new BrokerHousekeepingService(this);
    //④构造一个用于持久化配置信息的 Configuration 类
    this.configuration = new Configuration(log,
        this.namesrvConfig, this.nettyServerConfig
    );
    //⑤设置配置信息对象 NamesrvConfig 中配置信息持久化的路径
    this.configuration.setStorePathFromConfig(this.namesrvConfig,
        "configStorePath");
}
```

（3）启动执行器 NamesrvController 类。

使用 NamesrvStartup 类的 main() 方法只是启动了一个守护线程，如果没有启动用户线程，main() 方法就会被 JVM 回收并"杀死"。

启动执行器 NamesrvController 类，本质上就是启动了一批与 Name Server 相关的用户线程。具体过程如下。

- 加载本地持久化的"键-值"对配置信息。
- 使用"键-值"对配置信息管理器加载本地持久化的"键-值"对配置信息，代码如下。

```
//①在 NamesrvController 类的 initialize()方法中，执行 KVConfigManager 类的
  load()方法
this.kvConfigManager.load();
//②加载本地文件中的"键-值"对配置信息
public void load() {
    String content = null;
    try {
        //③文件路径是${user.home}/namesrv/kvConfig.json，其中，user.home 是系
          统属性，可以在 Name Server 启动时配置
        content = MixAll.file2String(this.namesrvController.
            getNamesrvConfig().getKvConfigPath());
    } catch (IOException e) {
        log.warn("Load KV config table exception", e);
    }
    if (content != null) {
        //④将文件"键-值"对配置信息转换为 KVConfigSerializeWrapper 类
        KVConfigSerializeWrapper kvConfigSerializeWrapper =
            KVConfigSerializeWrapper.fromJson(content,
                KVConfigSerializeWrapper.class);
        if (null != kvConfigSerializeWrapper) {
        //⑤将"键-值"对配置信息存储在本地缓存中
        this.configTable.putAll(kvConfigSerializeWrapper.
            getConfigTable());
            log.info("load KV config table OK");
        }
    }
}
```

- 初始化通信渠道服务端的 NettyRemotingServer 类。

Name Server 模块的通信渠道角色是服务端，这在第 2 章已经分析过。初始化服务端的通信渠道 NettyRemotingServer 类的代码如下。

```
//初始化一个服务端的通信渠道 NettyRemotingServer 类
this.remotingServer = new NettyRemotingServer(this.nettyServerConfig,
    this.brokerHousekeepingService);
```

为了能够实时地监听服务端通信渠道的运行状态，Name Server 还定义了一个专门监听通信渠道的监听器，部分代码如下。

```
//①使用监听器 BrokerHousekeepingService 类监听通信渠道的运行状态
public class BrokerHousekeepingService implements ChannelEventListener {
    private final NamesrvController namesrvController;
    //②使用构造函数绑定 Name Server 的核心类 NamesrvController
    public BrokerHousekeepingService(NamesrvController namesrvController) {
        this.namesrvController = namesrvController;
    }
    //③如果服务端的通信渠道被挂起，则执行 RouteInfoManager 类的 onChannelDestroy()
        方法
    @Override
    public void onChannelIdle(String remoteAddr, Channel channel){
        //④销毁与 "服务端的通信渠道" 相关的消息路由信息
        this.namesrvController.getRouteInfoManager()
            .onChannelDestroy(remoteAddr, channel);
    }
    ...
}
```

- 在服务端的通信渠道中，初始化一个业务线程池。

Name Server 模块是处理与消息路由信息相关的功能，需要单独定义一个业务线程池，代码如下。

```
//①从配置信息类 NettyServerConfig 中读取业务线程池的核心线程数，默认为 8 个
this.remotingExecutor =Executors.newFixedThreadPool(nettyServerConfig.
    //②初始化一个 JDK 自带的 "固定线程数" 的线程池，并定义线程的名称
    getServerWorkerThreads(), new ThreadFactoryImpl
        ("RemotingExecutorThread_"));
```

- 向服务端事件处理器中心中注册一个处理器。

Name Server 定义了一个与消息路由信息相关的事件处理器 DefaultRequestProcessor 类，代码如下。

```
private void registerProcessor() {
    //①如果是集群测试，则注册一个集群测试的处理器 ClusterTestRequestProcessor 类
    if (namesrvConfig.isClusterTest()) {
        this.remotingServer.registerDefaultProcessor(new
```

```
            ClusterTestRequestProcessor(this, namesrvConfig.
                getProductEnvName()),this.remotingExecutor);
        } else {
            //②否则注册真实环境的事件处理器 DefaultRequestProcessor 类
            this.remotingServer.registerDefaultProcessor(new
                DefaultRequestProcessor(this), this.remotingExecutor);
        }
    }
```

- 开启一个定时器，定时地执行消息路由信息管理器 RouteInfoManager 类的 scanNotActive Broker()方法。

RouteIntoManager 类的 scanNotActiveBroker()方法主要用来处理不活跃的 Broker Server 的客户端通信渠道，代码如下。

```
//①使用定时任务 ScheduledExecutorService 类开启一个定时任务，定时规则为定时周期为
    10s，延迟时间为 5s
this.scheduledExecutorService.scheduleAtFixedRate(new Runnable() {
    @Override
    public void run() {
        //②调用 RouteInfoManager 类的 scanNotActiveBroker()方法
        NamesrvController.this.routeInfoManager.scanNotActiveBroker();
    }
}, 5, 10, TimeUnit.SECONDS);
```

- 开启一个定时器，周期性地输出"键-值"对配置信息。

周期性地输出"键-值"对配置信息的目的是，方便开发人员查看 Name Server 的配置信息，代码如下。

```
//①使用定时任务 ScheduledExecutorService 类开启一个定时任务，定时规则为定时周期为
    10s，延迟时间为 1s
this.scheduledExecutorService.scheduleAtFixedRate(new Runnable() {
    @Override
    public void run() {
        //②调用 KVConfigManager 类的 printAllPeriodically()方法
        NamesrvController.this.kvConfigManager.printAllPeriodically();
    }
}, 1, 10, TimeUnit.MINUTES);
```

- 注册一个监听器，并加载通信渠道服务端的安全认证上下文。

在 Name Server 开启了 SSL 安全认证之后，客户端连接 Name Server 需要进行安全认证。

如果服务端的认证证书的路径发生变化，则需要服务端实时地重新加载安全上下文，并刷新认证信息，代码如下。

```
//①如果 Name Server 开启了 SSL 安全认证，则注册监听器
if (TlsSystemConfig.tlsMode != TlsMode.DISABLED) {
    try {
        //②初始化一个监听器类 FileWatchService，包括服务端的认证证书的存储路径、认
           证私钥的存储路径和校验客户端的认证证书的存储路径
        fileWatchService = new FileWatchService(
            new String[] {
                TlsSystemConfig.tlsServerCertPath,
                TlsSystemConfig.tlsServerKeyPath,
                TlsSystemConfig.tlsServerTrustCertPath
            },
            //③调用 FileWatchService 类的 Listener()方法，监听证书的状态
            new FileWatchService.Listener() {
                boolean certChanged, keyChanged = false;
            //④对比证书的新旧存储路径。如果发生变化，则调用 NettyRemotingServer 类
               的 loadSslContext()方法重新加载安全认证上下文
                @Override
                public void onChanged(String path) {
                    if (path.equals(TlsSystemConfig.
                        tlsServerTrustCertPath)) {
                        reloadServerSslContext();
                    }
                    if (path.equals(TlsSystemConfig.tlsServerCertPath)) {
                        certChanged = true;
                    }
                    if (path.equals(TlsSystemConfig.tlsServerKeyPath)) {
                        keyChanged = true;
                    }
                    if (certChanged && keyChanged) {
                        certChanged = keyChanged = false;
                        reloadServerSslContext();
                    }
                }
                //⑤调用 loadSslContext()方法重新加载安全认证上下文
                private void reloadServerSslContext() {
```

```
                        ((NettyRemotingServer)
                        remotingServer).loadSslContext();
                }
            });
        } catch (Exception e) {
        }
    }
```

3.3.2 注册 Broker Server

在成功启动 Name Server 之后，Broker Server 会将消息路由信息同步到 Name Server 中，这样方便 Name Server 无状态存储和管理消息路由信息。所以，注册和取消注册 Broker Server 是完成消息路由信息的无状态存储和管理的核心。

下面先来分析在 RocketMQ 中有哪些注册 Broker Server 的业务场景。

1. 注册的业务场景

在 RocketMQ 中，注册 Broker Server 的业务场景有很多，主要包括以下 5 种。

（1）在启动一个 Broker Server 节点时，当资源加载完成之后，Broker Server 会同步注册当前节点中的消息路由信息。

同步注册 Broker Server 消息路由信息的代码如下。

```
//①BrokerController 类的 start()方法的部分代码
public void start() throws Exception {
    if (!messageStoreConfig.isEnableDLegerCommitLog()) {
        //②同步注册 Broker Server 节点
        this.registerBrokerAll(true, false, true);
    }
    ...
}
```

目前，RocketMQ 只支持在"非多副本机制存储"模式下同步注册 Broker Server 信息，即"enableDLegerCommitLog"开关是关闭的状态。

（2）Broker Server 节点在启动完成之后，会利用定时器定时向 Name Server 发送心跳，异步注册 Broker Server 节点中的消息路由信息。

定时器的规则为：首次执行延迟 10s，定时执行的周期为"Math.max(10000, Math.min (brokerConfig.getRegisterNameServerPeriod(), 60000))"。

📌 提示:

开发人员可以利用变量 registerNameServerPeriod 自定义定时执行的周期,取值范围为 10～60s。

如果不自定义执行周期,则默认为 30s。

定时向 Name Server 发送心跳,异步注册 Broker Server 节点的代码如下。

```
//①BrokerController 类的 start()方法的部分代码
this.scheduledExecutorService.scheduleAtFixedRate(new Runnable() {
    @Override
    public void run() {
        try {
            //②异步注册 Broker Server 节点
            BrokerController.this.registerBrokerAll(true, false,
                brokerConfig.isForceRegister());
        } catch (Throwable e) {
        }
    }
    //③如果是首次执行,则延迟 10s 执行任务,否则按固定周期执行
}, 1000 * 10, Math.max(10000, Math.min(brokerConfig.
    getRegisterNameServerPeriod(), 60000)), TimeUnit.MILLISECONDS);
```

(3)切换 Broker Server 节点的角色。

在开启"多副本机制存储"模式之后,RocketMQ 需要进行 Leader 选举。在选举过程中,需要切换 Broker Server 节点的角色。在角色切换完成之后,需要重新注册 Broker Server 节点。

当 Broker Server 被切换为 Slave 角色时,重新注册 Broker Server 节点的代码如下。

```
public void changeToSlave(int brokerId) {
    try {
        //在切换为 Slave 角色之后,重新注册 Broker Server 节点
        this.registerBrokerAll(true, true,
            brokerConfig.isForceRegister());
    } catch (Throwable ignored) {
    }
}
```

当 Broker Server 被切换为 Master 角色时,重新注册 Broker Server 节点的代码如下。

```
public void changeToMaster(BrokerRole role) {
    try {
        //在切换为 Master 角色之后,重新注册 Broker Server 节点
```

```
        this.registerBrokerAll(true, true,
            brokerConfig.isForceRegister());
    } catch (Throwable ignored) {
    }
}
```

（4）利用命令控制台更新 Broker Server 的"键-值"对配置信息。

开发人员可以利用命令控制台更新 Broker Server 的"键-值"对配置信息。如果输入的"键-值"对配置信息中包含 brokerPermission 属性字段，则需要重新注册 Broker Server 节点，代码如下。

```
//①AdminBrokerProcessor 类的 updateBrokerConfig()方法的部分代码
private synchronized RemotingCommand updateBrokerConfig(
    ChannelHandlerContext ctx, RemotingCommand request) {
    ...
    //②从命令控制台输入的"键-值"对配置信息为 body
    String bodyStr = new String(body, MixAll.DEFAULT_CHARSET);
    //③将"键-值"对配置信息为 body 复制到属性对象 properties 中
    Properties properties = MixAll.string2Properties(bodyStr);
    //④如果"键-值"对配置信息中包含 brokerPermission 属性字段，则重新注册 Broker
      Server 节点
    if (properties.containsKey("brokerPermission")) {
        this.brokerController.getTopicConfigManager().getDataVersion().
            nextVersion();
        //⑤调用 BrokerController 类的 registerBrokerAll()方法注册 Broker
          Server 节点
        this.brokerController.registerBrokerAll(false, false, true);
    }
    ...
}
```

在命令控制台中，执行脚本命令更新 Broker Server 的"键-值"对配置信息，代码如下。

```
mqadmin updateBrokerConfig -b 192.168.0.123:10911 -c DefaultCluster -k
    brokerPermission -v  6
```

（5）当 Broker Server 处理生产消息的请求时，会预先校验消息。如果消息中的消息主题对应的消息队列信息不存在，则会创建消息路由信息，并先将消息路由信息存储在 Broker Server 中，再重新注册 Broker Server 节点。

校验消息的具体步骤如下。

- 从 Broker Server 中获取指定消息主题名称的消息路由信息。
- 如果从 Broker Server 中没有获取消息路由信息，则调用 TopicConfigManager 类的 createTopicInSendMessageMethod() 方法创建消息路由信息。
- 如果创建失败并且当前消息是重试类型的消息，则重新调用 TopicConfigManager 类的 createTopicInSendMessageMethod() 方法创建消息路由信息。
- 如果 topicConfig 还是为空，则直接返回对应主题的消息路由信息不存在的错误提示。

具体代码分析可以参考本书配套资源中源码分析中的 "AbstractSendMessageProcessor (msgCheck).md" 文件。

创建消息路由信息，重新注册 Broker Server 节点，代码如下。

```
//①TopicConfigManager 类的 createTopicInSendMessageMethod() 方法的部分代码
public TopicConfig createTopicInSendMessageMethod(
    final String topic, final String defaultTopic,
    final String remoteAddress, final int
    clientDefaultTopicQueueNums, final int topicSysFlag) {
boolean createNew = false;
//②省略校验是否需要重新创建消息路由信息和创建消息路由信息的代码
...
if (createNew) {
    //③重新注册 Broker Server 节点
    this.brokerController.registerBrokerAll(false, true, true);
}
}
```

2. 注册 Broker Server

在需要注册 Broker Server 的业务场景中，我们可以利用 Broker Server 的客户端通信渠道向 Name Server 的服务端通信渠道，发起一次注册 Broker Server 的消息路由信息的 RPC 请求，具体过程如下。

（1）调用 BrokerOuterAPI 类的 registerBrokerAll() 方法，注册 Broker Server 的消息路由信息，具体步骤如下。

- 从 Name Server 中，获取 Name Server 节点的 IP 地址列表。
- 构造注册 Broker Server 信息的 RPC 请求头对象。
- 设置 "注册 Broker Server" 命令事件的请求头信息。
- 构造注册 Broker Server 信息的 RPC 请求消息体。
- 设置完成序列化之后的消息路由信息。

- 如果有过滤服务，则将过滤服务的 IP 地址设置到消息体中。
- 压缩消息体。
- 计算冗余校验码，并将其设置到消息头中。
- 用并发控制器 CountDownLatch 来确保线程安全。
- 发起 RPC 请求，注册 Broker Server。

具体代码分析可以参考本书配套资源中源码分析中的"BrokerOuterAPI(registerBrokerAll).md"文件。

（2）调用 BrokerOuterAPI 类的 registerBroker()方法构造注册 Broker Server 信息的任务事件 RemotingCommand 对象，具体步骤如下。

- 构造注册 Broker Server 信息的命令事件，事件编码为 103。
- 将消息体设置到事件任务中。
- 如果采用"只发送一次"模式，则调用通信渠道客户端的 invokeOneway()方法注册 Broker Server 信息；否则调用通信渠道客户端的 invokeSync()方法，采用"同步"模式注册 Broker Server 信息。
- 同步处理 Name Server 返回的结果。
- 解码响应请求，并将其转换为 RegisterBrokerResponseHeader 对象。
- 设置角色为 Master 的 Broker Server 节点的 IP 地址。
- 设置角色为 Slave 的 Broker Server 节点的 IP 地址。
- 设置 Name Server 返回的"键-值"对信息。
- 返回注册 Broker Server 的结果。

具体代码分析可以参考本书配套资源中源码分析中的"BrokerOuterAPI(registerBrokerAll).md"文件。

（3）使用 Name Server 的事件处理器 DefaultRequestProcessor 类，处理注册 Broker Server 信息的 RPC 请求。

在通过客户端和服务端之间的通信渠道，将请求传递到 Name Server 节点之后，事件处理器 DefaultRequestProcessor 类会按照事件任务的编码进行路由，并分开处理对应的任务事件。注册 Broker Server 信息的 RPC 请求的代码如下。

```
public class DefaultRequestProcessor extends AsyncNettyRequestProcessor
    implements NettyRequestProcessor {
    @Override
    public RemotingCommand processRequest(ChannelHandlerContext ctx,
        RemotingCommand request) throws RemotingCommandException {
```

```
switch (request.getCode()) {
    //①如果命令事件类型匹配 RequestCode.REGISTER_BROKER,则注册 Broker
      Server
    case RequestCode.REGISTER_BROKER:
        //②获取 Broker Server 的版本号
        Version brokerVersion =
            MQVersion.value2Version(request.getVersion());
        //③如果版本号大于或等于 V3_0_11
        if (brokerVersion.ordinal() >=
            MQVersion.Version.V3_0_11.ordinal()) {
                //④则调用 registerBrokerWithFilterServer()方法
                 return this.registerBrokerWithFilterServer(ctx,
            request);
        } else {
            //⑤否则,调用 registerBroker()方法
            return this.registerBroker(ctx, request);
        }
        ...
    }
}
...
}
```

注册 Broker Server 的详细代码,可以参考 DefaultRequestProcessor 类的 registerBroker WithFilterServer()方法和 registerBroker()方法的源码,这里就不展开分析了。

如果注册成功,则 Name Server 会将最新的消息路由信息更新到本地缓存中。

3.3.3　取消注册的业务场景和取消注册 Broker Server

1. 取消注册的业务场景

在关闭一个 Broker Server 节点时,会取消注册对应的 Broker Server 节点。关闭 Broker Server 节点的业务场景有以下 4 个。

- 在启动 Broker Server 时,初始化资源失败。
- 执行脚本命令 mqshutdown 关闭 Broker Server 节点,如"sh bin/mqshutdown broker"。
- 手动执行 kill 命令（如"kill pid"）,pid 为 Broker Server 的进程号。
- Broker Server 突然宕机。

在关闭一个 Broker Server 节点时，会取消注册对应的 Broker Server 节点，代码如下。

```
//①BrokerController 类的 shutdown()方法的部分代码
public void shutdown() {
    //②取消注册 Broker Server 节点
    this.unregisterBrokerAll();
}
```

2. 取消注册 Broker Server

在需要取消注册 Broker Server 的业务场景中，我们可以利用 Broker Server 的客户端通信渠道向 Name Server 的服务端通信渠道，发起一次取消注册 Broker Server 的消息路由信息的 RPC 请求，具体过程如下。

（1）调用 BrokerOuterAPI 类的 unregisterBrokerAll()方法，向 Name Server 集群中所有的节点发起取消注册 Broker Server 的 RPC 请求，代码如下。

```
public void unregisterBrokerAll(
    final String clusterName,final String brokerAddr,
    final String brokerName,final long brokerId) {
    //①获取 Name Server 集群中所有节点的 IP 地址
    List<String> nameServerAddressList =
        this.remotingClient.getNameServerAddressList();
    if (nameServerAddressList != null) {
    //②遍历所有 Name Server 节点的 IP 地址
        for (String namesrvAddr : nameServerAddressList) {
            try {
                //③调用 unregisterBroker()方法发起取消注册 Broker Server 的 RPC 请求
                this.unregisterBroker(namesrvAddr, clusterName, brokerAddr,
                    brokerName, brokerId);
                log.info("unregisterBroker OK, NamesrvAddr: {}",
                    namesrvAddr);
            } catch (Exception e) {
                log.warn("unregisterBroker Exception, {}", namesrvAddr, e);
            }
        }
    }
}
```

（2）调用 BrokerOuterAPI 类的 unregisterBroker()方法，向某个 Name Server 节点发起取消注册 Broker Server 节的 RPC 请求，代码如下。

```
public void unregisterBroker(
    final String namesrvAddr,final String clusterName,
    final String brokerAddr,final String brokerName,
    final long brokerId) throws RemotingConnectException,
    RemotingSendRequestException,RemotingTimeoutException,
    InterruptedException, MQBrokerException {
    //①构造取消注册 Broker Server 的 RPC 请求头
    UnRegisterBrokerRequestHeader requestHeader = new
        UnRegisterBrokerRequestHeader();
    //②设置 Broker Server 的 IP 地址
    requestHeader.setBrokerAddr(brokerAddr);
    //③设置 brokerId
    requestHeader.setBrokerId(brokerId);
    //④设置 brokerName
    requestHeader.setBrokerName(brokerName);
    //⑤设置集群名称
    requestHeader.setClusterName(clusterName);
    //⑥构造取消注册 Broker Server 的 RPC 命令事件 RequestCode.UNREGISTER_BROKER
    RemotingCommand request = RemotingCommand.createRequestCommand(
        RequestCode.UNREGISTER_BROKER, requestHeader);
    //⑦调用客户端的通信渠道 NettyRemotingClient 的 invokeSync()方法发起 RPC 请求
    RemotingCommand response = this.remotingClient.invokeSync(namesrvAddr,
        request, 3000);
    assert response != null;
    //⑧处理取消注册 Broker Server 的结果
    switch (response.getCode()) {
        case ResponseCode.SUCCESS: {
            return;
        }
        default:
            break;
    }
    //⑨如果取消注册 Broker Server 失败，则直接抛出异常
    throw new MQBrokerException(response.getCode(), response.getRemark(),
        brokerAddr);
}
```

（3）Name Server 使用事件处理器 DefaultRequestProcessor 类，处理取消注册 Broker

Server 的 RPC 请求，代码如下。

```
@Override
public RemotingCommand processRequest(ChannelHandlerContext ctx,
    RemotingCommand request) throws RemotingCommandException {
    switch (request.getCode()) {
        //①如果 RPC 命令事件匹配 RequestCode.UNREGISTER_BROKER
        case RequestCode.UNREGISTER_BROKER:
            //②则调用 DefaultRequestProcessor 类的 unregisterBroker()方法，取消
            //  注册 Broker Server
            return this.unregisterBroker(ctx, request);
    }
    ...
}
```

调用 DefaultRequestProcessor 类的 unregisterBroker()方法取消注册 Broker Server 的代码如下。

```
public RemotingCommand unregisterBroker(ChannelHandlerContext ctx,
    RemotingCommand request) throws RemotingCommandException {
    //①创建一个响应请求结果对象 RemotingCommand
    final RemotingCommand response =
        RemotingCommand.createResponseCommand(null);
    //②解码 RPC 请求命令事件，并生产 RPC 请求头对象 UnRegisterBrokerRequestHeader
    final UnRegisterBrokerRequestHeader requestHeader =
        (UnRegisterBrokerRequestHeader) request.decodeCommandCustomHeader(
            UnRegisterBrokerRequestHeader.class);
    //③调用消息路由信息管理器 RouteInfoManager 类的 unregisterBroker()方法，取消
    //  注册 Broker Server
    this.namesrvController.getRouteInfoManager().unregisterBroker(
        requestHeader.getClusterName(),requestHeader.getBrokerAddr(),
        requestHeader.getBrokerName(),requestHeader.getBrokerId());
    response.setCode(ResponseCode.SUCCESS);
    response.setRemark(null);
    //④返回取消注册 Broker Server 的结果
    return response;
}
```

（4）调用消息路由信息管理器 RouteInfoManager 类的 unregisterBroker()方法取消注册

Broker Server，主要是删除 Name Server 的本地缓存中对应 Broker Server 节点相关的消息路由信息。具体代码可以查阅相关源码，这里就不再详细分析了。

3.3.4　存储和管理消息路由信息

Name Server 模块在启动之后，会加载持久化在文件中的消息路由信息。如果开发人员需要实时、动态存储和管理消息路由信息，则 Name Server 是如何实现的？下面来看一看实时、动态存储和管理消息路由信息的原理。

1. 定义消息路由信息的事件

Name Server 模块作为服务端，可以给客户端（Broker Server、UI 控制台和命令控制台）开放一些管理消息路由信息的 RPC 接口。Name Server 将这些接口封装成了一系列的任务事件。存储和管理消息路由信息的事件如表 3-6 所示。

表 3-6　存储和管理消息路由信息的事件

名称	Code（编码）	功能描述
PUT_KV_CONFIG	100	存储指定命名空间的"键–值"对配置信息
GET_KV_CONFIG	101	获取指定命名空间的"键–值"对配置信息中对应 Key 的取值
DELETE_KV_CONFIG	102	删除指定命名空间的"键–值"对配置信息
QUERY_DATA_VERSION	322	查询指定 IP 地址活跃的 Broker Server 信息的数据版本号
REGISTER_BROKER	103	注册 Broker Server
UNREGISTER_BROKER	104	取消注册 Broker Server
GET_ROUTEINFO_BY_TOPIC	105	获取指定主题的消息路由信息
GET_BROKER_CLUSTER_INFO	106	获取 Broker Server 的集群信息，包括集群地址信息和 Broker Server 地址信息
WIPE_WRITE_PERM_OF_BROKER	205	删除指定 Broker Server 名称的所有队列的写消息权限，默认是具备读消息权限的
ADD_WRITE_PERM_OF_BROKER	327	新增指定 Broker Server 名称的所有队列的写消息权限，默认是具备读消息权限的
GET_ALL_TOPIC_LIST_FROM_NAMESERVER	206	获取所有的消息路由信息
DELETE_TOPIC_IN_NAMESRV	216	删除指定主题的消息路由信息
GET_KVLIST_BY_NAMESPACE	219	获取指定命名空间的"键–值"对配置信息
GET_TOPICS_BY_CLUSTER	224	获取指定集群中的消息路由信息
GET_SYSTEM_TOPIC_LIST_FROM_NS	304	获取指定集群中的主题名称列表

名称	Code（编码）	功能描述
GET_UNIT_TOPIC_LIST	311	获取指定集群中有 unit 标识的主题名称列表
GET_HAS_UNIT_SUB_TOPIC_LIST	312	获取指定集群中有 unit_sub 标识的主题名称列表
GET_HAS_UNIT_SUB_UNUNIT_TOPIC_LIST	313	获取指定集群中同时具有 unit 标识和 unit_sub 标识的主题名称列表
UPDATE_NAMESRV_CONFIG	318	更新 Name Server 的配置信息，其中，配置信息的存储路径为 "${user.home}/namesrv/namesrv.properties"
GET_NAMESRV_CONFIG	319	获取 Name Server 的配置信息

2. 分发消息路由信息的事件

在厘清 Name Server 的消息路由信息的事件类型之后，我们来看一看它是如何分发消息路由信息的事件的。

Name Server 定义了一个事件任务处理器 DefaultRequestProcesssor 类，并在 Name Server 启动的过程中，将它和服务端通信渠道绑定在一起。

调用 DefaultRequestProcesssor 类的 processRequest() 方法分发消息路由信息的事件的具体步骤如下。

第 1 步，分发注册 Broker Server 的事件。

第 2 步，分发取消注册 Broker Server 的事件。

第 3 步，分发获取指定主题的消息路由信息的事件。

第 4 步，分发获取 Broker Server 的集群信息的事件。

第 5 步，分发删除指定 Broker Server 名称的所有队列的写消息权限的事件。

第 6 步，分发新增指定 Broker Server 名称的所有队列的写消息权限的事件。

第 7 步，分发获取所有的消息路由信息的事件。

第 8 步，分发删除指定主题的消息路由信息的事件。

第 9 步，分发获取指定命名空间的"键–值"对配置信息的事件。

第 10 步，分发获取指定集群的消息路由信息的事件。

具体代码分析可以参考本书配套资源中源码分析中的"DefaultRequestProcesssor (processRequest).md"文件。

3. 存储消息路由信息

（1）存储消息主题队列信息。

在注册 Broker Server 节点的过程中，如果 Broker Server 是 Master 节点，则需要在 Name Server 节点中存储从 Broker Server 节点同步过来的消息主题队列信息。

第 1 步，调用 RouteinfoManager 类的 registerBroker()方法，验证 Broker Server 节点的类型及消息主题队列信息数据的版本号，代码如下。

```
//①如果从Broker Server节点中同步过来的消息主题队列信息不为空，且Broker Server节点
    是Master节点，则可以存储消息主题队列信息
if (null != topicConfigWrapper
    && MixAll.MASTER_ID == brokerId) {
//②如果Name Server中已经存储的对应Broker Server节点的消息主题队列信息数据的版本
    号与新同步过来的消息主题队列信息数据不一致且是第一次注册，则可以存储消息主题队列信息
    if (this.isBrokerTopicConfigChanged(brokerAddr,
    topicConfigWrapper.getDataVersion())|| registerFirst) {
    //③获取存储消息主题队列信息的存储对象ConcurrentMap
    ConcurrentMap<String, TopicConfig> tcTable=topicConfigWrapper
            .getTopicConfigTable();
    if (tcTable != null) {
        //④遍历存储对象ConcurrentMap
        for (Map.Entry<String, TopicConfig> entry :
            tcTable.entrySet()) {
         //⑤调用RouteinfoManager类的createAndUpdateQueueData()方法存储
            消息主题队列信息
            this.createAndUpdateQueueData(brokerName, entry.getValue());
        }
    }
    }
}
```

第 2 步，调用 RouteinfoManager 类的 createAndUpdateQueueData()方法存储消息主题队列信息，代码如下。

```
//①定义存储消息主题队列信息的本地缓存
private final HashMap<String, List<QueueData>> topicQueueTable;
private void createAndUpdateQueueData(final String brokerName, final
    TopicConfig topicConfig) {
```

```
//②构造消息主题队列信息对象 QueueData
QueueData queueData = new QueueData();
queueData.setBrokerName(brokerName);
queueData.setWriteQueueNums(topicConfig.getWriteQueueNums());
queueData.setReadQueueNums(topicConfig.getReadQueueNums());
queueData.setPerm(topicConfig.getPerm());
queueData.setTopicSysFlag(topicConfig.getTopicSysFlag());
//③使用消息主题的名称，从本地缓存中获取消息主题队列信息。如果不为空，则执行更新操
    作；否则执行新增操作
List<QueueData> queueDataList = this.topicQueueTable.
    get(topicConfig.getTopicName());
if (null -- queueDataList) {
    //④新增一个对应消息主题名称的队列信息的本地缓存
    queueDataList = new LinkedList<QueueData>();
    queueDataList.add(queueData);
    this.topicQueueTable.put(topicConfig.getTopicName(),
        queueDataList);
} else {
    boolean addNewOne = true;
    Iterator<QueueData> it = queueDataList.iterator();
    //⑤遍历对应消息主题名称的本地缓存
    while (it.hasNext()) {
        QueueData qd = it.next();
        //⑥验证新添加的消息主题队列信息 queueData 和缓存中消息主题队列信息 qd 的
            差异性
        if (qd.getBrokerName().equals(brokerName)) {
            //⑦如果一样，则将 addNewOne 标记为 false
            if (qd.equals(queueData)) {
                addNewOne = false;
            //⑧否则表示缓存中的消息主题队列信息已经失效，需要删除
            } else {
                it.remove();
            }
        }
    }
    //⑨在验证完成之后，如果 addNewOne 被标记为 true，则将新添加的消息主题队列信息
        queueData 添加到本地缓存中
    if (addNewOne) {
```

```
            queueDataList.add(queueData);
        }
    }
}
```

（2）存储 Broker Server 地址信息。

在注册 Broker Server 节点的过程中，调用 RouteinfoManager 类的 registerBroker()方法直接存储 Broker Server 地址信息，代码如下。

```
//①存储 Broker Server 地址信息的本地缓存
private final HashMap<String, BrokerData> brokerAddrTable;
//②使用 brokerName 从本地缓存中获取 Broker Server 地址信息
BrokerData brokerData = this.brokerAddrTable.get(brokerName);
//③如果不能获取 Broker Server 地址信息，则表示为新增，将 registerFirst 标记为 true，
//  并新建一个 Broker Server 地址信息对象 BrokerData
if (null == brokerData) {
registerFirst = true;
brokerData = new BrokerData(clusterName, brokerName, new HashMap<Long,
    String>());
    //④向本地缓存对象 brokerAddrTable 中添加新的 Broker Server 地址信息
    this.brokerAddrTable.put(brokerName, brokerData);
}
```

（3）存储集群地址信息。

在注册 Broker Server 节点的过程中，调用 RouteinfoManager 类的 registerBroker()方法直接存储集群地址信息，代码如下。

```
//①定义一个存储集群地址信息的本地缓存
private final HashMap<String, Set<String>> clusterAddrTable;
//②使用集群名称 clusterName，从本地缓存中获取 Broker Server 名称列表
Set<String> brokerNames = this.clusterAddrTable.get(clusterName);
if (null == brokerNames) {
    //③如果获取不到，则将集群地址信息添加到本地缓存中
    brokerNames = new HashSet<String>();
    this.clusterAddrTable.put(clusterName, brokerNames);
}
//④添加 Broker Server 的名称
brokerNames.add(brokerName);
```

（4）存储活跃的 Broker Server 信息。

在注册 Broker Server 节点的过程中，调用 RouteinfoManager 类的 registerBroker()方法直接存储活跃的 Broker Server 信息，代码如下。

```
//①定义一个存储活跃的 Broker Server 信息的本地缓存
private final HashMap<String, BrokerLiveInfo> brokerLiveTable;
//②将新的活跃的 Broker Server 信息设置到本地缓存中
BrokerLiveInfo prevBrokerLiveInfo = this.brokerLiveTable.put(brokerAddr,
    new BrokerLiveInfo(System.currentTimeMillis(),
            topicConfigWrapper.getDataVersion(),
            channel,haServerAddr));
//③如果 prevBrokerLiveInfo 不为空，则表示新增成功
if (null == prevBrokerLiveInfo) {
    log.info("new broker registered, {} HAServer: {}", brokerAddr,
    haServerAddr);
}
```

（5）存储过滤服务信息。

在注册 Broker Server 节点的过程中，调用 RouteinfoManager 类的 registerBroker()方法直接存储过滤服务信息，代码如下。

```
//①定义一个存储过滤服务信息的本地缓存
private final HashMap<String, List<String> filterServerTable;
if (filterServerList != null) {
    //②如果从 Broker Server 同步过来的过滤服务信息为空，则直接删除本地缓存中的过滤服
        务信息，表示需要执行删除操作
    if (filterServerList.isEmpty()) {
        this.filterServerTable.remove(brokerAddr);
    } else {
        //③如果从 Broker Server 同步过来的过滤服务信息不为空，则直接覆盖原有的本地缓
            存，表示需要执行更新操作
        this.filterServerTable.put(brokerAddr, filterServerList);
    }
}
```

4. 管理消息路由信息

将消息路由信息存储到 Name Server 之后，我们再来看一看如何管理这些消息路由信息。

（1）假如现在线上某个 Broker Server 负载非常高，但是又不能重启 Broker Server 并设置为

读模式，这样会影响 Broker Server 的可用性。

开发人员可以使用 Name Server 的"WIPE_WRITE_PERM_OF_BROKER"命令事件手动地更改指定 Broker Server 中所有消息队列的权限为读模式，等排查出性能瓶颈并解决之后（通常是增加机器配置，如加内存或者硬盘），再使用"ADD_WRITE_PERM_OF_BROKER"命令事件手动地更改指定 Broker Server 中所有消息队列的权限为写模式。

手动地更改消息队列权限的代码如下。

```
//①brokerName 为 Broker Server 的名称，requestCode 为命令事件的编码
private int operateWritePermOfBroker(final String brokerName, final int
    requestCode) {
    int topicCnt = 0;
    //②遍历本地缓存中所有的队列信息
    for (Entry<String, List<QueueData>> entry : this.topicQueueTable
        .entrySet()) {
        List<QueueData> qdList = entry.getValue();
        for (QueueData qd : qdList) {
            //③校验队列信息中 Broker Server 的名称，如果队列信息中 Broker Server 的
            //  名称与入参 Broker Server 的名称相等，则更改消息队列的权限，否则不处理
            if (qd.getBrokerName().equals(brokerName)) {
                int perm = qd.getPerm();
                //④校验命令事件的编码
                switch (requestCode) {
                    //⑤修改消息队列的权限为读模式
                    case RequestCode.WIPE_WRITE_PERM_OF_BROKER:
                        perm &= ~PermName.PERM_WRITE;
                        break;
                    //⑥修改消息队列的权限为写模式
                    case RequestCode.ADD_WRITE_PERM_OF_BROKER:
                        perm = PermName.PERM_READ | PermName.PERM_WRITE;
                        break;
                }
                //⑦更新本地缓存中消息队列的权限
                qd.setPerm(perm);
                topicCnt++;
            }
        }
    }
}
```

```
//⑧返回本次被更新消息队列的数量
return topicCnt;
}
```

通常，使用命令控制台手动地更改指定 Broker Server 的消息队列的权限并不能实时生效，有一定的时延性。Producer 和 Consumer 会开启一个定时器，定时地从 Name Server 节点中获取最新的消息路由信息。

📌 提示：

开发人员可以自定义具体的延迟时间，也可以使用默认值。例如，"pull 消息消费模式" 的执行定时任务的间隔周期为 30s，即延迟时间大于 30s。

开发人员也可以在初始化消费者对象时，手动设置执行定时任务的间隔周期。

（2）假如线上 Producer 和 Consumer 订阅的消息主题不一致，则需要删除一个消息主题，可以使用 Name Server 的 "DELETE_TOPIC_IN_NAMESRV" 命令事件删除消息主题的路由信息，代码如下。

```
private RemotingCommand deleteTopicInNamesrv(ChannelHandlerContext ctx,
        RemotingCommand request) throws RemotingCommandException {
    final RemotingCommand response = RemotingCommand.
        createResponseCommand(null);
    //①解码删除消息主题的事件请求头
    final DeleteTopicInNamesrvRequestHeader requestHeader =
        (DeleteTopicInNamesrvRequestHeader)request.
        decodeCommandCustomHeader(
            DeleteTopicInNamesrvRequestHeader.class);
    //②调用 RouteinfoManager 类的 deleteTopic() 方法删除消息主题的路由信息
    this.namesrvController.getRouteInfoManager().deleteTopic(
    requestHeader.getTopic());
    response.setCode(ResponseCode.SUCCESS);
    response.setRemark(null);
    return response;
}

public void deleteTopic(final String topic) {
    try {
        try {
            //③添加一个可重入的写锁
            this.lock.writeLock().lockInterruptibly();
```

```
        //④从本地缓存中删除指定消息主题的路由信息
        this.topicQueueTable.remove(topic);
    } finally {
        //⑤释放写锁
        this.lock.writeLock().unlock();
    }
} catch (Exception e) {
}
}
```

3.4 【实例】启动多个 Name Server 节点，模拟故障以验证 Name Server 节点的无状态性

🔲 提示：

本实例的源码在本书配套资源的"/chapterthree/verify-stateless-server"目录下。

1. 模拟场景

在模拟关闭一个 Name Server 节点后，不会影响客户端（Producer、Consumer 和 Broker Server）可用性的场景。

2. 准备环境

（1）启动 3 个 Name Server 节点：127.0.0.1:9876、127.0.0.1:9877 和 127.0.0.1:9878。

（2）启动两个 Master 角色的 Broker Server 节点：127.0.0.1:10911 和 127.0.0.1:10917，并将它们注册到 Name Server 集群中。

（3）搭建 Nacos 分布式配置中心。

（4）搭建一个 Producer 服务"stateless-producer-server"，在启动该服务之后，使用定时器定时地生产消息，具体代码实现可以参考本书配套源码。

（5）搭建一个 Consumer 服务"stateless-consumer-server"，在启动该服务之后，使用定时器定时地消费消息，具体代码实现可以参考本书配套源码。

（6）使用命令控制台（关于命令控制台的知识可以查阅本书第 6 章相关章节）执行以下 3 条命令。

```
sh mqadmin brokerStatus -n 127.0.0.1:9876 -c DefaultCluster
sh mqadmin brokerStatus -n 127.0.0.1:9877 -c DefaultCluster
sh mqadmin brokerStatus -n 127.0.0.1:9878 -c DefaultCluster
```

如果 3 个 Name Server 节点都能获取两个 Broker Server 节点的状态，则说明 Broker Server 已经被成功接入 Name Server 集群。

3. 验证 Name Server 节点的无状态性

为了更加真实地模拟线上故障场景，在生产者服务和消费者服务中生产或消费消息时增加了以下设计。

- 在成功启动生产者服务和消费者服务之后，只开启一个生产者和消费者客户端来生产消息和消费消息，并使用开关手动地控制客户端数量。
- 在配置中心中，如果手动地打开分布式配置开关"isUseNewProducer"和"isUseNew Consumer"，则读取需要新增的客户端数量，并开启新的生产者和消费者客户端来生产和消费消息。
- 在新的生产者和消费者客户端数量达到阈值 20 之后，自动使用默认的客户端。
- 在使用新的生产者和消费者客户端完成消息的生产和消费之后，设置 2s 的延迟，这主要是为了尽量真实地模拟"在下线一个 Name Server 节点之后，还有新的 Producer 和 Consumer 客户端实时连接 Name Server，获取消息路由信息"的场景。
- 观察 Producer 服务"stateless-producer-server"和 Consumer 服务"stateless-consumer-server"是否发生异常。如果没有发生异常，则说明下线 Name Server 是无状态的。
- 如果下线一个 Name Server 节点后 Broker Server 没有发生"影响可用性"的异常，则说明下线 Name Server 是无状态的。

验证 Name Server 节点的无状态性的步骤如下。

（1）下线一个 Name Server 节点"127.0.0.1:9878"，客户端 Consumer 和 Producer 没有出现异常信息，但是 Broker Server 出现注册失败的异常，如图 3-12 所示。

```
2022-03-05 19:50:44 INFO brokerOutApi_thread_3 - register broker[0]to name server 127.0.0.1:9876 OK
2022-03-05 19:50:44 INFO brokerOutApi_thread_2 - register broker[0]to name server 127.0.0.1:9877 OK
2022-03-05 19:50:44 WARN brokerOutApi_thread_1 - registerBroker Exception, 127.0.0.1:9878
org.apache.rocketmq.remoting.exception.RemotingConnectException: connect to 127.0.0.1:9878 failed
    at org.apache.rocketmq.remoting.netty.NettyRemotingClient.invokeSync(NettyRemotingClient.java:394) ~[rocketmq-remoting-4.9.2.jar:4.9.2]
    at org.apache.rocketmq.broker.out.BrokerOuterAPI.registerBroker(BrokerOuterAPI.java:193) ~[rocketmq-broker-4.9.2.jar:4.9.2]
    at org.apache.rocketmq.broker.out.BrokerOuterAPI.access$000(BrokerOuterAPI.java:60) ~[rocketmq-broker-4.9.2.jar:4.9.2]
    at org.apache.rocketmq.broker.out.BrokerOuterAPI$1.run(BrokerOuterAPI.java:149) ~[rocketmq-broker-4.9.2.jar:4.9.2]
    at java.util.concurrent.ThreadPoolExecutor.runWorker(ThreadPoolExecutor.java:1149) [na:1.8.0_271]
    at java.util.concurrent.ThreadPoolExecutor$Worker.run(ThreadPoolExecutor.java:624) [na:1.8.0_271]
    at java.lang.Thread.run(Thread.java:748) [na:1.8.0_271]
```

图 3-12

Broker Server 出现异常的主要原因是，在"定时心跳注册 Broker Server 节点"时，Name Server 节点"127.0.0.1:9878"不可用。这属于可控的异常，不会影响客户端 Producer 和 Consumer 的生产和消费消息的功能。

（2）在 Nacos 分布式配置中心中，分别开启 Producer 服务和 Consumer 服务的开关

"isUseNewProducer" 和 "isUseNewConsumer"。

　　客户端 Producer 和 Consumer 生产消息和消费消息的功能正常，没有出现异常信息（此时，在客户端中配置的 Name Server 集群的地址信息还包含已经下线的 Name Server 节点 "127.0.0.1:9878"）。Broker Server 只是一直在报 Name Server 节点 "127.0.0.1:9878" 不能连接的异常，但是不会影响 Broker Server 节点整体的可用性。

☞ 提示：

下线 Name Server 集群中的某个 Name Server 节点，不会影响客户端 Producer、Consumer 和 Broker Server 的可用性。

我们也可以使用"地址服务"更新客户端中的 Name Server 集群地址信息，这样就会屏蔽一些错误日志信息。

第 4 章
生产消息和消费消息

通过前面几章的学习，我们应该已经熟悉了 RocketMQ 的通信渠道和 Name Server 这两个基础模块。本章将介绍 RocketMQ 另外两个非常重要的基础模块——Producer 和 Consumer，前者用来生产消息，后者用来消费消息。

在分布式架构中，最经典的理论就是 CAP（一致性、可用性和分区容忍性），这个理论的主要思想是"任何软件功能的实现，只能满足 CP 或 AP，不可能同时满足 CAP"。

在 Producer 模块和 Consumer 模块中就充分地体现了 CAP 的思想，如多种消息的类型、多种生产消息的模式和多种消费消息的模式等。RocketMQ 对同一个功能采用了不同的实现方式，主要是为了满足分布式架构中复杂且多变的业务场景。这样，开发人员就能更加灵活地应对不同业务场景的项目开发。

4.1 生产和消费消息的模式

RocketMQ 支持多种生产和消费消息的模式。下面来看一看它们的架构和应用场景。

4.1.1 生产消息

RocketMQ 支持采用"同步"模式、"异步"模式和"最多发送一次"模式生产消息。

1."同步"模式

在 RocketMQ 中，采用"同步"模式生产消息可以提升消息发送的可靠性。

下面使用电商扣减库存的业务场景来描述"同步"模式，如图 4-1 所示。

（1）交易服务在创建订单后，需要同步调用库存服务扣减库存。在扣减完成后，直接返回扣减库存的结果。

（2）扣减库存的业务场景是一次同步调用的过程，交易服务需要实时获取扣减库存的结果（成功或失败），不能出现中间状态。

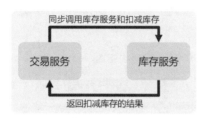

图 4-1

那么 RocketMQ 中的"同步"模式生产消息是如何实现的呢？图 4-2 所示为 RocketMQ "同步"模式生产消息的逻辑架构。

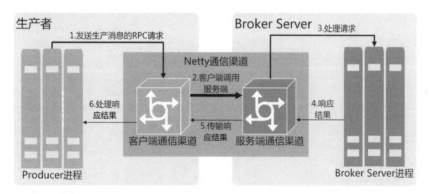

图 4-2

（1）Producer 向客户端通信渠道发送生产消息的 RPC 请求。

（2）客户端通信渠道在收到请求后，同步调用服务端通信渠道。

（3）服务端通信渠道在收到请求后，将请求转给 Broker Server 处理。

（4）Broker Server 将处理的结果同步响应给服务端通信渠道。

（5）服务端通信渠道将响应结果传输给客户端通信渠道。

（6）客户端通信渠道将响应结果同步给 Producer 进程。

总之，只有完成以上 6 个步骤后才算完成"同步"模式生产消息。在没有完成之前，所有参与者都是同步等待（如果超时的时间到了，则自动释放资源，并返回异常结果）。

在了解完 RocketMQ "同步"模式生产消息的逻辑架构后，下面来看一下"同步"模式的应用场景。

- 状态机，如电商业务中的订单状态机。

在电商项目中，如果采用 RocketMQ 实现服务之间分布式订单状态机的消息的生产和消费，则最好使用 RocketMQ 的"同步"模式生产消息，这样即使订单状态发生变更，调用者和被调用者都可以确保业务调用结果的确定性。

- 准强一致性，如电商业务中商品库存的扣减。

在电商项目中，商品库存的扣减通常都会进行异步处理，这样就会使用分布式消息中间件来扣减库存。但是，库存的扣减需要保证准强一致性，它介于强一致性和最终一致性之间，即扣减库存的调用者需要知道实际的扣减库存的结果。

- 强依赖关系，如电商业务中的交易系统。

在电商项目中，交易系统为了抗住峰值订单流量，通常利用消息中间件将部分业务进行异步处理，这样就提高了交易系统中单次下单接口处理交易请求的速度。但是，交易系统属于核心系统，会强依赖一些核心电商服务（如订单服务）。在分布式架构中，如果服务之间存在强依赖关系，则调用者需要同步等待被调用者处理的结果。

> 🖢 提示：
>
> RocketMQ 中的"同步"模式生产消息，既能保证准强一致性，又能保证一定的高吞吐量和高性能。如果业务功能的架构属性把"可用性"和"一致性"作为第一要素来考虑，则推荐使用"同步"模式。

2. "异步"模式

在 RocketMQ 中，采用"异步"模式生产消息，可以明显提高消息发送的吞吐量。

下面使用电商支付的业务场景来描述"异步"模式，如图 4-3 所示。

（1）买家发起支付请求，金融支付网关只能确认是否收到了支付请求并返回支付请求的结果。

（2）金融支付网关调用第三方支付公司的系统发起支付请求，并定时轮询拉取支付结果。

（3）第三方支付公司向买家开户行发起银行内部转账，买家开户行将支付结果推送给第三方支付公司。

（4）金融网关向买家异步推送支付结果，买家开户行将扣款短信发送到买家开户行对应的手机上。

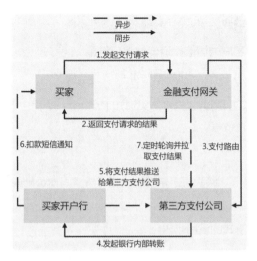

图 4-3

通过上面分析电商支付的业务场景，可以将"异步"模式定义为将"实时处理请求并响应处理结果"方式，转换为"推拉结合的消息通知"方式（调用者主动定时轮询结果，或者被调用者主动推送结果）。

图 4-4 所示为 RocketMQ 中"异步"模式生产消息的逻辑架构。

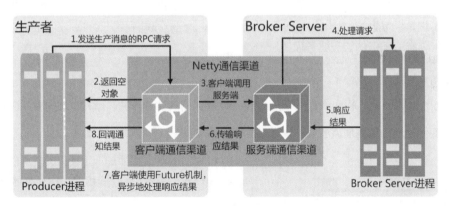

图 4-4

（1）Producer 进程向客户端通信渠道发送生产消息的 RPC 请求。

（2）客户端通信渠道返回一个空对象，如空指针，其实就是没有返回生产消息的结果。

（3）客户端通信渠道注册一个回调函数，并异步将生产消息的请求传递给服务端通信渠道，将响应结果的 Future 对象保存在本地缓存中。

（4）服务端通信渠道将请求传递给 Broker Server，Broker Server 开始处理生产消息的请求。

（5）Broker Server 将响应结果返给服务端通信渠道。

（6）服务端通信渠道向客户端通信渠道传输响应结果。

（7）客户端通信渠道使用 Future 机制异步处理响应结果。

（8）客户端通信渠道利用回调函数先将结果通知 Producer，再由 Producer 记录结果，并根据响应码进行对应的处理（如重试等）。

☛ 提示：

总之，RocketMQ 中的"异步"模式生产消息，主要是为了将 RocketMQ 的高性能和高吞吐量的特性发挥到极致。

下面来看一下"异步"模式的应用场景。

- 通知类型的业务。

在电商项目中，会有短信通知、邮件通知等业务场景的功能。因为是在已经知道业务接口执行的结果后再触发短信和邮件通知的，所以不需要 RocketMQ 实时地返回结果。

- 操作日志类型的业务。

在电商项目中，为了确保业务接口调用的可观察性，后端系统（尤其是运营类后台管理系统）需要记录业务功能的操作日志，如商品操作的日志（编辑、上下架等）。在服务中，操作日志通常是非常多的，尤其是订单服务，所以需要使用"异步"模式，这样既能利用 RocketMQ 的高性能和高延迟性，又能与核心服务的核心业务解耦。

3."最多发送一次"模式

在 RocketMQ 中，采用"最多发送一次"模式生产消息，可以提升消息发送的吞吐量。

下面使用电商的数据埋点业务场景来描述"最多发送一次"模式，如图 4-5 所示。

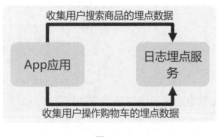

图 4-5

（1）给 App 应用添加指定业务的埋点探针，并收集用户搜索商品的埋点数据和用户操作购物车的埋点数据。

（2）为了节省带宽资源（App 应用的网络环境是不稳定的），App 应用会批处理埋点日志，采用"最多发送一次"模式将数据推送给日志埋点服务，并且不需要知道推送结果，最多只推送一次（埋点数据是允许丢失的）。

图 4-6 所示为使用"最多发送一次"模式生产消息的逻辑架构。

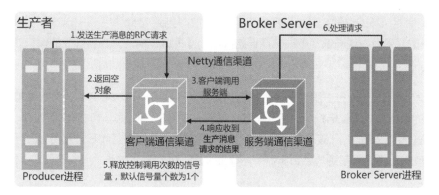

图 4-6

（1）Producer 进程向客户端通信渠道发送生产消息的 RPC 请求。

（2）客户端通信渠道返回一个空对象，如空指针，其实就是没有返回生产消息的结果。

（3）客户端调用服务端，并将生产消息的请求转给服务端通信渠道处理。

（4）服务端通信渠道在收到生产消息的请求后，会直接返回收到生产消息请求的结果（成功或失败）。

（5）客户端通信渠道在收到通信渠道服务端返回的"是否收到生产消息的请求"结果后，直接释放控制调用次数的信号量（默认数量为 1 个），如果返回的是"非成功"的状态，则只输出一条警告日志。

（6）服务端通信渠道将生产消息的请求转给 Broker Server 处理。

📌 提示：

使用 RocketMQ 中的"最多发送一次"模式生产消息，最多只发送一次，并且不能保证一定能够发送成功，但是该模式产生的吞吐量是最高的。

下面来看一下"最多发送一次"模式的应用场景。

● 数据埋点业务。

在电商项目中，精准营销是非常基础的业务。精准营销既需要对用户进行画像，又需要对用户行为进行分析，这些都需要大量的埋点数据，虽然数据量会比较大，但是可以容忍丢失。

● 分布式链路追踪业务。

在电商项目中，为了保证业务线上运行的稳定性，会将核心业务接入分布式链路追踪系统。这样，分布式链路追踪系统需要采集服务之间调用的链路数据，并使用 RPC 框架将数据传输到数据清洗平台。为了降低分布式链路追踪系统对业务服务的侵入性（如消耗业务服务的系统资源），可以用

RocketMQ 替换 RPC 框架。如果链路数据量剧增，则通常允许丢失一部分，这时可以采用 RocketMQ 的"最多发送一次"模式生产链路数据，发挥这种模式的高吞吐量的优势。

- ELK 日志业务

在电商项目中，ELK 日志服务是非常基础的服务。随着接入日志服务的业务服务越来越多，需要存储日志的数据量成指数倍增长，通信渠道会成为日志收集的瓶颈。这时可以引入 RocketMQ 中的"最多发送一次"模式生产链路数据，这样，不仅可以解耦业务服务和日志服务，还可以利用这种模式的高吞吐量的优势，起到峰值日志流量削峰的作用。

4.1.2 消费消息

RocketMQ 支持 3 种消费消息的模式：pull 模式、push 模式和 pop 模式。

- pull 模式是使用 Consumer 客户端中的 DefaultLitePullConsumerImpl 类实现的。
- push 模式和 pop 模式是共同使用一个 Consumer 中的客户端 DefaultMQPushConsumerImpl 类来实现的。

从 4.1.1 节已经知道 Producer 支持使用"同步"模式、"异步"模式和"最多发送一次"模式生产消息。Consumer 和 Producer 底层的通信机制是相同的，都支持使用这些通信模式消费消息。

为了方便理解消费消息的过程，需要先了解 RocketMQ 中的技术术语，具体如下。

- Consumer 客户端主要指实例化后的 DefaultLitePullConsumerImpl 和 DefaultMQPush ConsumerImpl 的 Java 对象，前者是 pull 模式的 Consumer 客户端，后者是 push 模式和 pop 模式的 Consumer 客户端。
- 客户端实例主要指实例化后的 MQClientInstance 的 Java 对象。
- 客户端通信渠道主要指实例化后的 NettyRemotingClient 的 Java 对象。
- 服务端通信渠道主要是实例化后的 NettyRemotingServer 的 Java 对象。

其中，Consumer 客户端、客户端实例和客户端通信渠道是"一对一"关系。它们之间主要依靠客户端实例的"clientId"来区分唯一性。

> 提示：
> 生成客户端实例的"clientId"的规则是"clientIP" + "@" + "instanceName" + "@" +unitName。
> 开发人员在生成 Producer 和 Consumer 客户端时，可以自定义这些参数，从而自定义客户端实例的
> "clientId"。

下面先重点分析 pull、push 和 pop 这 3 种模式的逻辑架构和应用场景。

1. pull 模式

我们结合图 4-7 来分析 pull 模式消费消息的逻辑架构，具体如下。

（1）如果成功启动了一个 Consumer 客户端，则将这个 Consumer 客户端注册到客户端实例的本地缓存consumerTable中，并且利用Consumer的心跳机制同步将本地缓存consumerTable中的 Consumer 客户端注册到 Broker Server 中（主要指 ConsumerManager 类的本地缓存 consumerTable）。

（2）Consumer 客户端使用一个负载均衡线程（主要指 RebalanceService 类，它会按照固定周期定时执行），定时地遍历客户端实例中的本地缓存 consumerTable，并获取指定消费者组的 Consumer 客户端（主要指 DefaultLitePullConsumerImpl 类）。

（3）调用 Consumer 客户端的负载均衡执行器（主要指 pull 模式的负载均衡 RebalanceLitePullImpl 类），并执行 pull 消息的消息队列负载均衡策略（调用者可以在初始化 Consumer 客户端时，设置消息队列负载均衡策略）。在执行负载均衡策略之前，校验消费消息的类型（"集群"模式和"广播"模式）。如果是"集群"模式，则执行负载均衡策略；如果是"广播"模式，则跳过执行负载均衡策略。"集群"模式和"广播"模式的原理将在 4.2 节讲解。

（4）在完成 pull 消息的消息队列的负载均衡后，Consumer 客户端得到最新的消息队列，并与本地缓存中原有的消息队列进行对比，如果不一致（新增或者删除），则触发消息队列监听器（主要指监听器 MessageQueueListenerImpl 类）。

（5）执行消息队列监听器，如果消息队列还没有对应的 pull 消息的任务，则创建一个新的 pull 消息的任务（主要指 PullTaskImpl 类，它是一个线程），并将该任务添加到客户端通信渠道的 pull 消息任务的本地缓存中。如果需要关闭任务，则遍历本地缓存，获取指定的 pull 消息的任务，并关闭线程。

（6）负载均衡器使用定时线程池定时地执行 pull 消息任务，这样即可消费与任务绑定的消息队列中的消息（如果消息主题有 16 个消息队列，则定时线程池为每一个消息队列开启一个定时线程任务）。

（7）负载均衡器在执行 pull 消息的任务时，调用客户端通信渠道构造一个 pull 消息的 RPC 请求。

（8）客户端通信渠道向服务端通信渠道发送 pull 消息的 RPC 请求。

（9）服务端通信渠道将 pull 消息的请求传输给 Broker Server，由 Broker Server 处理 pull 消息的请求。

（10）在 Broker Server 处理完成后，采用"同步"模式或"异步"模式返回 pull 消息的响应结果。

（11）使用 Netty 通信渠道，将 pull 消息的结果返给客户端通信渠道。

（12）客户端通信渠道将结果返给 Comsumer 客户端，这样就完成了一次 pull 模式的消息消费。

总结，以上是 pull 模式消费消息的关键步骤，具体原理相关的源码分析可以参考 4.4.1 节。

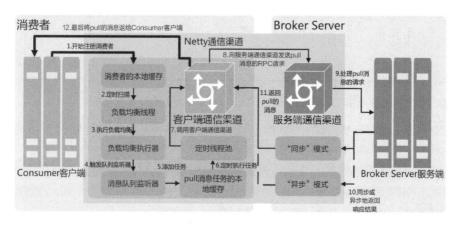

图 4-7

RocketMQ 中 pull 模式的主要应用场景如下。

- 对实时性要求不是很高的业务，如电商日志同步、商品评论等。
- pull 模式是 Consumer 主动从 Broker Server 拉取消息，这样 Consumer 能够更加灵活地控制 Consumer 的进度。如果遇到消息洪峰，则 Consumer 会结合真实的流量做消费消息的降级策略调整。如果是在高流量的服务（如电商的营销活动、秒杀等）中使用 RocketMQ 来消费消息，则最好采用 pull 模式。

2. push 模式

我们结合图 4-8 来分析 push 模式消费消息的逻辑架构，具体如下。

（1）如果成功启动了一个 Consumer 客户端，则将这个 Consumer 客户端注册到客户端实例的本地缓存 consumerTable 中，并且利用 Consumer 的心跳机制同步地将本地缓存 consumerTable 中的 Consumer 客户端注册到 Broker Server 中（主要指 ConsumerManager 类的本地缓存 consumerTable）。

（2）Consumer 客户端使用一个负载均衡线程（主要指 RebalanceService 类，它会按照固定周期定时地执行），定时地遍历客户端实例中的本地缓存 consumerTable，并获取指定消费者组的 Consumer 客户端（主要指 DefaultMQPushConsumerImpl 类）。

（3）负载均衡线程调用 Consumer 客户端的负载均衡执行器（主要指 push 模式的负载均衡 RebalancePushImpl 类），并执行"push 消息"的消息队列负载均衡策略（调用者可以在初始化 Consumer 客户端时，设置消息队列负载均衡策略）。与 pull 模式一样，在执行负载均衡策略之前，校验消费消息的类型（"集群"模式和"广播"模式）。如果是"集群"模式，则执行负载均衡策略；如果是"广播"模式，则跳过执行负载均衡策略。"集群"模式和"广播"模式的原理将在 4.2 节讲解。

（4）在完成 push 消息的消息队列的负载均衡后，Consumer 客户端得到最新的消息队列，并与本地缓存中原有的消息队列进行对比，如果不一致（新增或者删除），则构造 push 消息的请求，并推送给 push 消息分发器（主要指 RebalancePushImpl 类的 dispatchPullRequest()方法）。

（5）push 消息分发器分发消息请求，并向 push 消息的线程（主要指 PullMessageService 类）中推送消费消息的请求，使用本地缓存（主要指一个 LinkedBlockingQueue 类型的本地变量 pullRequestQueue）存储 push 消息的请求。

（6）push 消息的线程 PullMessageService，首先，定时地扫描 push 消息请求的本地缓存，逐一派发消费消息的请求；然后，调用 PullMessageService 类的 pullMessage()方法，从客户端实例的本地缓存中获取指定消费者组的 Consumer 客户端（主要指 DefaultMQPushConsumerImpl 类）。这样，push 消息的请求就派到了指定的 Consumer 客户端中，并开始消费消息。

（7）在完成消费消息之前的一些参数校验后，注册一个回调函数（主要指 PullCallback 类），用于处理从 Broker Server 返回的消息。

（8）向 pull 消息模块（主要指 PullAPIWrapper 类的 pullKernelImpl()方法）推送 push 消息的请求。其中，消费消息的 RPC 命令事件为"RequestCode.PULL_MESSAGE"。

> 💡 提示：
>
> pull 模式和 push 模式都是利用 PullAPIWrapper 类的 pullKernelImpl()方法消费消息的，但是前者没有注册回调函数，而后者需要利用回调函数模拟"push 消息"的动作。

（9）在 pull 消息模块中，构造消息请求头（主要指 PullMessageRequestHeader 类）和 RPC 命令事件（主要指 RemotingCommand 类），并调用客户端通信渠道。

（10）客户端通信渠道采用"同步"模式或"异步"模式，向服务端通信渠道发送 pull 消息的 RPC 请求。

（11）服务端的通信渠道将消费消息的请求转发给 Broker Server。由 Broker Server 处理 pull 消息的请求，并调用存储引擎（主要指 DefaultMessageStore 类）查询消息。

（12）Broker Server 采用"同步"模式或"异步"模式，返回 pull 消息的响应结果。

（13）服务端通信渠道将结果传输给客户端通信渠道。

（14）客户端通信渠道获取 pull 消息的结果，并将消息推送给回调函数。

（15）回调函数处理结果，如果在本次 push 消息的结果中存在需要消费的消息，则派发一个处理队列（主要指 ProcessQueue 类）消费消息，并且向消费消息的服务 ConsumeMessageService 提交消费消息的请求。如果是顺序消费消息，则使用顺序消费消息的服务 ConsumeMessageOrderly Service 类，否则使用并发消费消息的服务 ConsumeMessageConcurrentlyService 类。

（16）消费消息的服务，使用线程池处理消费消息的请求，并完成消息的消费。顺序消费消息和并发消费消息的核心原理将在 4.2.3 节和 4.2.4 节讲解。

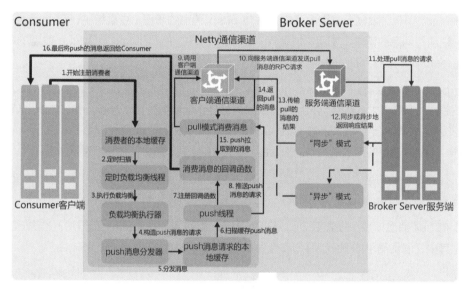

图 4-8

提示：

RocketMQ 是在 pull 模式的基础之上实现 push 模式的，利用 push 模式消费消息是实时的。

RocketMQ 中 push 模式的主要应用场景如下。

- 对实时性要求比较高的业务场景，如电商中商品库存的扣减、订单交易下单等。
- 消费者实例非常多且配置非常高的场景。虽然 push 模式需要依靠负载均衡来派发消费消息的请求，但是它是实时的。因此这就要求消费者实例要足够多，要满足消息流量洪峰下的消费处理功能。
- CPU 密集型的消息。

3. pop 模式

从 RocketMQ 5.0 版本开始支持使用 pop 模式消费消息。pop 模式是在 push 模式的基础之上实现的，如果读者需要，则可以升级到 RocketMQ 5.0 版本体验新功能。

目前，RocketMQ 已经将 pop 模式消费消息的功能开放到 tag 分支版本"5.0.0.Preview"中。

我们结合图 4-9 来分析 pop 模式消费消息的逻辑架构。

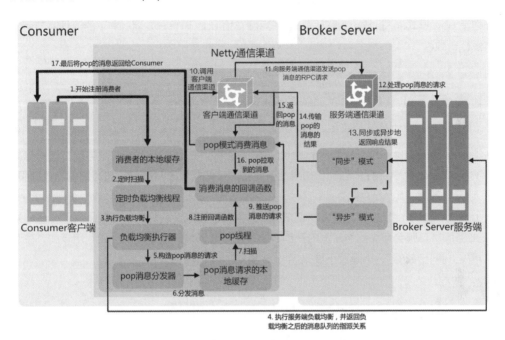

图 4-9

（1）如果成功启动了一个 Consumer 客户端，则将这个 Consumer 客户端注册到客户端实例的本地缓存 consumerTable 中，并且利用 Consumer 的心跳机制同步将本地缓存 consumerTable 中的 Consumer 客户端注册到 Broker Server 中（主要指 ConsumerManager 类的本地缓存 consumerTable）。

（2）Consumer 客户端使用一个负载均衡线程（主要指 RebalanceService 类，它会按照固定周期定时执行），定时地遍历客户端实例中的本地缓存 consumerTable，并获取指定消费者组的 Consumer 客户端（主要指 DefaultMQPushConsumerImpl 类）。

（3）负载均衡线程调用 Consumer 客户端的负载均衡执行器（push 模式和 pop 模式共用一个负载均衡 RebalancePushImpl 类）。与 push 模式不同的是，pop 模式并没有采用"客户端负载均衡"，而是采用"服务端负载均衡"。这两种负载均衡的机制将在本书的第 11 章/11.3 节详解。

（4）Consumer 客户端利用客户端通信渠道发起调用 Broker Server 的服务端通信渠道的一次 RPC 请求，请求的命令事件类型为 RequestCode.QUERY_ASSIGNMENT，主要是为了执行服务端负载均衡，并返回负载均衡后的"消息队列的指派关系"（主要指 MessageQueueAssignment 类）。如果查询不到，则退出本次消费消息的请求。

（5）遍历"消息队列的指派关系"，构造 pop 模式消费消息的请求。为了兼容 push 模式，RocketMQ 允许 push 模式和 pop 模式的消息队列共存。

在构造 pop 模式消费消息的请求后，会将其派发给 pop 消息分发器，剩下的流程就与 push 模式基本保持一致。

💬 提示：

RocketMQ 是在 push 模式的基础之上实现 pop 模式的，利用 pop 模式消费消息是实时的。

RocketMQ 中 pop 模式的主要应用场景如下。

- 将消息队列的负载均衡从 Consumer 客户端迁移到 Broker Server 服务端。这样就减少了 Consumer 服务的性能损耗。如果业务服务对性能损耗非常敏感（如计算型的数据服务），则可以考虑使用 pop 模式。
- pop 模式比 push 模式需要多一次 RPC 请求，去完成负载均衡。如果是消息流量非常大的业务服务，则会增加网络带宽的开销；如果业务服务是跨局域网的（如利用专线，在两个机房之间同步数据），则建议不要采用 pop 模式。

💬 提示：

pop 模式是 RocketMQ 官方提供的一种性能非常高的消费消息的模式。如果业务服务做好了消息流量的过载保护，则推荐使用 pop 模式。

4.2 消费消息的类型

RocketMQ 支持集群消息、广播消息、顺序消息、并发消息、延迟消息和事务消息。

4.2.1 集群消息

RocketMQ 支持集群消息。什么是集群消息呢？从本质上来讲，RocketMQ 的集群消息是指 Consumer 客户端在消费消息时，需要执行负载均衡策略，并获取负载均衡后的消息队列，这样才能完成消息的消费。

> 📎 提示:
>
> 在集群消息模式下，相同 Consumer Group 的每个 Consumer 实例将平均分摊总的消息数，即每条消息只能被同一个 Consumer Group 中的一个 Consumer 消费，不能被其他 Consumer 消费。

1. 集群消息的逻辑架构

图 4-10 所示为集群消息的逻辑架构。

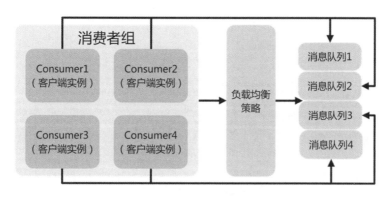

图 4-10

集群消息的具体核心逻辑如下。

（1）从存储订阅关系的本地缓存中，获取消息主题的消息队列。

（2）从消息主题所在的 Broker Server 中，获取指定的消费者组中所有的 Consumer 客户端。

（3）在执行负载均衡策略的过程中，RocketMQ 按照规则给当前 Consumer 客户端指派消息队列，并将消息队列指派给本地的处理队列消费消息。

2. 集群消息的应用场景

RocketMQ 默认支持采用"集群"模式消费消息，所以，大部分消费消息的业务场景还是以"集群"模式为主。下面列举两种比较常见的应用场景。

- 在电商业务中，一般是不允许重复扣减库存的。如果采用 RocketMQ 作为消息中间件，则一般建议采用"集群"模式消费消息，毕竟流量洪峰已经被订单服务给抗住了，当到了真正付钱和扣减库存阶段时，并发量已经被消耗得差不多了。
- 在电商业务中，涉及钱的服务有很多，如支付网关等，一般允许重复扣钱。如果采用 RocketMQ 作为消息中间件，则一般建议采用"集群"模式消费消息。虽然支付网关会做很多幂等性和重复性的校验，但是为了确保不发生"资损"，还是尽可能在源头就回避风险。

4.2.2　广播消息

RocketMQ 支持广播消息。什么是广播消息呢？从本质上来讲，RocketMQ 的广播消息是指 Consumer 客户端在消费消息时，不需要执行负载均衡策略即可直接完成消息的消费。

> 💡 提示：
>
> 在广播消息模式下，相同 Consumer Group 的每个 Consumer 实例都会接收全量的消息。

1. 广播消息的逻辑架构

图 4-11 所示为广播消息的逻辑架构。

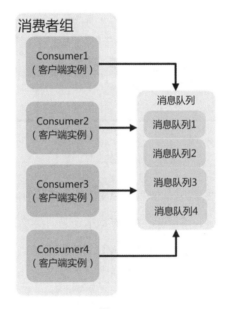

图 4-11

广播消息的核心逻辑如下。

（1）从存储订阅关系的本地缓存中，获取消息主题的消息队列。

（2）不执行负载均衡策略，将全量的消息队列指派给 Consumer 客户端中的处理队列以消费消息。

2. 广播消息的应用场景

广播消息的应用场景有很多。下面列举两种比较常见的应用场景。

- 解决本地缓存的数据一致性问题。

在电商应用中，我们将商品信息添加在进程的本地缓存中，这样做是为了提升商品接口的性能

（本地缓存肯定比分布式缓存要快很多倍）。由于本地缓存的数据一致性是"进程"级别的，因此不能确保跨进程和跨服务器级别的数据一致性。为了解决本地缓存的数据一致性问题，我们可以利用 RocketMQ 的广播消息。只要有一个进程中的本地缓存出现变更，就将变更的消息广播给其他的进程。这样每个进程既是生产者又是消费者，从而达到本地缓存数据的无中心化。

● 解决峰值阶段消费者消费进度太慢的问题。

在电商应用中，如果使用 RocketMQ 来解耦订单相关服务，即在流量峰值阶段，采用"集群"模式，则只能"同一个消费组中的一个消费者可以消费消息"，这样就会严重影响订单服务的吞吐量。

开发人员通常添加机器来增加消费的并行功能，但这样的效果其实并不太好。如果采用"广播"模式，则可快速地解决消息堆积的问题（消费消息的订单相关的服务需要确保幂等性）。在流量峰值的时间段结束后，可以利用动态开关将"广播"模式调整为"集群"模式。

4.2.3　顺序消息

在 RocketMQ 中，顺序消息主要包括普通顺序消息和严格顺序消息。

1. 普通顺序消息

"普通顺序消息"是指只能确保一个消息队列中的消息是逻辑顺序的，而不是存储层次的物理顺序（RocketMQ 是通过顺序追加的方式存储所有消息的）的。所以，要实现"普通顺序消息"，就要确保 Producer 客户端、Broker Server 服务端和 Consumer 客户端都是逻辑顺序的。

> 🗨 提示：
>
> 在普通顺序消息模式下，消费者通过同一个消息队列收到的消息是有顺序的，不同的消息队列收到的消息可能是无顺序的。

（1）普通顺序消息的逻辑架构。

为了更加清晰地认识"普通顺序消息"的逻辑架构，这里将它拆分为 3 部分：Producer 客户端生产消息的普通顺序性、Broker Server 服务端存储消息的普通顺序性和 Consumer 客户端消费消息的普通顺序性。

图 4-12 所示为"普通顺序消息"被拆分的第一部分"Producer 客户端生产消息的普通顺序性"的逻辑架构，具体步骤如下。

第 1 步"创建"，主要指在两个 Master 节点中创建顺序消息主题和消息队列。例如，在每个节点中创建 4 个，总共有 8 个消息队列可以用来生产消息。

第 2 步"生产消息"，主要指使用 Producer 客户端生产顺序消息。

第 3 步"唯一 Key%8"，主要指生产消息时需要指定一个唯一的 Key 来标识消息（消息 ID 除外）。如果是"订单消息"，则可以用订单 ID 来标识，这样即可将用订单 ID 标识的消息映射到取值范围为 0~7 的下标上。

第 4 步"选择消息队列"，主要指使用 Producer 客户端的"选择器方式"生产消息。

Producer 客户端支持 3 种方式生产消息，具体原理可以参考 4.3.1 节。如果使用"选择器方式"生产消息，则可以自定义消息队列的路由规则。例如，将"唯一 Key%8"取值为 0 的消息路由到消息队列 1，将"唯一 Key%8"取值为 1 的消息路由到消息队列 2，其余的依次路由。

总之，如果要保证 Producer 客户端生产消息的逻辑顺序性，则需要使用"选择器方式"生产消息，并用一个唯一的 Key 来计算路由规则。

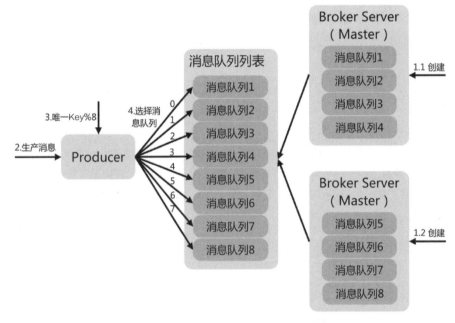

图 4-12

图 4-13 所示为"普通顺序消息"被拆分的第二部分"Broker Server 服务端存储消息的普通顺序性"的逻辑架构，主要包括以下内容。

- 生产者按照固定路由规则将消息分组，并投递到固定的消息队列中。例如，Producer1 将消息投递到消息队列 1、消息队列 3、消息队列 5 和消息队列 7 中，Producer2 将消息投递到消息队列 2、消息队列 4、消息队列 6 和消息队列 8 中。
- 消息队列 1、消息队列 2、消息队列 3 和消息队列 4 归属于一个 Broker Server 节点，按照并行存储的顺序追加到文件中。另外 4 个节点归属于另外一个 Broker Server 节点，同样按照并行存储的顺序追加到文件中。这样就会导致消息队列之间的消息存在乱序的现象，但是同一个消息队列中的消息是顺序的。

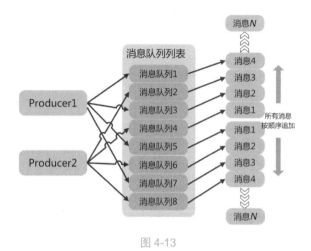

图 4-13

图 4-14 所示为"普通顺序消息"被拆分为第三部分"Consumer 客户端消费消息的普通顺序性"的逻辑架构，主要包括以下内容。

- Consumer 启动负载均衡器，并执行消息队列的负载均衡策略，如果是顺序消息，则执行顺序消费消息的逻辑，否则正常消费消息。
- 如果是顺序消息，则一个消息队列只能指派给一个 Consumer 客户端来消费消息（如图 4-14 所示，消息队列 1 和消息队列 2 只能被 Consumer1 消费）。其中，RocketMQ 是利用 Broker Server 的锁队列来实现以上的唯一指派规则的。

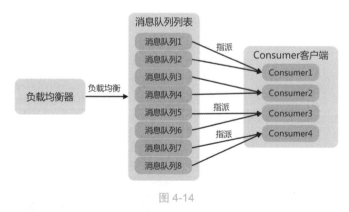

图 4-14

（2）如何实现锁队列。

"普通顺序消息"是用"锁队列"的方式来实现的。RocketMQ 是如何实现"锁队列"的呢？例如，想采用"普通顺序消息"模式消费消息主题"generalOrderMessage"，我们结合这个场景来分析"锁队列"的过程。

第 1 步，按照 Broker Name 来分组，获取每一个 Broker Name 中指定消息主题的消息队列。

例如，线上部署了两个 Master 角色的 Broker Server 节点，Broker Name 分别为 broker-a 和 broker-b（注意，Master 角色节点的 Broker Name 是唯一的），在两个 Broker Server 节点上分别创建了归属于消息主题"generalOrderMessage"的 4 个消息队列，此时 Consumer 和 Producer 客户端应该获取 broker-a 和 broker-b 的 4 个消息队列。

又如，线上部署了一个 Master 角色和一个 Slave 角色的 Broker Server 节点，Broker Name 为 broker-c（注意，Slave 节点的 Broker Server 必须和 Master 节点的一样），在两个 Broker Server 节点上分别创建了归属于消息主题"generalOrderMessage"的 4 个消息队列。此时应该获取 broker-c 的 4 个消息队列。

第 2 步，以 Broker Name 为维度，遍历消息主题对应的消息队列。

例如，从 broker-a 和 broker-b 中分别获取消息主题"generalOrderMessage"的 4 个队列，此时应该遍历两次。

第 3 步，从 Consumer 客户端的本地缓存中，获取 Broker Name 对应 Master 角色的 Broker Server 节点的 IP 地址。例如，如果是 Master-Slave 集群，Broker Name 为"broker-c"，则获取对应 Master 节点的 IP 地址。

第 4 步，利用客户端通信渠道，Consumer 客户端调用 Broker Server 的服务端通信渠道，完成批量锁消息队列的 RPC 请求，其中，RPC 请求命令事件为"RequestCode.LOCK_BATCH_MQ"。

例如，锁定 broker-a 中消息主题为"generalOrderMessage"的 4 个消息队列，入参为 Consumer 客户端的消费者组、Consumer 客户端的客户端实例 ID 和 4 个消息队列。

第 5 步，调用 Broker Server 中负载均衡锁管理器 RebalanceLockManager 类的 tryLockBatch() 方法，锁定消息队列。

如何完成锁定呢？主要使用一个本地缓存来管理消息队列 MessageQueue 类和锁实体对象 LockEntry 类之间的映射关系。其中，锁实体对象存储客户端实例 ID 和时间戳，时间戳主要用来存储"上次更新时间"。利用时间戳即可实现"一段时间之内"（默认为 60s，可以通过参数"rocketmq.broker.rebalance.lockMaxLiveTime"来设置）消息队列归属于客户端实例 ID 对应的 Consumer 客户端。

加锁消息队列就是将消息队列和 Consumer 客户端绑定，并设置一个持有锁的有效期（如果失效，则自动解除绑定关系）。其中，判定有效期的计算规则如下。

```
//加锁时间=系统时间-时间戳。如果加锁时间大于lockMaxLiveTime，则锁失效
boolean expired =(System.currentTimeMillis() - this.lastUpdateTimestamp
    ) > REBALANCE_LOCK_MAX_LIVE_TIME;
```

第 6 步，返回锁定成功的消息队列，这样这些消息队列中的消息就与消费者组中的某个 Consumer 客户端强绑定了。

第 7 步，遍历锁定成功的消息队列，并锁定消息队列对应的处理队列 ProcessQueue。其中，处理队列才是真正能够消费消息的。

锁定处理队列的代码如下。

```
//①从本地缓存中获取消息队列对应的处理队列
ProcessQueue processQueue = this.processQueueTable.get(mq);
//②锁定处理队列
processQueue.setLocked(true);
//③设置"最后锁定处理队列的时间戳"
processQueue.setLastLockTimestamp(System.currentTimeMillis());
```

完成以上 7 个步骤后，在有效期之内，被锁定的消息队列中的消息，就只能被强绑定的 Consumer 客户端消费。

这样，Producer 客户端将某个类型（如唯一的订单 ID）的消息统一生产到固定的消息队列中，Consumer 客户端在消费这个类型的消息时，到固定的消息队列中消费消息，这样即可实现消费"普通顺序消息"的业务场景。Producer 客户端和 Consumer 客户端一般是采用取模的方式，计算消息队列的路由关系，如订单 ID 取模消息队列的数量。

（3）如何实现"普通顺序消息"。

> 提示：
>
> RocketMQ 只有在 push 模式下（在 RocketMQ 5.0 版本中也可以使用 pop 模式），才能使用"普通顺序消息"，即使用 Consumer 客户端的 DefaultMQPushConsumerImpl 类来消费消息。

从 Broker Server 拉取消息后，Consumer 客户端会初始化一个线程任务 ConsumeRequest 类，并使用线程池来调用线程任务。如何实现"普通顺序消息"呢？

第 1 步，用悲观锁"synchronized"来确保高并发场景下的线程安全，一个消息队列对应一个对象锁。

例如，有 8 个消息队列，使用消息队列锁管理器 MessageQueueLock 类生成 8 个对象锁，分别和消息队列绑定在一起。这样即可控制同一个消息队列并行消费消息时的线程安全性。

第 2 步，判断消费消息的模式：如果是"广播"模式，则不需要校验"处理队列 ProcessQueue"

的锁定状态，直接走消费消息的流程；否则需要校验。

如果当前消费消息的处理队列 ProcessQueue 没有锁定，并且是"集群"模式时，则退出本次消费请求，并延迟 100ms 消费。即"普通顺序消息"只有在"集群"模式下才生效。

第 3 步，如果处理队列 ProcessQueue 已经锁定，则走"普通顺序消息"的流程。

例如，通知消费消息的监听器消费消息，其中，监听器是调用者在初始化 Consumer 客户端时设置的，主要指 MessageListenerOrderly 类。

提示：

RocketMQ 将消息队列、Consumer 客户端和处理队列 ProcessQueue 强制绑定在一起，并完成锁定，在锁的有效期之内才可以实现"普通顺序消息"。

（4）普通顺序消息的应用场景。

普通顺序消息的应用场景有很多。下面列举几种比较常见的应用场景。

- 电商业务中的订单消息，订单 ID 一旦生成就是唯一的。为了确保订单功能的准确性，一般使用订单状态机来维护订单的状态。所以，在使用 RocketMQ 生产和消费消息时，需要使用普通顺序消息来确保同一个订单 ID 的消息是逻辑顺序的。
- 在某个领域模型中，各个子域之间的业务是有先后顺序的。在用这些子域组合成一个完整的业务功能时，如果要使用 RocketMQ 完成异步解耦，则需要使用普通顺序消息，以确保子领域之间消息的逻辑顺序性（通常使用唯一的领域 ID 来标识这些子领域业务功能）。

2. 严格顺序消息

"严格顺序消息"就是一个消息主题中所有消息队列的消息都是有顺序的。目前，RocketMQ 还不支持严格顺序消息，但可以采用单 Master 角色的 Broker Server、单消息队列，以及消费者客户端的单线程模式，来保证严格顺序消息。

提示：

即便这样也不能确保"严格顺序消息"：只要是 RPC 调用，就会存在网络超时等不可用的故障，这些都会导致生产和消费消息的过程中消息的顺序性存在不一致的情况。

实现严格顺序消息，必然会影响消息的吞吐量和性能。所以一般建议，结合应用服务和业务场景来选择是否需要严格顺序消息。

提示：

在严格顺序消费模式下，消费者收到的所有消息均是有顺序的。

124

4.2.4 并发消息

RocketMQ 支持"并发消息",但是,目前只能在 push 模式和 pop 模式中使用"并发消息"消费消息。

1. 并发消息的逻辑架构

并发消息的逻辑架构如图 4-15 所示。并发消息的逻辑架构总结如下。

(1)派发。它主要指在负载均衡器完成负载均衡后,批量地派发拉取消息的请求 PullRequest。

例如,在生产消息时设置了 4 个消息队列(单 Master 节点),会派发 4 个 PullRequest 请求。

(2)绑定。它主要指绑定消息队列和处理队列。

当 Consumer 消费消息时,MessageQueue 必须绑定一个 ProcessQueue,并使用 ProcessQueue 消费消息。如果有 4 个消息队列,则需要完成 2.1~2.4 步骤。

(3)推送。它主要指将批量的 PullRequest 请求推送到缓存队列中。

缓存队列具体指线程 PullMessageService 中的本地缓存,使用 LinkedBlockingQueue 类来实现。如果有 4 个 PullRequest 请求,则需要完成 3.1~3.4 步骤。

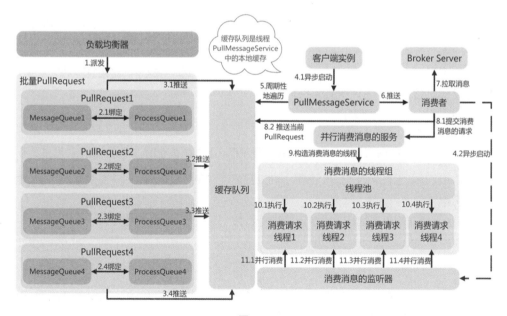

图 4-15

(4)异步启动。

第 1 步,客户端实例异步启动线程 PullMessageService。线程 PullMessageService 是一个

单线程，采用的是单线程扫描队列的设计模式。

第 2 步，消费者异步启动消费消息的监听器。

（5）周期性地遍历，主要指利用线程 PullMessageService 周期性扫描缓存队列，缓存队列中存储的是消费消息的 PullRequest 请求。

（6）推送。将获取的一个 PullRequest 请求推送给消费者。

这里的"消费者"是指 DefaultMQPushConsumerImpl 类，调用其 pullMessage()方法执行消费消息的请求 PullRequest。

（7）拉取消息。消费者从 Broker Server 拉取消息。

（8）提交消费消息的请求和推送当前 PullRequesl 请求。前者指将消息推送给并行消费消息的服务；后者指将当前消费消息的 PullRequest 请求重新推送到缓存队列中，这样可以采用"循环的方式"重复地执行消费消息的请求。

（9）构造消费消息的线程（主要指并行消费消息的服务），即将当前 PullRequest 请求拉取的消息、消息队列和处理队列组装成一个线程 ConsumeRequest。

（10）执行。消费消息的线程池，按照策略调用线程 ConsumeRequest，并处理消费消息的请求。

（11）并行消费。通过多线程并行消费消息，并通过消费消息的监听器，将消息列表推送给消费者，完成消息的消费。

因此"并发消息"中的"并发"指，消费者可以利用"消费消息的监听器和线程池"完成消息的多线程消费，从而提高消费者消费消息的速度。

2. 并发消息的应用场景

使用"并发消息"的前提是采用 push 模式消费消息。下面列举使用"并发消息"的常见业务场景。

- 对实时性要求比较高的"异步业务"，如商品库存消息，可以利用"并发消息"提高消息消费的速度。
- 如果线上机器配置非常高，则使用"并发消息"可以充分利用机器资源。

4.2.5 延迟消息

RocketMQ 只支持设定固定的延迟时间来延迟消费消息，具体的延迟规则可以用 Broker Server 中的配置类 MessageStoreConfig 来设置。默认支持的延迟时间规则如下。

```
private String messageDelayLevel = "1s 5s 10s 30s 1m 2m 3m 4m 5m 6m 7m
8m 9m 10m 20m 30m 1h 2h";
```

为了完成消息的延迟消费，RocketMQ 定义了延迟消息的规则，具体规则如下。

- 解析规则参数 messageDelayLevel。例如，解析出上面的规则参数后，能够获取 18 个延迟时间，使用延迟等级 1～18 来标识它们（如果自定义延迟时间，则可以调整等级的数量）。延迟等级 1 对应延迟时间 "1s"，其他延迟等级依次对应。
- 所有的延迟消息都使用消息主题 "SCHEDULE_TOPIC_XXXX"。
- 将延迟等级映射到消息主题 "SCHEDULE_TOPIC_XXXX" 的消息队列上。例如，消息主题存在 16 个消息队列（消息队列下标为 0～15），将延迟等级 1～16 依次映射到消息队列上。延迟等级和消费队列之间的具体映射规则如下。

```
//①其中, delayLevel=queueId + 1
public static int queueId2DelayLevel(final int queueId) {
    return queueId + 1;
}
//②其中, queueId = delayLevel - 1
public static int delayLevel2QueueId(final int delayLevel) {
    return delayLevel - 1;
}
```

这样，在启动一个 Producer 客户端生产消息时，只需要设定延迟等级和消息主题即可生产一条延迟消息。

1. 延迟消息的逻辑架构

为了更加清晰地认识 "延迟消息" 的逻辑架构，这里将它拆分为 3 部分：Producer 生产 "延迟消息"、Broker Server 处理 "延迟消息" 和 Consumer 消费 "延迟消息"。

（1）图 4-16 所示为 Producer 生产 "延迟消息" 的逻辑架构，具体步骤如下。

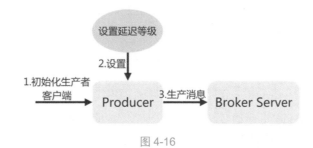

图 4-16

第 1 步 "初始化生产者客户端"，初始化一个 DefaultMQProducerImpl 类。

第 2 步 "设置"，使用消息体 Message 中的 "PROPERTY_DELAY_TIME_LEVEL" 属性字段来设置延迟等级。

第 3 步 "生产消息"，按照 "生产消息" 的流程生产一条消息。Broker Server 处理消息后通过存储引擎将其存储在文件中。

（2）将 Broker Server 处理 "延迟消息" 拆分为两部分：第一部分是存储 "延迟消息"，第二部分是使用定时任务定时扫描 "延迟消息"。

图 4-17 所示为第一部分存储 "延迟消息" 的逻辑架构，具体步骤如下。

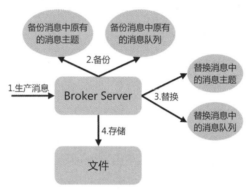

图 4-17

第 1 步 "生产消息"，Consumer 客户端向 Broker Server 发送生产消息的请求。

第 2 步 "备份"，Broker Server 将生产消息的请求转发给存储引擎后，如果是 "延迟消息"，则备份消息中原有的消息主题和消息队列。

第 3 步 "替换"，Broker Server 将生产消息的请求转发给存储引擎后，如果是 "延迟消息"，则替换消息中的消息主题为 "SCHEDULE_TOPIC_XXXX"，以及替换消息中的消息队列。

第 4 步 "存储"，将处理后的消息存储到文件中。

这样，Consumer 客户端暂时不能消费原有消息主题和消息队列中的消息。

图 4-18 所示为第二部分使用定时任务定时扫描 "延迟消息" 的逻辑架构，具体步骤如下。

第 1 步 "启动"，存储引擎启动一个定时消息服务 ScheduleMessageService 类。

第 2 步 "读取延迟规则"，遍历存储延迟规则的本地缓存 delayLevelTable。

第 3 步 "启动定时任务"，启动 DeliverDelayedMessageTimerTask 类，RocketMQ 会为每一个延迟等级单独生成一个定时任务。例如，有 18 个延迟等级（18 个消息队列），就会生成对应的 18 个定时任务。

第 4 步 "查询消息队列"，将延迟等级换算为消息队列。例如，有 18 个延迟等级，就会查询 18 个消息队列，消息主题为 "SCHEDULE_TOPIC_XXXX"。

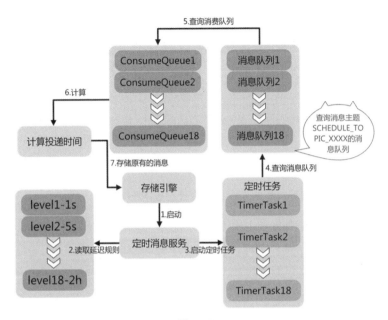

图 4-18

第 5 步 "查询消费队列"，查询消息队列对应的 "消费队列"。例如，有 18 个消息队列，Broker Server 就会生成 18 个 "消费队列"，用来存储消息。

第 6 步 "计算"，指计算 "延迟消息" 的投递时间。如果 "延迟时间" 已经结束，则使用 "原有的消息主题" 和 "消息队列" 替换延迟消息的 "消息主题" 和 "消息队列"，否则重复消息的延迟投递。

第 7 步 "存储原有的消息"，指存储延迟时间已经结束的 "延迟消息"。

这样，Consumer 客户端即可消费原有消息主题和消息队列中的消息。

（3）Consumer 消费 "延迟消息"。

图 4-19 所示为 Consumer 消费 "延迟消息" 的逻辑架构，主要包括以下内容。

- Consumer 采用 pull 模式或 push 模式消费原有消息主题的消息。
- 如果没有消息，则周期性地等待并消费延迟消息。

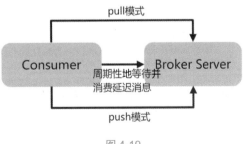

图 4-19

"延迟消息" 对于 Consumer 的侵入性为零。

例如，Producer 生产一个消息主题为 "scheduleMessage" 的延迟消息，而 Consumer 不需要变更任何代码即可消费这个延迟消息。

2. 延迟消息的应用场景

在业务服务中，延迟消息的应用场景还是比较多的。在同步业务利用 RocketMQ 解耦后，如果原有业务逻辑中存在"定时任务"，则需要利用"延迟消息"来实现业务的定时执行。

虽然 RocketMQ 的延迟消息还不能完全满足业务定时任务的业务场景，但是如果利用"分布式配置中心"手动地控制"延迟规则"和消息的"延迟等级"，也可以实现定时地消费消息。

4.2.6 事务消息

在厘清什么是事务消息之前，我们先来看一看什么是消息。

从广义上来看，消息就是数据，发送端发送消息，接收端解析消息并处理消息。从狭义上来看，消息可以分为很多种类型，如图片、文字、语音和视频等都是消息。

RocketMQ 在普通消息定义的基础上，对事务消息扩展了两个相关的概念：半消息（预处理消息）和消息状态回查。

（1）Half（Prepare）Message：半消息（预处理消息）。

半消息是一种特殊的消息类型，该类型的消息暂时不能被 Consumer 消费。当一条事务消息被成功投递到 Broker Server 上，但是 Broker Server 并没有接收到 Producer 发出的二次确认时，该事务消息就处于"暂时不可被消费"状态，该状态的事务消息被称为"半消息"。

（2）Message Status Check：消息状态回查。

网络抖动、Producer 重启等原因可能会导致 Producer 向 Broker Server 发送的二次确认消息没有成功送达。如果 Broker Server 检测到某条事务消息长时间处于半消息状态，则主动向 Producer 端发起回查操作，查询该事务消息在 Producer 端的事务状态（Commit 或 Rollback）。可以看出，Message Status Check 主要用来解决分布式事务中的超时问题。

1. 事务消息的逻辑架构

事务消息的逻辑架构如图 4-20 所示，RocketMQ 使用两阶段提交来实现事务消息。为了确保分布式事务状态的一致性（调用超时引起的事务状态的不确定性），Broker Server 使用回查本地事务的方式查询 Producer 中本地事务的状态。

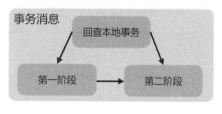

图 4-20

（1）"第一阶段"的目的是生产"预处理消息"。

图 4-21 所示为"第一阶段"的逻辑架构，具体步骤如下。

第 1 步"注册"，指调用者在初始化一个生产者客户端时，需要自定义一个本地事务监听器，并将其注册到生产者客户端中。

第 2 步"生产事务消息"，指用生产者客户端生产事务消息，并设置标识预处理事务消息的系统标签，如设置 MessageSysFlag.TRANSACTION_PREPARED_TYPE 为 true。

第 3 步"处理事务消息"，指利用 Broker Server 处理 Producer 生产的"事务消息"。

在启动 Broker Server 时，通过 SPI 机制加载事务消息处理服务 TransactionalMessageService，如果业务服务中没有自定义事务消息服务，则注册默认的事务消息处理服务 TransactionalMessage ServiceImpl 类。

"处理事务消息"的具体过程如下。

- 如果事务消息的系统标签为 true，则处理预处理消息，否则处理原有的消息。
- 组装预处理事务消息包括 3 个步骤：①备份原有消息的消息主题和消息队列；②使用"预处理消息"的消息主题"RMQ_SYS_TRANS_HALF_TOPIC"替换原有消息中的消息主题；③设置原有消息的消息队列 ID 为 0。

第 4 步"存储预处理消息"，指调用存储引擎存储"预处理消息"，这样在存储引擎的文件中就多了一条"预处理消息"。

第 5 步"返回第一阶段事务消息的结果"，Producer 会获取第一阶段生产"预处理消息"的结果。

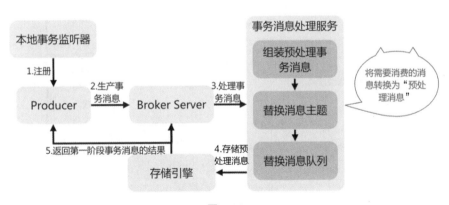

图 4-21

（2）"第二阶段"的目的是根据本地事务执行的结果结束分布式事务消息。

图 4-22 所示为"第二阶段"的逻辑架构，具体步骤如下。

第 1 步"设置本地事务状态"，指在业务服务执行完本地事务后，用本地事务监听器异步设置执行本地事务的结果。如果执行本地事务成功，则返回 LocalTransactionState.COMMIT_MESSAGE；如果执行本地事务失败需要回滚，则返回 LocalTransactionState. ROLLBACK_MESSAGE。

第 2 步"调用"，指 Producer 调用本地事务监听器。

第 3 步"获取本地事务状态"，指 Producer 获取本地事务的结果。

第 4 步"结束事务消息"，指 Producer 向 Broker Server 发起"结束事务消息"的 RPC 请求，其中，RPC 命令事件为"RequestCode.END_TRANSACTION"。

第 5 步主要包括两部分：第一部分为"如果本地事务提交成功，则提交事务消息"；第二部分为"如果本地事务提交失败，则回滚事务消息"。

- 如果是"提交事务消息"，则会使用"预处理消息"组装"实际需要生产的事务消息"，其中，需要组装的信息包括替换消息队列 ID、消息主题名称及复制消息休等。当组装完成之后，Broker Server 调用存储引擎，并利用存储引擎将重新组装的事务消息存储到文件中。当新的事务消息的状态变更为"提交成功"后，Broker Server 调用存储引擎删除"预处理消息"。

- 如果是"回滚事务消息"，则 Broker Server 调用存储引擎直接删除"预处理消息"。

在完成事务消息的"第二阶段"后，Consumer 即可消费这条事务消息。

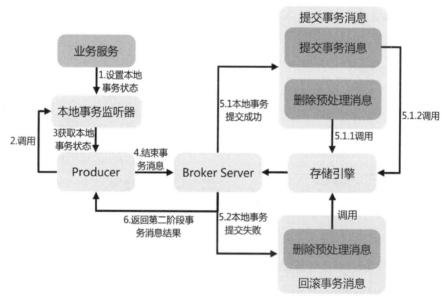

图 4-22

（3）"回查本地事务状态"是为了确保事务状态的一致性，从而确保数据更新的确定性。

图 4-23 所示为"回查本地事务状态"的逻辑架构,具体步骤如下。

第 1 步"启动",指 Broker Server 启动一个校验事务消息的线程 TransactionalMessage CheckService 类。

第 2 步"周期性地调用",指校验事务消息的线程会周期性校验事务消息的本地事务的状态,周期为 60s,可以通过参数 BrokerConfig.transactionCheckIntervall 来设定。每次校验事务消息的超时时间为 6s,可以通过参数 BrokerConfig.transactionTimeOut 来设定。在一个周期中,可以重复校验的阈值次数为 15 次,可以通过参数 BrokerConfig.transactionCheckMax 来设定。

第 3 步"处理事务的半消息",指事务消息处理服务查询消息主题为"RMQ_SYS_TRANS_HALF_TOPIC"的消息队列信息,并循环遍历消息队列列表(事务消息主题中的消息主题数默认为 1 个),处理消息队列中的"事务的半消息",具体过程如下。

- 从存储引擎中查询需要校验本地事务的"事务的半消息"。
- 如果满足下面两个条件之一,则调用校验事务消息的监听器停止对"事务的半消息"中本地事务状态的轮询检验,直接提交事务消息。条件一,校验本地事务状态的重复次数达到阈值;条件二,"事务的半消息"的存活时间已经超过 Broker Server 设定的消息有效期,默认为 3 天。
- 如果需要校验本地事务的状态,则调用校验事务消息的监听器回查本地事务的状态。

第 4 步"使用一个线程回查本地事务的状态",指校验事务消息的监听器(AbstractTransactional MessageCheckListener 类)使用线程池启动一个线程异步调用 Producer,回查并校验本地事务的状态,具体过程如下。

- 构造一个回查本地事务状态的 RPC 请求头 CheckTransactionStateRequestHeader 类,并设置消息 ID、事务 ID、原有的消息主题名称等信息。
- 从 Broker Server 中的存储生产者通信渠道的本地缓存中获取一个最近活跃的 Producer 通信渠道(该通信渠道中的生产者组 ID 和事务消息中的生产者组 ID 是一致的。其中,筛选最近活跃的通信渠道的规则可以参考 ProducerManager 类的 getAvailableChannel()方法),这样 Broker Server 即可利用这个通信渠道找到生产事务的半消息的 Producer 客户端。
- 构造回查本地事务状态的 RPC 命令请求事件,并由 Broker Server 向 Producer 客户端发起 RPC 请求,其中命令事件为"RequestCode.CHECK_TRANSACTION_STATE"。

第 5 步"重新发起事务的第二阶段请求",指 Producer 客户端调用本地事务监听器确认本地事务状态,之后重新发起一次事务的第二阶段请求,并结束对应的分布式事务消息,具体过程如下。

- Producer 客户端通过命令事件处理器 ClientRemotingProcessor 类收到请求,之后从客户端实例中存储生产者的本地缓存中,获取指定生产者的 Producer 客户端。这样做是为了进一步校验生产事务消息的 Producer 客户端的正确性。

- 使用 Producer 客户端获取本地事务监听器中的本地事务状态，并重新发起事务的第二阶段请求，调用 Broker Server 结束当前分布式事务消息。

"回查本地事务的状态"需要找到生产该消息的 Producer 客户端（使用生产者组名称来区分）。因此，为了提高回查本地事务消息状态的效率，一般要求多个 Producer 客户端使用相同的生产者组。

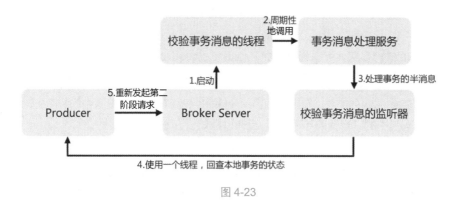

图 4-23

2. 事务消息的应用场景

在业务服务中，事务消息的应用场景非常多，最常见的就是微服务架构中的分布式事务的场景。在完成业务服务拆分后，开发人员需要考虑跨服务之间调用引起的数据库中数据一致性问题。

RocketMQ 的事务消息是采用两阶段提交和回查本地事务状态（又被称为"第二阶段"提交的补偿）实现的。

（1）"第一阶段"采用"同步"模式，确保"生产事务预处理消息"的可靠性。

（2）"第二阶段"采用"最多发送一次"模式，确保结束分布式事务的吞吐量和高性能。如果需要回查本地事务的状态，则重新发起"第二阶段"。为了确保结束分布式事务的吞吐量和高性能，RocketMQ 是使用线程来异步处理的。

总体来说，RocketMQ 事务消息的性能还是挺高的。

4.3 生产消息

💡 提示：

本节源码分析在本书配套资源的"chapterfour/4.3/source-code-review"目录下。

4.1 节已经分析了"同步"模式、"异步"模式及"最多发送一次"模式生产消息的架构及应用场景。本节来分析它们的原理。

4.3.1　生产者 SDK 的 3 种使用方式

为了满足更多的业务应用场景，RocketMQ 提供了生产者 SDK 的 3 种使用方式，这样开发人员可以使用统一的 SDK 生产"同步"模式、"异步"模式及"最多发送一次"模式的消息。

1. 内核方式

如果使用"内核方式"生产消息，则需要在生产消息之前执行以下逻辑。

（1）校验消息体，主要是校验消息主题、校验消息内容的合法性和长度等。

（2）提前校验消息队列信息。因此，在生产消息之前需要对比消息队列中的消息主题名称和消息体中的消息主题名称是否相同，如果不同，则直接返回。

（3）验证生产者是否已经启动成功。由于"内核方式"一般是在多线程环境中使用的，因此需要判断生产者的状态。

（4）计算耗时时间。如果耗时时间大于超时时间，则直接返回。

"内核方式"去掉了一些比较复杂的逻辑校验，直接调用通信渠道客户端生产消息。因此，如果开发人员需要使用多线程来生产消息，则建议使用"内核方式"，这样可以规避一些线程不安全的隐患。

2. 默认方式

如果使用"默认方式"生产消息，则需要在生产消息之前和生产消息完成后执行以下逻辑。

（1）生产消息之前的预校验，具体校验过程如下。

- 校验消息体，主要是校验消息主题、校验消息内容的合法性和长度等。
- 生成当前生产消息的唯一 ID。
- 开启当前生产消息的耗时计算。
- 获取消息体中消息主题的消息路由信息。先从本地缓存中获取消息路由信息，如果本地缓存中没有，则从 Name Server 中远程获取消息路由信息；如果还是获取不到，则校验生产者中配置的 Name Server 的 IP 地址信息，如果没有配置，则抛出错误告警信息。

> 📢 提示：
>
> 当使用"默认方式"生产消息时，在从消息路由信息中获取指定消息主题的消息队列列表后，采用轮询的方式从消息列表中获取消息队列。例如，有 8 个消息队列，则按照顺序从 0 到 8 开始遍历。
>
> 如果开启了延迟故障机制，则会增加延迟故障的规则，并且需要判断轮询出来的消息队列所在的 Broker Server 节点是否可用。

- 设置当前生产消息请求的次数。如果是"同步"模式，则设置请求的次数为

"1+${retryTimesWhenSendFailed}"，其中，retryTimesWhenSendFailed 字段代表重试的次数，默认值为 2。开发人员可以在生产者中自定义该字段的取值。如果是"异步"模式和"最多发送一次"模式，则设置请求的次数为 1 次。

> **提示：**
>
> 在默认方式下，"同步"模式发起 1 次生产消息的请求，如果不成功，则生产者至少重试 3 次。而"异步"模式和"最多发送一次"模式则最多调用 1 次。开发人员可以根据实际的业务场景灵活配置。

（2）在生产消息完成后，进行后置处理的具体过程如下。

- 处理生产消息的结果。

在生产消息完成后，更新生产者的延迟故障隔离策略（不隔离）。如果是"异步"模式和"最多发送一次"模式，则直接返回一个空指针对象；如果是"同步"模式，则校验响应结果的状态码。如果是非发送成功的状态，则开启重试。

- 处理错误异常。

① 如果是 RPC 异常（主要指 RemotingException 类型的异常），则更新生产者的延迟故障隔离策略（隔离），并开启重试。

② 如果是生产者客户端异常（主要指 MQClientException 类型的异常），则更新生产者的延迟故障隔离策略（隔离），并开启重试。

③ 如果是 Broker Server 服务端异常（主要指 MQBrokerExceptipn 类型的异常），则更新生产者的延迟故障隔离策略（隔离），并校验服务端异常的错误码；如果错误码与生产者定义的重试错误码匹配，则开启重试。

> **提示：**
>
> 生产者定义了默认的 6 种重试错误码。
>
> - ResponseCode.TOPIC_NOT_EXIST（消息主题不存在）。
> - ResponseCode.SERVICE_NOT_AVAILABLE（Broker Server 不可用）。
> - ResponseCode.SYSTEM_ERROR（系统异常）。
> - ResponseCode.NO_PERMISSION（没有权限）。
> - ResponseCode.NO_BUYER_ID（消息没有 Broker Server 响应）。
> - ResponseCode.NOT_IN_CURRENT_UNIT（生产者和 Broker Server 不在同一个集群单元中）。

④ 如果是并发异常（主要指 InterruptedException 类型的异常），则更新生产者的延迟故障隔离策略（不隔离）。

使用"默认方式"生产消息是 RocketMQ 官方推荐生产者 SDK 的使用方式。它除了添加一些生产消息之前和生产消息完成后的校验逻辑（确保生产消息的高可用），还会使用"内核方式"完成消息的生产。

3. 选择器方式

"选择器方式"是一种比较特殊的生产者 SDK 的使用方式，需要调用者自定义一个消息队列选择器。如果使用"选择器方式"生产消息，则需要在生产消息之前执行以下逻辑。

（1）校验消息体，主要是校验消息主题、校验消息内容的合法性和长度等。

（2）获取消息体中的消息主题的消息路由信息。

（3）使用调用者自定义的消息队列选择器，从消息路由信息中的消息队列列表中，选出符合条件的消息队列。

（4）计算耗时时间。如果耗时时间大于超时时间，则直接返回。

（5）使用消息队列选择器选出消息队列，从而使生产者向该队列中生产消息。

"选择器方式"是一种非常灵活的生产者 SDK 的使用方式。调用者可以根据实际情况定义合适的选择器，并向指定的消息队列中生产消息。"选择器方式"最终也是调用"内核方式"的生产者 SDK 来生产消息。

> 📌 提示：
>
> 当使用"选择器方式"生产消息时，调用者可以自定义消息队列的负载均衡策略，选择合适的消息队列生产消息，如按照订单 ID 取模消息队列的数量等。

4.3.2 采用"同步"模式生产消息

1. 生产消息

（1）采用"内核方式"的"同步"模式生产消息，代码如下。

```
//①采用"内核方式"的"同步"模式
static void testSyncKernelProducerMessage()
    throws MQClientException,
        UnsupportedEncodingException, RemotingException,
            MQBrokerException, InterruptedException {
//②定义一个生产者对象 mqProducer
DefaultMQProducer mqProducer = new DefaultMQProducer(
    "testSyncDefaultProducerGroup");
```

```
//③设置 Name Server 的 IP 地址
mqProducer.setNamesrvAddr("127.0.0.1:9876");
//④启动生产者
mqProducer.start();
//⑤定义消息主题名称
String topic="testSyncKernelProducerMessage";
//⑥构造消息体
Message msg = new Message(topic,("This is sync kernel pattern test message"
    + RandomUtils.nextLong(1, 20000000)).getBytes(
        RemotingHelper.DEFAULT_CHARSET));
String brokerName="broker-a";
Integer queueId=1;
//⑦构造一个消息队列，设置消息队列 ID 为 1
MessageQueue messageQueue = new MessageQueue(topic, brokerName,queueId);
//⑧生产消息
mqProducer.send(msg,messageQueue);
}
```

（2）采用"默认方式"的"同步"模式生产消息，代码如下。

```
//①采用"默认方式"的"同步"模式
static void testSyncDefaultProducerMessage() throws MQClientException,
        UnsupportedEncodingException, RemotingException,
            MQBrokerException, InterruptedException {
//②定义一个生产者对象 mqProducer
DefaultMQProducer mqProducer = new DefaultMQProducer
    ("testSyncDefaultProducerGroup");
//③设置 Name Server 的 IP 地址
mqProducer.setNamesrvAddr("127.0.0.1:9876");
//④启动生产者
mqProducer.start();
//⑤定义消息主题名称
String topic="testSyncDefaultProducerMessage";
//⑥构造消息体
Message msg = new Message(topic,("This is sync default pattern test
    message" + RandomUtils.nextLong(1, 20000000)).
        getBytes(RemotingHelper.DEFAULT_CHARSET));
//⑦生产消息
mqProducer.send(msg);
}
```

（3）采用"选择器方式"的"同步"模式生产消息，代码如下。

```
//①采用"选择器方式"的"同步"模式
static void testSyncSelectProducerMessage() throws MQClientException,
        UnsupportedEncodingException, RemotingException,
MQBrokerException, InterruptedException {
//②定义一个生产者对象mqProducer
DefaultMQProducer mqProducer = new
    DefaultMQProducer("testSyncSelectProducerGroup");
//③设置 Name Server 的 IP 地址
mqProducer.setNamesrvAddr("127.0.0.1:9876");
//④定义消息主题名称
String topic = "testSyncSelectProducerMessage";
//⑤启动生产者
mqProducer.start();
for (int i = 0; i < 100; i++) {
    //⑥RocketMQ 消息队列默认队列数为 8 个，用于模拟业务 ID 的取模运算，并选择消息
    队列
    int businessId = i % 8;
    //⑦构造消息体
    Message msg =new Message(topic,("This is sync select pattern test
        message " +i).getBytes(RemotingHelper.DEFAULT_CHARSET));
    //⑧生产消息
    SendResult sendResult = mqProducer.send(msg, new
        MessageQueueSelector() {
        @Override
        public MessageQueue select(List<MessageQueue> mqs, Message msg,
            Object arg) {
            Integer id = (Integer) arg;
            //⑨使用选择器 MessageQueueSelector，从下标[0,7]中选择一个值，并
                获取指定下标的消息队列
            int index = id % mqs.size();
            return mqs.get(index);
        }
    }, businessId);
    System.out.printf("%s%n", sendResult);
}
}
```

2. 分析采用"同步"模式生产消息的过程

在 RocketMQ 中，"同步"模式使用枚举类型 CommunicationMode.SYNC 来标识。采用"同步"模式生产消息的具体过程如下。

（1）调用 MQClientAPIImpl 类的 sendMessage()方法处理 CommunicationMode.SYNC 类型的消息，代码如下。

```
switch (communicationMode) {
    case SYNC:
        //①计算耗时时间。如果耗时时间大于超时时间，则直接抛出"生产消息请求太多"的异常
        long costTimeSync = System.currentTimeMillis() - beginStartTime;
        if (timeoutMillis < costTimeSync) {
            throw new RemotingTooMuchRequestException("sendMessage call
                timeout");
        }
        //②调用 MQClientAPIImpl 类的 sendMessageSync()方法同步生产消息
        return this.sendMessageSync(addr, brokerName, msg, timeoutMillis -
            costTimeSync, request);
}
```

（2）调用 MQClientAPIImpl 类的 sendMessageSync()方法同步生产消息，代码如下。

```
private SendResult sendMessageSync(
    final String addr,final String brokerName,
    final Message msg,final long timeoutMillis,final RemotingCommand request
    ) throws RemotingException, MQBrokerException, InterruptedException {
    //①调用通信渠道客户端 NettyRemotingClient 类的 invokeSync()方法发起同步调用
RemotingCommand response = this.remotingClient.invokeSync(addr,request,
    timeoutMillis);
    assert response != null;
    //②同步处理生产消息的结果
    return this.processSendResponse(brokerName, msg, response,addr);
}
```

（3）调用 NettyRemotingClient 类的 invokeSync ()方法发起"同步"模式生产消息的 RPC 请求，具体步骤如下。

第 1 步，创建 Netty 通信渠道。如果已经存在，则复用该通信渠道。

第 2 步，判断 Netty 通信渠道是否可用。如果可用，则继续执行同步生产消息的流程。

第 3 步，在同步生产消息之前执行 RPChook()函数。

第 4 步，如果耗时时间大于超时时间，则抛出"同步调用失败"的异常。

第 5 步，调用 NettyRemotingAbstract 类的 invokeSyncImpl() 方法同步发送生产消息的 RPC 请求。

第 6 步，在同步生产消息完成后，执行 RPChook() 函数。

第 7 步，处理通信渠道发送消息请求的异常。

第 8 步，处理通信渠道响应超时的异常。

第 9 步，如果通信渠道不可用，则关闭通信渠道，再抛出"通信渠道连接失败"的异常。

具体代码分析可以参考本书配套资源中源码分析中的"NettyRemotingClient(invokeSync).md"文件。

（4）调用 NettyRemotingAbstract 类的 invokeSyncImpl() 方法向 Broker Server 服务端发起 RPC 请求，具体步骤如下。

第 1 步，获取生产消息请求的唯一自增 ID。

第 2 步，初始化一个异步 Future 响应结果对象 ResponseFuture，并绑定通信渠道和生产消息请求的唯一自增 ID。

第 3 步，将异步 Future 响应结果对象存储在本地缓存 responseTable 中。

第 4 步，使用通信渠道客户端调用通信渠道服务端，将生产消息的请求同步推送给 Broker Server 服务端。

第 5 步，利用 Netty 的通信渠道监听器 ChannelFuture 同步等待 Broker Server 服务端响应的生产消息的结果。如果成功，则设置异步 Future 响应结果对象的 sendRequestOK 为 true，否则设置为 false。

第 6 步，从本地缓存中删除当前生产消息的异步 Future 响应结果对象。

第 7 步，同步等待响应结果。

第 8 步，如果没有获取响应的结果，则处理异常。

第 9 步，在处理异常时，如果发送成功，则响应通信渠道响应超时的异常，否则响应通信渠道发送消息请求的异常。

第 10 步，同步返回响应的结果。

具体代码分析可以参考本书配套资源中源码分析中的"NettyRemotingAbstract(invokeSyncImpl).md"文件。

4.3.3 采用"异步"模式生产消息

在 RocketMQ 中，"异步"模式使用枚举类型 CommunicationMode.ASYNC 来标识。采用"异步"模式生产消息的具体过程如下。

1. 生产消息

（1）采用"内核方式"的"异步"模式生产消息，代码如下。

```
//①采用"内核方式"的"异步"模式
static void testAsyncKernelProducerMessage() throws MQClientException,
    UnsupportedEncodingException, RemotingException, MQBrokerException,
        InterruptedException {
    final AtomicInteger autoIncrement = new AtomicInteger(0);
    final CountDownLatch countDownLatch = new CountDownLatch(100);
    //②自定义一个处理生产结果的回调函数
    SendCallback sendCallback = new SendCallback() {
        @Override
        public void onSuccess(SendResult sendResult) {
            if(sendResult.getSendStatus().equals(SendStatus.SEND_OK)){
                System.out.println("send async kernel pattern message
                    success"+",the message id is "+sendResult.getMsgId());
                countDownLatch.countDown();
            }
        }
        @Override
        public void onException(Throwable e) {
            System.out.println(e.getMessage());
            autoIncrement.incrementAndGet();
            countDownLatch.countDown();
        }
    };
    //③定义一个生产者对象mqProducer
    DefaultMQProducer mqProducer = new
        DefaultMQProducer("testAsyncKernelProducerGroup");
    //④设置 Name Server 的 IP 地址
    mqProducer.setNamesrvAddr("127.0.0.1:9876");
    //⑤启动生产者
    mqProducer.start();
```

```
//⑥定义消息主题名称
String topic="testAsyncKernelProducerMessage";
//⑦构造消息体
Message msg = new Message(topic,
        ("This is async kernel pattern test message" +
            RandomUtils.nextLong(1, 20000000)).
                getBytes(RemotingHelper.DEFAULT_CHARSET));
String brokerName="broker-a";
Integer queueId=1;
//⑧构造一个消息队列, 设置消息队列 ID 为 1
MessageQueue messageQueue = new MessageQueue(topic, brokerName,
    queueId);
//⑨生产消息
mqProducer.send(msg,messageQueue,sendCallback);
}
```

（2）采用"默认方式"的"异步"模式生产消息，代码如下。

```
//①采用"默认方式"的"异步"模式
static void testAsyncDefaultProducerMessage() throws MQClientException,
    UnsupportedEncodingException, RemotingException, MQBrokerException,
        InterruptedException {
    final AtomicInteger autoIncrement = new AtomicInteger(0);
    final CountDownLatch countDownLatch = new CountDownLatch(100);
    //②定义调用者的回调函数 SendCallback()来处理生产消息的结果
    SendCallback sendCallback = new SendCallback() {
        //③处理生产消息成功的结果
        @Override
        public void onSuccess(SendResult sendResult) {
            if(sendResult.getSendStatus().equals(SendStatus.SEND_OK)){
                System.out.println("send async default pattern message
                    success"+",the message id is "+sendResult.getMsgId());
                countDownLatch.countDown();
            }
        }
        //④处理生产消息失败的结果
        @Override
        public void onException(Throwable e) {
            System.out.println(e.getMessage());
```

```
            autoIncrement.incrementAndGet();
            countDownLatch.countDown();
        }
    };
    //⑤定义一个生产者对象mqProducer
    DefaultMQProducer mqProducer = new
        DefaultMQProducer("testAsyncDefaultProducerGroup");
    //⑥设置Name Server的IP地址
    mqProducer.setNamesrvAddr("127.0.0.1:9876");
    //⑦启动生产者
    mqProducer.start();
    //⑧定义消息主题名称
    String topic="testAsyncDefaultProducerMessage";
    //⑨构造消息体
    Message msg = new Message(topic,
            ("This is async default pattern test message" +
                RandomUtils.nextLong(1, 20000000)).
                    getBytes(RemotingHelper.DEFAULT_CHARSET));
    //⑩生产消息
    mqProducer.send(msg,sendCallback,3000);
}
```

（3）采用"选择器方式"的"异步"模式生产消息，代码如下。

```
//①采用"选择器方式"的"异步"模式
static void testAsyncSelectProducerMessage() throws MQClientException,
UnsupportedEncodingException, RemotingException, MQBrokerException,
    InterruptedException {
    //②定义一个生产者对象mqProducer
    DefaultMQProducer mqProducer = new DefaultMQProducer(
        "testAsyncSelectProducerGroup");
    //③设置Name Server的IP地址
    mqProducer.setNamesrvAddr("127.0.0.1:9876");
    //④定义消息主题名称
    String topic = "testAsyncSelectProducerMessage";
    final AtomicInteger autoIncrement = new AtomicInteger(0);
    final CountDownLatch countDownLatch = new CountDownLatch(100);
    //⑤自定义一个处理生产结果的回调函数SendCallback()
    SendCallback sendCallback = new SendCallback() {
        @Override
```

```java
public void onSuccess(SendResult sendResult) {
    if(sendResult.getSendStatus().equals(SendStatus.SEND_OK)){
        System.out.println("send async select pattern message
            success"+",the message id is "+sendResult.getMsgId());
        countDownLatch.countDown();
    }
}
@Override
public void onException(Throwable e) {
    System.out.println(e.getMessage());
    autoIncrement.incrementAndGet();
    countDownLatch.countDown();
}
};
//⑥启动生产者
mqProducer.start();
for (int i = 0; i < 100; i++) {
    //⑦RocketMQ 消息队列默认队列数为 8 个，用于模拟业务 ID 的取模运算，并选择消息
        队列
    int businessId = i % 8;
    //⑧构造消息体
    Message msg =
        new Message(topic,("This is async select pattern test message "
            + i).getBytes(RemotingHelper.DEFAULT_CHARSET));
    //⑨生产消息
    mqProducer.send(msg, new MessageQueueSelector() {
        @Override
        public MessageQueue select(List<MessageQueue> mqs, Message msg,
            Object arg) {
            Integer id = (Integer) arg;
            //⑩使用选择器 MessageQueueSelector，从下标[0,7]中选择一个值，并
                获取指定下标的消息队列
            int index = id % mqs.size();
            return mqs.get(index);
        }
    }, businessId,sendCallback,3000);
}
}
```

2. 分析采用"异步"模式生产消息的过程

（1）调用 MQClientAPIImpl 类的 sendMessage()方法处理 CommunicationMode.ASYNC 类型的消息，代码如下。

```
case ASYNC:
    final AtomicInteger times = new AtomicInteger();
    //①计算耗时时间。如果耗时时间大于超时时间，则直接抛出"生产消息请求太多"的异常
    long costTimeAsync = System.currentTimeMillis() - beginStartTime;
    if (timeoutMillis < costTimeAsync) {
        throw new RemotingTooMuchRequestException("sendMessage call
            timeout");
    }
    //②调用 MQClientAPIImpl 类的 sendMessageAsync()方法异步生产消息
    this.sendMessageAsync(addr, brokerName, msg, timeoutMillis -
        costTimeAsync, request, sendCallback, topicPublishInfo, instance,
        retryTimesWhenSendFailed, times, context, producer);
    //③采用"异步"模式将空对象作为生产消息的结果返给调用者
    return null;
```

（2）调用 MQClientAPIImpl 类的 sendMessageAsync()方法异步生产消息，具体步骤如下。

第 1 步，调用 NettyRemotingClient 类的 invokeAsync()方法异步生产消息。

第 2 步，定义一个通知生产消息结果的异步回调函数。

第 3 步，从异步结果对象 ResponseFuture 中获取异步生产消息的结果。

第 4 步，如果调用者没有自定义生产消息的回调类对象 sendCallback，则只调用 processSendResponse()方法处理生产消息的结果，不用回调通知结果。

第 5 步，更新 Broker Server 的延迟故障的策略，不触发 Broker Server 的隔离时间。

第 6 步，如果调用者没有自定义生产消息的回调类对象 sendCallback，则既要调用 processSendResponse()方法处理生产消息的结果，又要调用回调类对象通知结果。

第 7 步，处理 Exception 异常，并更新 Broker Server 的延迟故障的策略，触发 Broker Server 的隔离时间。

第 8 步，处理生产消息不成功、超时和通信渠道客户端未知异常，并更新 Broker Server 的延迟故障的策略，触发 Broker Server 的隔离时间。如果需要重试，则重新发起一次异步生产消息。

第 9 步，处理生产消息不成功的异常。

第 10 步，处理生产消息通信渠道响应超时的异常。

第 11 步，处理未知的异常。

具体代码分析可以参考本书配套资源中源码分析中的"MQClientAPIImpl(sendMessageAsync).md"文件。

（3）调用通信渠道客户端 NettyRemotingClient 类的 invokeAsync()方法异步生产消息，代码如下。

```
@Override
public void invokeAsync(String addr, RemotingCommand request, long
    timeoutMillis, InvokeCallback invokeCallback)
    throws InterruptedException, RemotingConnectException,
     RemotingTooMuchRequestException, RemotingTimeoutException,
    RemotingSendRequestException {
    long beginStartTime = System.currentTimeMillis();
    //①创建 Netty 通信渠道。如果已经存在，则复用该通信渠道
    final Channel channel = this.getAndCreateChannel(addr);
    //②判断 Netty 通信渠道是否可用。如果可用，则继续执行异步生产消息的流程
    if (channel != null && channel.isActive()) {
        try {
            //③在异步生产消息之前，执行 RPChook()函数
            doBeforeRpcHooks(addr, request);
            //④计算耗时时间。如果耗时时间大于超时时间，则直接抛出"生产消息请求太多"的异常
            long costTime = System.currentTimeMillis() - beginStartTime;
            if (timeoutMillis < costTime) {
                throw new RemotingTooMuchRequestException("invokeAsync call
                    timeout");
            }
            //⑤调用 NettyRemotingAbstract 类的 invokeAsyncImpl()方法异步生产消息
              this.invokeAsyncImpl(channel,request,timeoutMillis-
                    costTime,invokeCallback);
        } catch (RemotingSendRequestException e) {
            log.warn("invokeAsync: send request exception, so close the
                channel[{}]", addr);
            this.closeChannel(addr, channel);
                throw e;
        }
    } else {
```

```
        //⑥如果 Netty 通信渠道不可用，则关闭该通信渠道，并响应该通信渠道远程连接的异常
        this.closeChannel(addr, channel);
        throw new RemotingConnectException(addr);
    }
}
```

（4）调用 NettyRemotingAbstract 类的 invokeAsyncImpl()方法向 Broker Server 发起 RPC 请求，具体步骤如下。

第 1 步，获取生产消息请求的唯一自增 ID。

第 2 步，从异步信号量池中获取信号量，默认信号量池的容量为 65535 个，即异步一个生产者客户端的同时只能生产 65535 条消息。调用者可以自定义信号量池的大小。

第 3 步，如果能够获取信号量，则异步生产消息。

第 4 步，定义一个容量为 1 的信号量池，以保证生产消息过程中的线程安全。

第 5 步，计算耗时时间。如果耗时时间大于超时时间，则释放信号量，直接抛出"超时"的异常。

第 6 步，初始化一个异步 Future 响应结果对象 ResponseFuture，并绑定通信渠道和生产消息请求的唯一自增 ID。

第 7 步，将异步 Future 响应结果对象存储在本地缓存 responseTable 中。

第 8 步，处理 Broker Server 返回的响应生产消息请求的结果。

第 9 步，如果 Broker Server 收到生产消息请求，则设置 sendRequestOK 为 true，并返回空对象。

第 10 步，如果 Broker Server 没有收到生产消息请求，则执行回调函数通知调用者。

第 11 步，如果不能获取信号量，则进行异常处理。

具体代码分析可以参考本书配套资源中源码分析中的"NettyRemotingAbstract(invokeAsyncImpl).md"文件。

4.3.4　采用"最多发送一次"模式生产消息

1. 生产消息

（1）采用"内核方式"的"最多发送一次"模式生产消息，代码如下。

```
//①采用"内核方式"的"最多发送一次"模式
static void testOnewayKernelProducerMessage() throws MQClientException,
    UnsupportedEncodingException, RemotingException, MQBrokerException,
```

```
    InterruptedException {
//②定义一个生产者对象mqProducer
DefaultMQProducer mqProducer = new
    DefaultMQProducer("testOnewayKernelProducerGroup");
//③设置Name Server的IP地址
mqProducer.setNamesrvAddr("127.0.0.1:9876");
//④启动生产者
mqProducer.start();
//⑤定义消息主题名称
String topic="testOnewayKernelProducerMessage";
//⑥构造消息体
Message msg = new Message(topic,("This is oneway kernel pattern test
    message" + RandomUtils.nextLong(1, 20000000)).getBytes(
        RemotingHelper.DEFAULT_CHARSET));
String brokerName="broker-a";
Integer queueId=1;
//⑦构造一个消息队列,设置消息队列ID为1
MessageQueue messageQueue = new MessageQueue(topic, brokerName,
    queueId);
//⑧生产消息
mqProducer.sendOneway(msg,messageQueue);
}
```

（2）采用"默认方式"的"最多发送一次"模式生产消息，代码如下。

```
//①采用"默认方式"的"最多发送一次"模式
static void testOnewayDefaultProducerMessage() throws MQClientException,
    UnsupportedEncodingException, RemotingException, MQBrokerException,
        InterruptedException {
//②定义一个生产者对象mqProducer
DefaultMQProducer mqProducer = new
    DefaultMQProducer("testOnewayDefaultProducerGroup");
//③设置Name Server的IP地址
mqProducer.setNamesrvAddr("127.0.0.1:9876");
//④启动生产者
mqProducer.start();
//⑤定义消息主题名称
String topic="testOnewayDefaultProducerMessage";
//⑥构造消息体
```

```
    Message msg = new Message(topic,("This is oneway default pattern
        test message" + RandomUtils.nextLong(1, 20000000)).getBytes(
            RemotingHelper.DEFAULT_CHARSET));
    //⑦生产消息
    mqProducer.sendOneway(msg);
}
```

（3）采用"选择器方式"的"最多发送一次"模式生产消息，代码如下。

```
//①采用"选择器方式"的"最多发送一次"模式
static void testOnewaySelectProducerMessage() throws MQClientException,
    UnsupportedEncodingException, RemotingException, MQBrokerException,
        InterruptedException {
    //②定义一个生产者对象 mqProducer
    DefaultMQProducer mqProducer = new
        DefaultMQProducer("testOnewaySelectProducerGroup");
    //③设置 Name Server 的 IP 地址
    mqProducer.setNamesrvAddr("127.0.0.1:9876");
    //④定义消息主题名称
    String topic = "testOnewaySelectProducerMessage";
    //⑤启动生产者
    mqProducer.start();
    for (int i = 0; i < 100; i++) {
        //⑥RocketMQ 消息队列默认队列数为 8 个，用于模拟业务 ID 的取模运算，并选择消息
            队列
        int businessId = i % 8;
        //⑦构造消息体
        Message msg =new Message(topic,("This is oneway select pattern
            test message " + i).getBytes(RemotingHelper.DEFAULT_CHARSET));
        //⑧生产消息
        mqProducer.sendOneway(msg, new MessageQueueSelector() {
            @Override
            public MessageQueue select(List<MessageQueue> mqs, Message msg,
                Object arg) {
                Integer id = (Integer) arg;
                //⑨使用选择器 MessageQueueSelector，从下标[0,7]中选择一个值，并
                    获取指定下标的消息队列
                int index = id % mqs.size();
                return mqs.get(index);
```

```
        }
    }, businessId);
    }
}
```

2. 分析采用"最多发送一次"模式生产消息的过程

在 RocketMQ 中，"最多发送一次"模式使用枚举类型 CommunicationMode.ONEWAY 来标识。采用"最多发送一次"模式生产消息的具体过程如下。

（1）调用 NettyRemotingClient 类的 invokeOneway()方法处理 CommunicationMode.ONEWAY 类型的消息，代码如下。

```
switch (communicationMode) {
    case ONEWAY:
        //①调用 NettyRemotingClient 类的 invokeOneway()方法发起"最多发送一次"
            模式生产消息的 RPC 请求
        this.remotingClient.invokeOneway(addr, request, timeoutMillis);
        //②返回一个空对象
        return null;
}
```

（2）调用 NettyRemotingClient 类的 invokeOneway()方法发起"最多发送一次"模式生产消息的 RPC 请求，代码如下。

```
@Override
public void invokeOneway(String addr, RemotingCommand request, long
    timeoutMillis) throws InterruptedException,
    RemotingConnectException, RemotingTooMuchRequestException,
        RemotingTimeoutException, RemotingSendRequestException {
    //①创建 Netty 通信渠道。如果已经存在，则复用该通信渠道
    final Channel channel = this.getAndCreateChannel(addr);
    //②判断 Netty 通信渠道是否可用。如果可用，则继续执行最多发送一次的生产消息的流程
    if (channel != null && channel.isActive()) {
        try {
            //③在异步生产消息之前执行 RPChook()函数
            doBeforeRpcHooks(addr, request);
            //④调用 NettyRemotingAbstract 类的 invokeOnewayImpl()方法向 Broker
                Server 发起 RPC 请求
            this.invokeOnewayImpl(channel, request, timeoutMillis);
        } catch (RemotingSendRequestException e) {
```

```
        log.warn("invokeOneway: send request exception, so close the
            channel[{}]", addr);
        //⑤处理 Netty 通信渠道发送失败的异常，并关闭通信连接
        this.closeChannel(addr, channel);
        throw e;
    }
} else {
    //⑥如果 Netty 通信渠道不可用，则关闭该通信渠道，并响应该通信渠道远程连接的异常
    this.closeChannel(addr, channel);
    throw new RemotingConnectException(addr);
}
}
```

（3）调用 NettyRemotingAbstract 类的 invokeOnewayImpl()方法向 Broker Server 发起 RPC 请求，具体步骤如下。

第 1 步，标识 RPC 请求类型为 RPC_ONEWAY。

第 2 步，从容量为 65535 的信号量池中获取信号量，代表最大并发量为 65535。

第 3 步，如果成功获取信号量，则可以生产消息。

第 4 步，定义一个容量为 1 的信号量池，以保证生产消息过程中的线程安全。

第 5 步，通信渠道客户端向通信渠道服务端发送 RPC 请求。

第 6 步，使用监听器监听 Netty 通信渠道的响应结果。

第 7 步，在发送一次后，无论发送成功还是失败，直接释放当前生产消息请求的信号量。

第 8 步，如果不成功，则只输出一条日志的结果。

第 9 步，处理异常 Exception，并释放当前生产消息请求的信号量。

第 10 步，处理超时异常。

具体代码分析可以参考本书配套资源中源码分析中的 "NettyRemotingAbstract(invoke OnewayImpl).md" 文件。

4.4 消费消息

🔖 提示：

本节源码分析在本书配套资源的 "chapterfour/4.4/source-code-review" 目录下。

RocketMQ 支持 3 种消费消息的模式：pull 模式、push 模式及 pop 模式。其中，push 模式是基于 pull 模式的一种消费消息的模式；pop 模式是基于 push 模式的一种新的消费消息的模式。下面先来看一看采用 pull 模式消费消息的原理。

4.4.1 采用 pull 模式消费消息

我们先从如何发起一次"采用 pull 模式消费消息"的请求开始，分析 pull 模式消费消息的过程。

1. 发起"采用 pull 模式消费消息"的请求

假定现在需要消费一个消息主题为"pullConsumerOrder"的消息队列的消息，并要求采用 pull 模式，代码如下。

```
static void testPullConsumerMessage() throws MQClientException {
    //①定义一个 HashMap，用来存储指定 Topic 的消息队列变更的状态
    Map<String,Boolean> messageQueuqChange=new HashMap<>();
    String topic="pullConsumerOrder";
    //②初始化一个消费者实例客户端 DefaultLitePullConsumer
    DefaultLitePullConsumer defaultLitePullConsumer = new
        DefaultLitePullConsumer("testPullConsumerGroup");
    //③订阅消息主题为"pullConsumerOrder"的消息队列的消息
    defaultLitePullConsumer.subscribe(topic, "");
    //④设置 Name Server 的 IP 地址信息
    defaultLitePullConsumer.setNamesrvAddr("127.0.0.1:9876");
    //⑤启动消费者
    defaultLitePullConsumer.start();
    //⑥注册一个消息队列监听器 TopicMessageQueueChangeListener
    defaultLitePullConsumer.registerTopicMessageQueueChangeListener
        (topic, new TopicMessageQueueChangeListener() {
        @Override
        public void onChanged(String topic,
            Set<MessageQueue> messageQueues) {
                messageQueuqChange.put(topic,true);
        }
    });
    //⑦采用 pull 模式消费消息，并获取需要消费的消息列表
    List<MessageExt> messageExts = defaultLitePullConsumer.poll();
    //⑧处理消息列表
    if(CollectionUtils.isNotEmpty(messageExts)){
```

```
        for(MessageExt messageExt:messageExts){
            System.out.println("consume pull message
            "+messageExt.toString());
        }
    }
    //⑨如果消息队列已经变更，则消费者可以动态感知
    if(messageQueuqChange.get(topic)){
        System.out.println("the message queue route info have changed!");
    }
}
```

2. 初始化 pull 模式的消费者客户端

（1）调用 DefaultLitePullConsumer 类的构造函数进行初始化，代码如下。

```
//①默认构造函数
public DefaultLitePullConsumer() {}
//②自定义消费者组的名称
public DefaultLitePullConsumer(final String consumerGroup){}
//③自定义 RPCHook
public DefaultLitePullConsumer(RPCHook rpcHook) {}
//④自定义消费者组的名称和 RPCHook
public DefaultLitePullConsumer(final String consumerGroup, RPCHook
    rpcHook){}
//⑤自定义命名空间名称、消费者组的名称和 RPCHook
public DefaultLitePullConsumer(final String namespace, final String
    consumerGroup, RPCHook rpcHook) {}
```

（2）初始化消费者客户端的实现类，代码如下。

```
public DefaultLitePullConsumerImpl(final DefaultLitePullConsumer
    defaultLitePullConsumer, final RPCHook rpcHook) {
    //①设置 DefaultLitePullConsumer 类
    this.defaultLitePullConsumer = defaultLitePullConsumer;
    //②设置 RPCHook 类
    this.rpcHook = rpcHook;
    //③初始化一个定时线程池，用来定时执行 pull 消息的任务
    this.scheduledThreadPoolExecutor = new ScheduledThreadPoolExecutor(
        this.defaultLitePullConsumer.getPullThreadNums(),
        new ThreadFactoryImpl("PullMsgThread-" +
            this.defaultLitePullConsumer.getConsumerGroup())
```

```
);
//④初始化一个定时线程池，用来定时获取最新的消息队列信息
this.scheduledExecutorService =
    Executors.newSingleThreadScheduledExecutor(new ThreadFactory() {
    @Override
    public Thread newThread(Runnable r) {
        return new Thread(r, "MonitorMessageQueueChangeThread");
    }
});
//⑤设置出现异常后的 pull 消息的延迟时间
this.pullTimeDelayMillsWhenException =
    defaultLitePullConsumer.getPullTimeDelayMillsWhenException();
}
```

（3）调用 DefaultLitePullConsumerImpl 类的 start()方法启动消费者客户端的过程如下。

- 初始化 Consumer 通信渠道客户端实例。

初始化 Consumer 通信渠道客户端实例，代码如下。

```
private void initMQClientFactory() throws MQClientException {
    //①获取或创建通信渠道客户端实例
    this.mQClientFactory = MQClientManager.getInstance().
        getOrCreateMQClientInstance(this.defaultLitePullConsumer,
            this.rpcHook);
    //②注册消费者
    boolean registerOK = mQClientFactory.
        registerConsumer(this.defaultLitePullConsumer.getConsumerGroup(),
            this);
    //③如果注册不成功，则设置 Consumer 的状态为"初始化"
    if (!registerOK) {
        this.serviceState = ServiceState.CREATE_JUST;
        throw new MQClientException("The consumer group[" +
            this.defaultLitePullConsumer.getConsumerGroup()
                + "] has been created before, specify another name please." +
                FAQUrl.suggestTodo(FAQUrl.GROUP_NAME_DUPLICATE_URL),
                null);
    }
}
```

155

- 初始化 pull 模式的负载均衡器。

初始化 pull 模式的负载均衡器，代码如下。

```
//①初始化 pull 模式的负载均衡器
private RebalanceImpl rebalanceImpl = new RebalanceLitePullImpl(this);
private void initRebalanceImpl() {
    //②设置消费者组的名称
    this.rebalanceImpl.setConsumerGroup(this.
        defaultLitePullConsumer.getConsumerGroup());
    //③设置消费模式，如"集群"模式和"广播"模式
    this.rebalanceImpl.setMessageModel(this.
        defaultLitePullConsumer.getMessageModel());
    //④设置 pull 模式的负载均衡策略
    this.rebalanceImpl.setAllocateMessageQueueStrategy(this.
    defaultLitePullConsumer.getAllocateMessageQueueStrategy());
    //⑤设置客户端实例 setmClientFactory
    this.rebalanceImpl.setmQClientFactory(this.mQClientFactory);
}
```

- 初始化 pull 消息的包装器。

初始化 pull 消息的包装器，代码如下。

```
private void initPullAPIWrapper() {
    //①初始化 pull 消息的包装器 PullAPIWrapper 类
    this.pullAPIWrapper = new PullAPIWrapper(mQClientFactory,
        this.defaultLitePullConsumer.getConsumerGroup(), isUnitMode());
    //②注册过滤消息的 Hook 函数
this.pullAPIWrapper.registerFilterMessageHook(filterMessageHookList);
}
```

- 初始化消费位置 offset 管理器。

初始化消费位置 offset 管理器，代码如下。

```
private void initOffsetStore() throws MQClientException {
    //①如果调用者自定义了消费位置 offset 管理器，则直接使用它
    if (this.defaultLitePullConsumer.getOffsetStore() != null) {
        this.offsetStore = this.defaultLitePullConsumer.getOffsetStore();
    } else {
        switch (this.defaultLitePullConsumer.getMessageModel()) {
```

```
        //②如果是"广播"模式，则初始化本地消费位置 offset 管理器
            LocalFileOffsetStore 类
    case BROADCASTING:
        this.offsetStore = new LocalFileOffsetStore(
            this.mQClientFactory, this.defaultLitePullConsumer
                .getConsumerGroup());
        break;
        //③如果是"集群"模式，则初始化远程消费位置 offset 管理器
            RemoteBrokerOffsetStore 类
    case CLUSTERING:
        this.offsetStore = new RemoteBrokerOffsetStore(
            this.mQClientFactory, this.defaultLitePullConsumer
                .getConsumerGroup());
        break;
    default:
        break;
    }
    //④将消费位置 offset 管理器设置到 Consumer 中
    this.defaultLitePullConsumer.setOffsetStore(this.offsetStore);
    }
    //⑤如果是本地消费位置 offset 管理器，则从本地文件中读取持久化的消费位置 offset 的
        信息；如果是远程消费位置 offset 管理器，则目前暂时不支持消费位置 offset 的持久化管理
    this.offsetStore.load();
}
```

- 启动 Consumer 通信渠道客户端。

启动 Consumer 通信渠道客户端，代码如下。

```
protected MQClientInstance mQClientFactory;
//调用 MQClientInstance 类的 start() 方法启动 Consumer 通信渠道客户端
mQClientFactory.start();
```

- 启动定时线程任务，以便定时获取最新的消息队列信息。

启动定时线程任务，以便定时获取最新的消息队列信息，代码如下。

```
private void startScheduleTask() {
    scheduledExecutorService.scheduleAtFixedRate(
        new Runnable() {
        @Override
```

```
    public void run() {
        try {
            //定时从 Name Server 获取指定消息主题的最新的消息队列信息，并与本地的
                消息队列信息对比，如果不一致，则遍历消息主题的监听器，通知调用者消息队
                列信息已经变更
            fetchTopicMessageQueuesAndCompare();
        } catch (Exception e) {
            log.error("ScheduledTask fetchMessageQueuesAndCompare
                exception", e);
        }
    }
}, 1000 * 10, this.getDefaultLitePullConsumer().
    getTopicMetadataCheckIntervalMillis(), TimeUnit.MILLISECONDS);
}
```

（4）调用 DefaultLitePullConsumerImpl 类的 subscribe()方法订阅对应消息主题的消息，代码如下。

```
public synchronized void subscribe(String topic, String subExpression)
    throws MQClientException {
    //①构造订阅关系对象 SubscriptionData
    SubscriptionData subscriptionData =
        FilterAPI.buildSubscriptionData(topic, subExpression);
    //②将订阅关系对象 SubscriptionData 设置到 pull 模式的负载均衡器中
    this.rebalanceImpl.getSubscriptionInner().put(topic,
        subscriptionData);
    //③设置一个监听消息队列的监听器 MessageQueueListenerImpl
    this.defaultLitePullConsumer.setMessageQueueListener(new
        MessageQueueListenerImpl());
    //④将负载均衡器设置到指派消息队列中
    assignedMessageQueue.setRebalanceImpl(this.rebalanceImpl);
    if (serviceState == ServiceState.RUNNING) {
        //⑤如果 Consumer 已经成功启动，则给所有的 Broker Server 节点发送心跳消息
        this.mQClientFactory.sendHeartbeatToAllBrokerWithLock();
        //⑥从 Name Server 中获取最新的消息队列路由信息，并更新到消费者本地缓存中
        updateTopicSubscribeInfoWhenSubscriptionChanged();
    }
    ...
}
```

3. 启动负载均衡线程，定时地执行消费者客户端负载均衡

在启动 Consumer 通信渠道客户端的过程中，启动一个负载均衡线程 RebalanceService 类，代码如下。

```
public class MQClientInstance {
    private final RebalanceService rebalanceService;
    public void start() throws MQClientException {
        synchronized (this) {
            switch (this.serviceState) {
                case CREATE_JUST:
                    //启动负载均衡线程 RebalanceService 类
                    this.rebalanceService.start();
                    break;
                ...
            }
        }
    }
}
```

其中，采用 pull 模式消费消息就是从负载均衡线程 RebalanceService 类开始的。下面分析拉取消息的过程。

（1）为了实现采用 pull 模式消费消息，负载均衡线程 RebalanceService 类需要定时地执行 Consumer 的负载均衡器，代码如下。

```
public class RebalanceService extends ServiceThread {
    //①在初始化消费者时，可以使用系统参数设置负载均衡间隔的时间
    private static long waitInterval =
        Long.parseLong(System.getProperty(
            "rocketmq.client.rebalance.waitInterval", "20000"));
    private final MQClientInstance mqClientFactory;
    @Override
    public void run() {
        while (!this.isStopped()) {
            //②每隔 20s 执行一次负载均衡
            this.waitForRunning(waitInterval);
            //③调用 MQClientInstance 类的 doRebalance()方法执行消费消息的负载均衡
            this.mqClientFactory.doRebalance();
        }
    }
}
```

（2）扫描通信渠道客户端中缓存的消费者列表获取消费者，并调用对应的负载均衡方法，代码如下。

```
public class MQClientInstance {
    //①在当前通信渠道客户端实例中，使用本地缓存consumerTable 存储注册成功的消费者
    private final ConcurrentMap<String/* group */, MQConsumerInner>
        consumerTable = new ConcurrentHashMap<String, MQConsumerInner>();
    public void doRebalance() {
        for (Map.Entry<String, MQConsumerInner> entry :
            this.consumerTable.entrySet()) {
            //②遍历本地缓存获取消费者对象，如 DefaultLitePullConsumerImpl 类。
                其中，DefaultLitePullConsumerImpl 是MQConsumerInner 接口的实现类
            MQConsumerInner impl = entry.getValue();
            if (impl != null) {
                try {
                    //③调用 DefaultLitePullConsumerImpl 类的 doRebalance()方法
                    impl.doRebalance();
                } catch (Throwable e) {
                    log.error("doRebalance exception", e);
                }
            }
        }
    }
    ...
}
```

（3）调用消费者的负载均衡 RebalanceImpl 类的 doRebalance()方法遍历消费者的订阅信息，并以消息主题为维度完成消费消息的客户端负载均衡，代码如下。

```
//①RebalanceImpl 类是pull 模式、push 模式和pop 模式负载均衡实现类的公共类
public abstract class RebalanceImpl {
    public void doRebalance(final boolean isOrder) {
        //②获取当前消费者所有的订阅信息，返回一个列表
        Map<String, SubscriptionData> subTable =
            this.getSubscriptionInner();
        if (subTable != null) {
            for (final Map.Entry<String, SubscriptionData> entry :
                subTable.entrySet()) {
                //③遍历订阅信息列表，调用 RebalanceImpl 类的 rebalanceByTopic()方
```

```
              法，完成对应消息主题的负载均衡
              final String topic = entry.getKey();
              try {
                  this.rebalanceByTopic(topic, isOrder);
              } catch (Throwable e) {
                  if (!topic.startsWith(MixAll.RETRY_GROUP_TOPIC_PREFIX)) {
                  }
              }
          }
      }
      ...
   }
   ...
}
```

（4）在 RebalanceImpl 类的 rebalanceByTopic()方法中处理"广播"模式的负载均衡，代码如下。

```
switch (messageModel) {
    case BROADCASTING: {
        //①获取指定消息主题的消息队列信息
        Set<MessageQueue> mqSet = this.topicSubscribeInfoTable.get(topic);
            if (mqSet != null) {
        //②更新处理消息的消息队列的本地缓存。如果存在变更，则返回 true
            boolean changed = this.
                    updateProcessQueueTableInRebalance(topic, mqSet,
                        isOrder);
            if (changed) {
                //③如果存在变更，则触发 pull 模式消费者的消息队列通知机制。其中，
                    消息队列信息为这个消息主题全量的消息队列信息
                this.messageQueueChanged(topic, mqSet, mqSet);
            }
        } else {
        }
        break;
    }
    ...
    default:
        break;
}
```

（5）在 RebalanceImpl 类的 rebalanceByTopic()方法中处理"集群"模式的负载均衡，具体步骤如下。

第 1 步，获取消息主题的消息队列信息。

第 2 步，获取指定消息主题和消费者组的所有消费者客户端的实例 ID。

第 3 步，对消息队列列表进行排序。

第 4 步，对消费者客户端的实例 ID 列表进行排序。

第 5 步，获取负载均衡策略，默认为平均负载均衡。

第 6 步，执行负载均衡策略，得到负载均衡后的消息队列列表。

第 7 步，更新缓存中消费消息的"处理队列"和"消息队列"之间的映射关系。

第 8 步，如果订阅关系已经更新，则通知消费消息的监听器（pull 模式消费消息的入口）。

具体代码分析可以参考本书配套资源中源码分析中的"RebalanceImpl(rebalanceByTopic).md"文件。

4. 执行消费消息的监听器

无论是在"集群"模式下，还是在"广播"模式下，在完成消费者客户端负载均衡后，都会根据负载均衡的结果（如果消息队列信息存在变更，则结果为 true，否则为 false），判断是否执行消费消息的监听器（如果结果为 true，则执行消费消息的监听器，否则不执行）。

（1）调用 pull 模式的负载均衡 RebalanceLitePullImpl 类的 messageQueueChanged()方法执行消费消息的监听器，代码如下。

```
public class RebalanceLitePullImpl extends RebalanceImpl {
    @Override
    public void messageQueueChanged(String topic, Set<MessageQueue> mqAll,
        Set<MessageQueue> mqDivided) {
        //①获取消费者订阅消息主题时设置的消费消息的监听器 MessageQueueListenerImpl
            类
        MessageQueueListener messageQueueListener =
            this.litePullConsumerImpl.getDefaultLitePullConsumer().
                getMessageQueueListener();
        if (messageQueueListener != null) {
            try {
                //②如果消费消息的监听器不为空，则调用 MessageQueueListenerImpl 类
                    的 messageQueueChanged()方法，创建新的 pull 消息的任务
```

```
        messageQueueListener.messageQueueChanged(topic, mqAll,
            mqDivided);
        } catch (Throwable e) {
        }
    }
}
...
}
```

（2）调用监听器 MessageQueueListenerImpl 类的 messageQueueChanged()方法创建新的 pull 消息的任务，代码如下。

```
class MessageQueueListenerImpl implements MessageQueueListener {
    @Override
    public void messageQueueChanged(String topic, Set<MessageQueue> mqAll,
        Set<MessageQueue> mqDivided) {
    MessageModel messageModel defaultLitePullConsumer.
        getMessageModel();
    switch (messageModel) {
        case BROADCASTING:
            //①如果是“广播”模式，则以全量的、新的消息队列列表为标准更新本地缓存
                中的指派消息队列列表信息
            updateAssignedMessageQueue(topic, mqAll);
            //②如果是“广播”模式，则以全量的、新的消息队列列表为标准创建新的 pull
                消息的任务，并设置在本地缓存中
            updatePullTask(topic, mqAll);
            break;
        case CLUSTERING:
            //③如果是“集群”模式，则以负载均衡并过滤后的消息队列列表为标准更新
                本地缓存中的指派消息队列列表信息
            updateAssignedMessageQueue(topic, mqDivided);
            //④如果是“集群”模式，则以负载均衡并过滤后的消息队列列表为标准创建新的
                pull 消息的任务，并设置在本地缓存中
            updatePullTask(topic, mqDivided);
            break;
        default:
            break;
        }
    }
}
```

163

（3）调用 DefaultLitePullConsumerImpl 类的 updatePullTask()方法创建新的 pull 消息的任务，代码如下。

```
private void updatePullTask(String topic, Set<MessageQueue> mqNewSet) {
    //①遍历存储 pull 消息任务的本地缓存
    Iterator<Map.Entry<MessageQueue, PullTaskImpl>> it =
        this.taskTable.entrySet().iterator();
    while (it.hasNext()) {
        Map.Entry<MessageQueue, PullTaskImpl> next = it.next();
        if (next.getKey().getTopic().equals(topic)) {
            //②如果本地缓存中 pull 消息的任务对应的消息队列信息已经失效，则将其从本地
              缓存中清除
            if (!mqNewSet.contains(next.getKey())) {
                next.getValue().setCancelled(true);
                it.remove();
            }
        }
    }
    //③创建新的 pull 消息的任务
    startPullTask(mqNewSet);
}
private void startPullTask(Collection<MessageQueue> mqSet) {
    //④遍历最新的消息队列信息
    for (MessageQueue messageQueue : mqSet) {
        //⑤如果消息队列没有创建对应的 pull 消息的任务，则创建一个新的任务 PullTaskImpl，
          并将其存储在本地缓存中
        if (!this.taskTable.containsKey(messageQueue)) {
            PullTaskImpl pullTask = new PullTaskImpl(messageQueue);
            this.taskTable.put(messageQueue, pullTask);
            //⑥使用 JDK 自带的定时任务线程池立即执行 pull 消息的任务
            this.scheduledThreadPoolExecutor.schedule(pullTask, 0,
                TimeUnit.MILLISECONDS);
        }
    }
}
```

5. 执行 pull 消息的任务，从 Broker Server 中拉取消息

在完成执行消费消息的监听器后，如果需要新建 pull 消息的任务，则重新创建一个 PullTaskImpl

类，并且立即执行这个 pull 消息的任务。其中，PullTaskImpl 类是一个 Java 线程。

（1）调用线程 PullTaskImpl 类的 run()方法，具体步骤如下。

第 1 步，获取 pull 消息的消费位置 offset。

第 2 步，获取对应消息主题的消息队列信息 SubscriptionData。

第 3 步，调用 DefaultLitePullConsumerImpl 类的 pull()方法，从 Broker Server 中拉取消息。

第 4 步，如果 pull 消息的结果为"FOUND"，则处理 pull 的消息列表。

第 5 步，将 pull 消息的结果和消息列表设置到消息处理队列中。

第 6 步，提交消费消息的请求。

第 7 步，更新消息队列中消费消息的消费位置。

具体代码分析可以参考本书配套资源中源码分析中的"PullTaskImpl(run).md"文件。

（2）调用 DefaultLitePullConsumerImpl 类的 pull()方法，从 Broker Server 中拉取消息，代码如下。

```
//①先调用 DefaultLitePullConsumerImpl 类的 pull()方法，再调用 pullSyncImpl()方法
private PullResult pullSyncImpl(MessageQueue mq, SubscriptionData
    subscriptionData, long offset, int maxNums,
      boolean block,long timeout)
      throws MQClientException, RemotingException, MQBrokerException,
        InterruptedException {
...
//②调用 PullAPIWrapper 类的 pullKernelImpl()方法，从 Broker Server 中拉取消息
PullResult pullResult = this.pullAPIWrapper.pullKernelImpl(
    mq,subscriptionData.getSubString(),
subscriptionData.getExpressionType(),
    isTagType ? 0L : subscriptionData.getSubVersion(),
offset,maxNums,sysFlag,0,this.defaultLitePullConsumer.
getBrokerSuspendMaxTimeMillis(),timeoutMillis,CommunicationMode.
SYNC,null);
//③调用 PullAPIWrapper 类的 processPullResult()方法处理拉取消息的结果
this.pullAPIWrapper.processPullResult(mq, pullResult,
    subscriptionData);
if (!this.consumeMessageHookList.isEmpty()) {
ConsumeMessageContext consumeMessageContext =
        new ConsumeMessageContext();
```

```
consumeMessageContext.setNamespace(defaultLitePullConsumer
        .getNamespace());
consumeMessageContext.setConsumerGroup(this.groupName());
consumeMessageContext.setMq(mq);
consumeMessageContext.setMsgList(pullResult.getMsgFoundList());
consumeMessageContext.setSuccess(false);
this.executeHookBefore(consumeMessageContext);
consumeMessageContext.setStatus(ConsumeConcurrentlyStatus.
        CONSUME_SUCCESS.toString());
consumeMessageContext.setSuccess(true);
this.executeHookAfter(consumeMessageContext);
}
//④返回拉取消息的结果
return pullResult;
}
```

（3）调用 PullAPIWrapper 类的 pullKernelImpl()方法，从 Broker Server 中拉取消息，代码如下。

```
//①省略方法入参
public PullResult pullKernelImpl() throws MQClientException, RemotingException,
MQBrokerException, InterruptedException {
    //②构造 pull 消息的 RPC 请求头对象 PullMessageRequestHeader，并设置相关属性，
        如消费者组名称、消息主题名称、队列 ID 等
    PullMessageRequestHeader requestHeader = new
        PullMessageRequestHeader();
    requestHeader.setConsumerGroup(this.consumerGroup);
    requestHeader.setTopic(mq.getTopic());
    requestHeader.setQueueId(mq.getQueueId());
    requestHeader.setQueueOffset(offset);
    requestHeader.setMaxMsgNums(maxNums);
    requestHeader.setSysFlag(sysFlagInner);
    requestHeader.setCommitOffset(commitOffset);
    requestHeader.setSuspendTimeoutMillis(brokerSuspendMaxTimeMillis);
    requestHeader.setSubscription(subExpression);
    requestHeader.setSubVersion(subVersion);
    requestHeader.setExpressionType(expressionType);
    String brokerAddr = findBrokerResult.getBrokerAddr();
    if (PullSysFlag.hasClassFilterFlag(sysFlagInner)) {
```

```
    brokerAddr = computePullFromWhichFilterServer(mq.getTopic(),
        brokerAddr);
}
//③调用 MQClientAPIImpl 类的 pullMessage()方法,同步从 Broker Server 中拉取
   消息,communicationMode 为"同步"模式
PullResult pullResult = this.mQClientFactory.
    getMQClientAPIImpl().pullMessage(
    brokerAddr,requestHeader,timeoutMillis,
            communicationMode,pullCallback);
    //④返回拉取消息的结果
    return pullResult;
}
throw new MQClientException("The broker[" + mq.getBrokerName() + "] not
    exist", null);
}
```

（4）调用 MQClientAPIImpl 类的 pullMessage()方法，同步从 Broker Server 中拉取消息，代码如下。

```
public PullResult pullMessage() throws RemotingException,
    MQBrokerException, InterruptedException {
    //①构造拉取消息的 RPC 命令事件对象,事件编码为 RequestCode.PULL_MESSAGE
    RemotingCommand request = RemotingCommand.createRequestCommand
        (RequestCode.PULL_MESSAGE, requestHeader);
    switch (communicationMode) {
    //②拉取消息不支持"最多发送一次"模式
    case ONEWAY:
        assert false;
        return null;
    //③如果是"异步"模式,则调用 pullMessageAsync()方法异步拉取消息,调用回
       调函数 pullCallback()回传拉取消息的结果
    case ASYNC:
        this.pullMessageAsync(addr, request, timeoutMillis,
            pullCallback);
        return null;
    //④如果是"同步"模式,则调用 pullMessageSync()方法同步拉取消息,并返回结果
    case SYNC:
        return this.pullMessageSync(addr, request, timeoutMillis);
    default:
```

```
        assert false;
        break;
    }
    return null;
}
```

调用 pullMessageSync()方法同步拉取消息的具体步骤如下。

第 1 步，调用通信渠道客户端 NettyRemotingClient 类的 invokeSync()方法，同步调用服务端 Broker Server 并拉取消息。

第 2 步，处理 Broker Server 返回的结果，并返回结果对象 PullResult。

具体代码分析可以参考本书配套资源中源码分析中的 "MQClientAPIImpl(pullMessageSync).md" 文件。

调用 pullMessageAsync()方法异步拉取消息的具体步骤如下。

第 1 步，调用通信渠道客户端 NettyRemotingClient 类的 invokeAsync()方法异步调用服务端 Broker Server 并拉取消息。

第 2 步，使用异步回调 InvokeCallback 类异步获取 Broker Server 返回的结果对象 Response Future。

第 3 步，异步处理拉取消息的结果，并生成处理后的结果对象 PullResult。

第 4 步，调用自定义的回调函数 PullCallback()，通知拉取消息的结果。

第 5 步，处理异常，并调用自定义的回调函数 PullCallback()通知异常信息。

具体代码分析可以参考本书配套资源中源码分析中的 "MQClientAPIImpl(pullMessageAsync).md" 文件。

（5）Broker Server 在收到编码为 RequestCode.PULL_MESSAGE 的命令事件后，调用存储引擎拉取消息，代码如下。

```
public class PullMessageProcessor extends AsyncNettyRequestProcessor
    implements NettyRequestProcessor {
    public RemotingCommand processRequest(final ChannelHandlerContext ctx,
        RemotingCommand request) throws RemotingCommandException {
        //处理拉取消息的请求，调用存储引擎拉取消息，并返回拉取消息的结果
        return this.processRequest(ctx.channel(), request, true);
    }
    ...
}
```

关于 Broker Server 处理拉取消息的请求的详细源码，读者可以参考本书配套源码分析。

6. 消费者处理从 Broker Server 中拉取的消息

从 Broker Server 中拉取消息后，消费者就要处理消息，并完成消息的消费。

（1）调用 ProcessQueue 类的 putMessage()方法将 pull 消息的结果和消息列表设置到处理消息的队列中，代码如下。

```
//①定义一个读/写锁 ReentrantReadWriteLock
private final ReadWriteLock treeMapLock = new ReentrantReadWriteLock();
//②处理消息的队列 ProcessQueue 类利用 TreeMap 来存储对应 offset 的消息
private final TreeMap<Long, MessageExt> msgTreeMap = new TreeMap<Long,
    MessageExt>();
public boolean putMessage(final List<MessageExt> msgs) {
    boolean dispatchToConsume = false;
    try {
        //③添加写锁
        this.treeMapLock.writeLock().lockInterruptibly();
        try {
            int validMsgCnt = 0;
            //④遍历返回的消息列表，将消息 MessageExt 设置到本地缓存 msgTreeMap 中
            for (MessageExt msg : msgs) {
                MessageExt old = msgTreeMap.put(msg.getQueueOffset(), msg);
                if (null == old) {
                    validMsgCnt++;
                    this.queueOffsetMax = msg.getQueueOffset();
                    msgSize.addAndGet(msg.getBody().length);
                }
            }
            ...
        } finally {
            //⑤释放写锁
            this.treeMapLock.writeLock().unlock();
        }
    } catch (InterruptedException e) {
    }
    return dispatchToConsume;
}
```

（2）调用 DefaultLitePullConsumerImpl 类的 submitConsumeRequest()方法提交消费消息的请求，代码如下。

```
//①使用 LinkedBlockingQueue 实现消费消息请求的本地缓存
private final BlockingQueue<ConsumeRequest> consumeRequestCache = new
    LinkedBlockingQueue<ConsumeRequest>();
private void submitConsumeRequest(ConsumeRequest consumeRequest) {
    try {
        //②将消费消息的请求对象 ConsumeRequest 设置到本地缓存中
        consumeRequestCache.put(consumeRequest);
    } catch (InterruptedException e) {
        log.error("Submit consumeRequest error", e);
    }
}
```

7. 消费者轮询"消费消息请求的本地缓存"来消费消息

在消费者中，调用 DefaultLitePullConsumerImpl 类的 poll()方法轮询消费消息请求的本地缓存来消费消息，代码如下。

```
public synchronized List<MessageExt> poll(long timeout) {
    try {
        //①验证消费者的启动状态。如果消费者不是运行状态，则直接抛出异常
        checkServiceState();
        long endTime = System.currentTimeMillis() + timeout;
        //②从消费消息请求的本地缓存中轮询取出消费消息的请求
        ConsumeRequest consumeRequest = consumeRequestCache.poll(endTime -
            System.currentTimeMillis(), TimeUnit.MILLISECONDS);
        if (endTime - System.currentTimeMillis() > 0) {
            while (consumeRequest != null && consumeRequest.getProcessQueue()
                    .isDropped()) {
                consumeRequest = consumeRequestCache.poll(endTime -
                    System.currentTimeMillis(), TimeUnit.MILLISECONDS);
                if (endTime - System.currentTimeMillis() <= 0) {
                    break;
                }
            }
        }
        if (consumeRequest != null && !consumeRequest.getProcessQueue()
                .isDropped()) {
```

```
        List<MessageExt> messages = consumeRequest.getMessageExts();
        long offset = consumeRequest.getProcessQueue().
                removeMessage(messages);
        assignedMessageQueue.updateConsumeOffset(
                consumeRequest.getMessageQueue(), offset);
        this.resetTopic(messages);
        return messages;
    }
} catch (InterruptedException ignore) {}
return Collections.emptyList();
}
```

经过上述 7 个步骤后，调用者即可使用消费者 DefaultLitePullConsumer 类的 pull 模式消费消息。

> 📖 提示：
>
> RocketMQ 已经将原有使用 DefaultMQPullConsumer 类的 pull 模式废弃掉了，但是依然保留了代码。如果开发人员要使用 pull 模式消费消息，则推荐使用 DefaultLitePullConsumer 类替换 DefaultMQPullConsumer 类。

4.4.2　采用 push 模式消费消息

我们先从如何发起一次"采用 push 模式消费消息"的请求开始，分析采用 push 模式消费消息的过程。

1. 发起"采用 push 模式消费消息"的请求

假定现在需要消费一个消息主题为"pushConsumerOrder"的消息队列的消息，并要求采用 push 模式，代码如下。

```
static void testPushConsumerMessage() throws MQClientException {
    //①初始化一个消费者 DefaultMQPushConsumer
    DefaultMQPushConsumer defaultMQPushConsumer = new
        DefaultMQPushConsumer("testPushConsumerGroup");
    //②订阅消息主题
    defaultMQPushConsumer.subscribe("pushConsumerOrder", "");
    //③设置 Name Server 的 IP 地址
    defaultMQPushConsumer.setNamesrvAddr("127.0.0.1:9876");
    //④注册一个消费消息的监听器
    defaultMQPushConsumer.registerMessageListener(new
```

```
            MessageListenerConcurrently() {
            @Override
            public ConsumeConcurrentlyStatus consumeMessage(List<MessageExt>
                msgs, ConsumeConcurrentlyContext context) {
                //⑤利用监听器消费从 Broker Server 服务端推送到 Consumer 客户端的消息
                if (CollectionUtils.isNotEmpty(msgs)) {
                    for (MessageExt messageExt : msgs) {
                        System.out.println("Consumer message:" +
                            messageExt.toString());
                    }
                }
                //⑥返回消费的结果
                ConsumeConcurrentlyStatus result=
                    ConsumeConcurrentlyStatus.CONSUME_SUCCESS;
                return result;
            }
        });
        //⑦启动 Consumer 客户端
        defaultMQPushConsumer.start();
    }
```

2. 初始化 push 模式的消费者

（1）调用 DefaultMQPushConsumer 类的构造函数进行初始化，代码如下。

```
//①默认
public DefaultMQPushConsumer() {}
//②自定义消费者组的名称
public DefaultMQPushConsumer(final String consumerGroup) {}
//③自定义命名空间的名称和消费者组的名称
public DefaultMQPushConsumer(final String namespace, final String
consumerGroup) {}
//④自定义 RPCHook
public DefaultMQPushConsumer(RPCHook rpcHook) {}
//⑤自定义命名空间的名称、消费者组的名称和 RPCHook
public DefaultMQPushConsumer(final String namespace, final String
    consumerGroup, RPCHook rpcHook) {}
//⑥自定义消费者组的名称、RPCHook 和客户端负载均衡策略
public DefaultMQPushConsumer(final String consumerGroup, RPCHook rpcHook,
```

```
    AllocateMessageQueueStrategy allocateMessageQueueStrategy) {}
//⑦自定义命名空间的名称、消费者组的名称、RPCHook 和客户端负载均衡策略
public DefaultMQPushConsumer(final String namespace, final String
    consumerGroup, RPCHook rpcHook,
        AllocateMessageQueueStrategy allocateMessageQueueStrategy) {}
//⑧自定义消费者组的名称和是否开启消息的追踪机制
public DefaultMQPushConsumer(final String consumerGroup, boolean
    enableMsgTrace) {}
//⑨自定义消费者组的名称、是否开启消息的追踪机制和消息追踪的消息队列主题的名称
public DefaultMQPushConsumer(final String consumerGroup, boolean
    enableMsgTrace, final String customizedTraceTopic) {}
//⑩自定义消费者组的名称、RPCHook、客户端负载均衡策略、是否开启消息的追踪机制和消息追
    踪的消息队列主题的名称
public DefaultMQPushConsumer(final String consumerGroup, RPCHook rpcHook,
    AllocateMessageQueueStrategy allocateMessageQueueStrategy, boolean
    enableMsgTrace, final String customizedTraceTopic) {}
//⑪自定义命名空间的名称、定义消费者组的名称、RPCHook、客户端负载均衡策略、是否开启消息
    的追踪机制和消息追踪的消息队列主题的名称
public DefaultMQPushConsumer(final String namespace, final String
    consumerGroup, RPCHook rpcHook,AllocateMessageQueueStrategy
        allocateMessageQueueStrategy, boolean enableMsgTrace, final String
            customizedTraceTopic) {}
```

（2）初始化消费者的实现类 DefaultMQPushConsumerImpl，代码如下。

```
public DefaultMQPushConsumerImpl(DefaultMQPushConsumer
    defaultMQPushConsumer, RPCHook rpcHook) {
    //①设置 DefaultMQPushConsumer 类
    this.defaultMQPushConsumer = defaultMQPushConsumer;
    //②设置 RPCHook 类
    this.rpcHook = rpcHook;
    //③设置 push 消息异常后的延迟时间
    this.pullTimeDelayMillsWhenException =
        defaultMQPushConsumer.getPullTimeDelayMillsWhenException();
}
```

（3）调用 DefaultMQPushConsumerImpl 类的 start()方法启动消费者的过程如下。

- 初始化一个 push 消息的包装器。

push 消息的包装器主要用来包装"采用 pull 模式消费消息"的功能，代码如下。

```
this.pullAPIWrapper = new PullAPIWrapper(
    mQClientFactory,this.defaultMQPushConsumer.getConsumerGroup(), isUnitMode());
```

- 初始化负载均衡器。

负载均衡器主要用来派发生产消息的请求，代码如下。

```
//①初始化 push 模式的负载均衡器 RebalancePushImpl
private final RebalanceImpl rebalanceImpl = new RebalancePushImpl(this);
//②设置消费组
this.rebalanceImpl.setConsumerGroup(this.defaultMQPushConsumer.
    getConsumerGroup());
//③设置消费消息的类型
this.rebalanceImpl.setMessageModel(this.defaultMQPushConsumer.
    getMessageModel());
//④设置负载均衡策略
this.rebalanceImpl.setAllocateMessageQueueStrategy(this.
    defaultMQPushConsumer.getAllocateMessageQueueStrategy());
//⑤设置创建客户端实例的工厂类
this.rebalanceImpl.setmQClientFactory(this.mQClientFactory);
```

- 注册和启动消费消息的消费者服务。

注册和启动消费消息的消费者服务，代码如下。

```
//①如果是顺序消费的监听器，则注册顺序消费者服务
if (this.getMessageListenerInner() instanceof MessageListenerOrderly) {
    this.consumeOrderly = true;
    this.consumeMessageService =
        new ConsumeMessageOrderlyService(this, (MessageListenerOrderly)
            this.getMessageListenerInner());
//②如果是并行消费的监听器，则注册并行消费者服务
} else if (this.getMessageListenerInner() instanceof
    MessageListenerConcurrently) {
    this.consumeOrderly = false;
    this.consumeMessageService =
    new ConsumeMessageConcurrentlyService(this,
        (MessageListenerConcurrently) this.getMessageListenerInner());
}
//③启动消费者服务
this.consumeMessageService.start();
```

- 注册消费者。

Broker Server 需要管理 Consumer 客户端实例。因此，在成功启动 Consumer 后，需要将其注册到 Broker Server 中，代码如下。

```
//①调用通信渠道客户端将 Consumer 注册到 Broker Server 中
boolean registerOK = mQClientFactory.registerConsumer(this
    .defaultMQPushConsumer.getConsumerGroup(), this);
//②如果注册失败，则设置 Consumer 的启动状态为“初始化”，并关闭消费者服务，抛出客户端
    异常
if (!registerOK) {
this.serviceState = ServiceState.CREATE_JUST;
this.consumeMessageService.shutdown(defaultMQPushConsumer
    .getAwaitTerminationMillisWhenShutdown());
    throw new MQClientException("The consumer group[" +
        this.defaultMQPushConsumer.getConsumerGroup()
    + "] has been created before, specify another name please." +
        FAQUrl.suggestTodo(FAQUrl.GROUP_NAME_DUPLICATE_URL),null);
}
```

- 启动通信渠道客户端。

启动通信渠道客户端，这样 Consumer 就能与 Broker Server 进行 RPC 通信，代码如下。

```
mQClientFactory.start();
```

（4）调用 DefaultMQPushConsumerImpl 类的 subscribe()方法订阅指定消息主题的消息，代码如下。

```
//①构建订阅关系对象 SubscriptionData
SubscriptionData subscriptionData = FilterAPI.buildSubscriptionData(topic,
    subExpression);
//②将订阅关系设置到负载均衡器中
this.rebalanceImpl.getSubscriptionInner().put(topic, subscriptionData);
if (this.mQClientFactory != null) {
    //③Consumer 给 Broker 集群中所有的 Broker Server 服务节点发送心跳
    this.mQClientFactory.sendHeartbeatToAllBrokerWithLock();
}
```

3. 启动负载均衡线程，定时地执行消费者客户端负载均衡

push 模式和 pull 模式一样，都是在启动 Consumer 通信渠道客户端的过程中，启动一个负载

均衡线程 RebalanceService 类，并利用负载均衡发起 push 模式消费消息的请求。它们的主要区别：push 模式是直接派发消费消息的请求的，而不是依靠监听消息队列的监听器来通知消费消息的请求的。

另外，push 模式和 pull 模式都是通过调用 RebalanceImpl 类的 rebalanceByTopic()方法来完成客户端的消息队列负载均衡的，具体区别主要体现在如何实现 RebalanceImpl 类的 messageQueueChanged()方法和 dispatchPullRequest()方法，具体如下。

- pull 模式。

pull 模式的负载均衡的实现类 RebalanceLitePullImpl 实现了 RebalanceImpl 类的 messageQueueChanged()方法，但是它并没有实现 RebalanceImpl 类的 dispatchPullRequest()方法。pull 模式在实现 messageQueueChanged()方法时，会调用初始化消费者时设置的消息队列监听器，通知调用者可以执行消费消息的请求。

- push 模式。

push 模式的负载均衡的实现类 RebalancePushImpl 实现了 dispatchPullRequest()和 messageQueueChanged()两个方法。在实现 messageQueueChanged()方法时，没有利用监听消息队列的监听器来通知消费消息的请求，而是直接通知消费者立即向 Broker Server 发送消费消息的请求。

调用 RebalancePushImpl 类的 dispatchPullRequest()方法派发消费消息的请求，代码如下。

```
@Override
public void dispatchPullRequest(List<PullRequest> pullRequestList) {
    //①遍历拉取消息的请求列表对象 pullRequestList
    for (PullRequest pullRequest : pullRequestList) {
        //②调用 push 模式的消费者 DefaultMQPushConsumerImpl 类的
        //  executePullRequestImmediately()方法，实时地执行拉取消息的请求
        this.defaultMQPushConsumerImpl.executePullRequestImmediately
            (pullRequest);
        log.info("doRebalance, {}, add a new pull request {}", consumerGroup,
            pullRequest);
    }
}
```

4. 异步派发 push 模式消费消息的请求

（1）调用消费者 DefaultMQPushConsumerImpl 类的 executePullRequestImmediately()方法，实时地执行拉取消息的请求，代码如下。

```
public void executePullRequestImmediately(final PullRequest pullRequest) {
    //调用拉取消息的异步线程任务 PullMessageService 类的
```

executePullRequestImmediately()方法，异步执行消费消息的请求

```
    this.mQClientFactory.getPullMessageService().
    executePullRequestImmediately(pullRequest);
}
```

（2）调用异步线程任务 PullMessageService 类的方法 executePullRequestImmediately()
方法，异步执行消费消息的请求，代码如下。

```
//①定义存储拉取消息请求的本地缓存
private final LinkedBlockingQueue<PullRequest> pullRequestQueue = new
    LinkedBlockingQueue<PullRequest>();
public void executePullRequestImmediately(final PullRequest pullRequest){
    try {
            //②将拉取消息的请求异步存储在 PullMessageService 类的本地缓存对象
                pullRequestQueue 中
        this.pullRequestQueue.put(pullRequest);
    } catch (InterruptedException e) {
      log.error("executePullRequestImmediately pullRequestQueue.put", e);
    }
}
```

5. 启动异步线程任务，读取缓存队列中的消费请求

（1）在消费者客户端实例 MQClientInstance 类启动过程中启动异步线程任务，代码如下。

```
private final PullMessageService pullMessageService;
public void start() throws MQClientException {
    //启动异步线程任务
    this.pullMessageService.start();
    ...
}
```

（2）调用异步线程任务 PullMessageService 的 run()方法，读取存储拉取消息请求的本地缓
存的消费请求，代码如下。

```
@Override
public void run() {
    log.info(this.getServiceName() + " service started");
    //①如果线程没有关闭，则轮询执行拉取消息的请求
    while (!this.isStopped()) {
        try {
            //②从本地缓存中获取拉取消息的请求对象 PullRequest
```

```
          PullRequest pullRequest = this.pullRequestQueue.take();
          //③调用 PullMessageService 类的 pullMessage()方法，执行拉取消息的请求
          this.pullMessage(pullRequest);
       } catch (InterruptedException ignored) {
       } catch (Exception e) {
          log.error("Pull Message Service Run Method exception", e);
       }
    }
    log.info(this.getServiceName() + " service end");
}
```

（3）调用异步线程任务 PullMessageService 的 pullMessage()方法，从消费者缓存中选择消费者来处理消费请求，代码如下。

```
private void pullMessage(final PullRequest pullRequest) {
    //①从客户端实例中获取指定消费者组的消费者对象 MQConsumerInner（客户端实例会按
       照消费者组存储启动成功的消费者对象）
    final MQConsumerInner consumer = this.mQClientFactory.
       selectConsumer(pullRequest.getConsumerGroup());
    if (consumer != null) {
       //②将消费者对象强制转换为 push 模式的对象 DefaultMQPushConsumerImpl
       DefaultMQPushConsumerImpl impl = (DefaultMQPushConsumerImpl)
          consumer;
       //③调用 DefaultMQPushConsumerImpl 类的 pullMessage()方法拉取消息
       impl.pullMessage(pullRequest);
    } else {
    }
}
```

6. 处理派发的消费消息的请求

消费者 DefaultMQPushConsumerImpl 类在调用 pullMessage()方法拉取消息时，会校验 push 消费消息的规则。例如，使用拉取消息数据的阈值和消息队列中缓存的消息数量做对比，如果消息数量大于阈值数量，则延迟消费消息。相关代码可以参考 pullMessage()方法中的源码。下面看一看关键的代码实现。

（1）push 模式底层是依赖 pull 模式实现的。我们通过 4.4.1 节应该已经知道，最新的 pull 模式是采用同步的方式来拉取消息的。但是，push 模式主要是采用异步的方式来拉取消息的，因此它需要定义一个回调类来异步处理拉取消息的结果，代码如下。

```
PullCallback pullCallback = new PullCallback() {
    @Override
    public void onSuccess(PullResult pullResult) {
        if (pullResult != null) {
            //①前置处理从 Broker Server 中拉取消息的结果
            pullResult = DefaultMQPushConsumerImpl.this.pullAPIWrapper.
              processPullResult(pullRequest.getMessageQueue(), pullResult,
                    subscriptionData);
            //②使用条件语句处理拉取消息的结果
            switch (pullResult.getPullStatus()) {
                //③拉取的消息不为空
                case FOUND:
                //④没有新的消息
                case NO_NEW_MSG:
                //⑤没有匹配的消息
                case NO_MATCHED_MSG:
                //⑥offset 不合法
                case OFFSET_ILLEGAL:
                ...
            }
        }
    }
}
```

（2）调用 PullAPIWrapper 类的 pullKernelImpl()方法，并利用消息回调机制返回消费结果，代码如下。

```
//调用 PullAPIWrapper 类的 pullKernelImpl()方法异步拉取消息
this.pullAPIWrapper.pullKernelImpl(
    pullRequest.getMessageQueue(),subExpression,subscriptionData.
      getExpressionType(),subscriptionData.getSubVersion(),pullRequest.
      getNextOffset(),this.defaultMQPushConsumer.getPullBatchSize(),
        sysFlag,commitOffsetValue,BROKER_SUSPEND_MAX_TIME_MILLIS,
          CONSUMER_TIMEOUT_MILLIS_WHEN_SUSPEND,CommunicationMode.
            ASYNC,pullCallback);
```

> 🔖 提示：关于调用 PullAPIWrapper 类的 pullKernelImpl 的()方法拉取消息的逻辑可以参考 4.4.1 节中采用 pull 模式拉取消息的过程。

当采用 push 模式和 pull 模式从 Broker Server 中拉取消息时，使用的是同一个命令事件（命令的编码都是 RequestCode.PULL_MESSAGE），只是，pull 模式采用同步调用方式，push 模式采用异步调用方式。

7. 采用 push 模式消费从 Broker Server 中拉取的消息

采用 push 模式消费消息，主要是通过回调类 PullCallback 来处理从 Broker Server 中拉取的消息的，主要分为以下 3 种处理方式。

（1）如果状态为"FOUND"（表示从 Broker Server 中拉取的消息不为空），则向消费者服务 ConsumeMessage 类提交消费消息的请求，代码如下。

```
case FOUND:
    //①如果拉取的消息列表为空，则重复执行拉取消息的请求
    if (pullResult.getMsgFoundList() == null || pullResult.
      getMsgFoundList().isEmpty()){
      DefaultMQPushConsumerImpl.this.
        executePullRequestImmediately(pullRequest);
    } else {
      //②获取消息列表的初始消费位置offset
      firstMsgOffset = pullResult.getMsgFoundList().get(0).
        getQueueOffset();
      //③记录拉取消息的TPS
      DefaultMQPushConsumerImpl.this.getConsumerStatsManager()
        .incPullTPS(pullRequest.getConsumerGroup(),
        pullRequest.getMessageQueue().getTopic(),
          pullResult.getMsgFoundList().size());
      //④将拉取的消息设置到消费消息的消息队列中
      boolean dispatchToConsume = processQueue.
              putMessage(pullResult.getMsgFoundList());
      //⑤调用消费者服务ConsumeMessage类的submitConsumeRequest()方法消费消息
      DefaultMQPushConsumerImpl.this.consumeMessageService
        .submitConsumeRequest(pullResult.getMsgFoundList(),
        processQueue,pullRequest.getMessageQueue(),
          dispatchToConsume);
```

（2）如果状态为"NO_NEW_MSG"和"NO_MATCHED_MSG"，则更新初始消费位置 offset，重复执行当前从 Broker Server 中拉取消息的请求，具体代码可以参考 RocketMQ 的相关源码。

（3）如果状态为"OFFSET_ILLEGAL"（表示初始消费位置 offset 不合法），则启动异步线程，更新消费者中消费消息的进度，持久化消费进度并且删除对应不合法的消息队列，具体代码可以参考 RocketMQ 的相关源码。

8. 使用调用者自定义的消费者服务的实现类消费消息

在初始化 push 模式的消费者过程中，按照调用者设置的消息监听器类型，使用不同的消费者服务的实现类来消费消息。如果消息监听器为顺序监听器 MessageListenerOrderly 类，则消费者服务是 ConsumeMessageOrderlyService 类；如果消息监听器为并发监听器 MessageListener Concurrently 类，则消费者服务是 ConsumeMessageConcurrentlyService 类。

（1）调用 ConsumeMessageOrderlyService 类的 submitConsumeRequest()方法消费消息，代码如下。

```
private final ThreadPoolExecutor consumeExecutor;
public void submitConsumeRequest(
    final List<MessageExt> msgs,final ProcessQueue processQueue,
    final MessageQueue messageQueue,final boolean dispathToConsume) {
    //①如果可以派发消息的请求，则派发请求
    if (dispathToConsume) {
        //②构建一个消费消息的线程 ConsumeRequest 对象
        ConsumeRequest consumeRequest =
            new ConsumeRequest(processQueue, messageQueue);
        //③将线程 ConsumeRequest 提交到线程池 ThreadPoolExecutor 中，利用线程池
            异步消费消息
        this.consumeExecutor.submit(consumeRequest);
    }
}
```

在调用消费消息的线程 ConsumeRequest 类的 run()方法的过程中，会使用调用者自定义的监听器，最后完成消息的消费，代码如下。

```
//①省略部分代码，读者可以查阅相关源码
@Override
public void run() {
    final ConsumeOrderlyContext context = new
        ConsumeOrderlyContext(this.messageQueue);
    ConsumeOrderlyStatus status = null;
    //②使用调用者自定义的监听器消费消息，返回消费消息的结构，如果是顺序消费，则
        监听器为 MessageListenerOrderly 类
```

181

```
    status = messageListener.
        consumeMessage(Collections.unmodifiableList(msgs), context);
    ...
}
```

调用线程 ConsumeRequest 类的 run()方法消费消息的核心逻辑如下。

- 满足如下两个条件之一，即可完成当前消费消息的请求，否则加锁消息处理队列 ProcessQueue，并延迟重新消费。条件一为消费消息的类型为"广播消息"；条件二为如果消费消息的类型为"集群消息"，则存储拉取消息的消息处理队列 ProcessQueue，必须是锁定状态并且锁没有过期。

- 消息处理队列 ProcessQueue 必须是可用的，否则终止消费消息的请求。

- push 模式默认是支持批量消费消息的，批量数量默认为 1 个。调用者可以在初始化消费者的过程中，设置批量消费参数 consumeMessageBatchMaxSize 的值。

- 利用一个变量控制当前线程消费消息请求的次数。如果变量一直为 true，则在超时之前会一直无限循环消费消息。

（2）调用 ConsumeMessageConcurrentlyService 类的 submitConsumeRequest()方法消费消息的具体步骤如下。

第 1 步，获取批量消费消息的批量值，默认值为 1。调用者可以自定义这个值。

第 2 步，如果拉取的消息列表中的消息条数小于或等于批量值，则构造一个消费消息的线程对象 ConsumeRequest。

第 3 步，利用线程池异步执行线程，消费消息。

第 4 步，如果出现异常，则延迟消费当前消息列表。

第 5 步，如果拉取的消息列表中消息条数大于批量值，则过滤多余的消息。

第 6 步，构造一个消费消息的线程对象 ConsumeRequest。

第 7 步，利用线程池异步执行线程，消费消息。

第 8 步，如果出现异常，则将过滤的消息重新复制到消息列表中。

第 9 步，延迟消费当前消息列表。

具体代码分析可以参考本书配套资源中源码分析中的"ConsumeMessageConcurrentlyService (submitConsumeRequest).md"文件。

4.4.3　采用 pop 模式消费消息

从 4.1.2 节可以了解到 pop 模式是 RocketMQ 5.0 引入的新特性。本书关于 pop 模式的源码部分主要依赖 RocketMQ 5.0.0 Preview 版本。

1. 开启"采用 pop 模式消费消息"

在开始了解 pop 模式的原理之前，我们必须知道以下两点。

- pop 模式是在 push 模式的基础上实现的，因此调用者几乎不需要修改任何代码即可从 push 模式切换到 pop 模式，主要因为切换的逻辑是在负载均衡线程中完成的，调用者完全无感知。如果切换失败，则自动切换到 push 模式。
- 在 RocketMQ 5.0 及以后的版本中，消费消息时支持两种负载均衡模式：客户端负载均衡（在消费者中完成消费消息的负载均衡）和服务端负载均衡（在 Broker Server 中完成消费消息的负载均衡）。其中，采用 pop 模式消费消息可利用服务端负载均衡实现，而采用 push 模式和 pull 模式消费消息可利用客户端负载均衡实现。

因此，要采用 pop 模式消费消息，必须同时满足以下两个条件。

- 条件一：如果生产者客户端没有开启客户端负载均衡，则开启服务端负载均衡。
- 条件二：如果不存在指定的"消息主题"的客户端负载均衡指派信息，且存在指定的"消息主题"的服务端负载均衡指派信息，则开启服务端负载均衡。

我们先看"条件一：如果生产者客户端没有开启客户端负载均衡，则开启客户端负载均衡"。它也有 3 个子条件，满足其中一个就会开启客户端负载均衡。条件描述如下。

- DefaultMQPushConsumer 类中 clientRebalance 参数的值为 true。
- DefaultMQPushConsumerImpl 类中 consumeOrderly 参数的值为 true（开启表示为顺序消费消息）。
- 消费消息的类型为"广播"模式。

校验"条件一"的代码如下。

```
RebalancePushImpl extends RebalanceImpl {
    ...
    //①push 模式的生产者客户端 DefaultMQPushConsumerImpl
    private final DefaultMQPushConsumerImpl defaultMQPushConsumerImpl;
    //②如果返回 true，则开启客户端负载均衡，否则不开启客户端负载均衡
    @Override
    public boolean clientRebalance(String topic) {
    //③异或运算以下 3 个子条件，只要满足其中一个就会开启客户端负载均衡
```

```
        return defaultMQPushConsumerImpl.getDefaultMQPushConsumer().
    //④子条件一：获取 DefaultMQPushConsumer 类中 clientRebalance 参数的值，默认值为
    true
        isClientRebalance() ||
    //⑤子条件二：获取 DefaultMQPushConsumerImpl 类中 consumeOrderly 参数的值，默认值
    为 false
            defaultMQPushConsumerImpl.isConsumeOrderly()||
    //⑥子条件三：获取消费消息的类型，如"集群"模式或"广播"模式
                MessageModel.BROADCASTING.equals(messageModel);
    }
}
```

如果调用 clientRebalance()方法返回 false，则表示"不开启客户端负载均衡"，并满足"条件一"。

我们再看"条件二：如果不存在指定的'消息主题'的客户端负载均衡指派信息，且存在指定的'消息主题'的服务端负载均衡指派信息，则开启服务端负载均衡"。

校验"条件二"的代码如下。

```
public abstract class RebalanceImpl {
    ...
    private boolean tryQueryAssignment(String topic) {
        //①如果存在指定的"消息主题"的客户端负载均衡指派信息，则返回 false
        if (topicClientRebalance.containsKey(topic)) {
            return false;
        }
        //②如果存在指定的"消息主题"的服务端负载均衡指派信息，则返回 true
        if (topicBrokerRebalance.containsKey(topic)) {
            return true;
        }
        //③获取负载均衡策略的名称
        String strategyName = allocateMessageQueueStrategy != null ?
            allocateMessageQueueStrategy.getName() : null;
        boolean success = false;
        int i = 0;
        int timeOut = 0;
        //④如果超时，则重试。其中，TIMEOUT_CHECK_TIMES 的默认值为 3
        while (i++ < TIMEOUT_CHECK_TIMES) {
            try {
```

```
    //⑤向 Broker Server 发起命令事件请求（命令类型为
    RequestCode.QUERY_ASSIGNMENT），查询服务端负载均衡后的消息队列指派信息
    Set<MessageQueueAssignment> resultSet = mQClientFactory.
        queryAssignment(topic, consumerGroup,strategyName,
            messageModel, QUERY_ASSIGNMENT_TIMEOUT /
                TIMEOUT_CHECK_TIMES * i);
        success = true;
        //⑥如果查询成功，则直接退出循环
        break;
    } catch (Throwable t) {
        //⑦如果超时，则执行重试
        if (t instanceof RemotingTimeoutException) {
            timeOut++;
        } else {
            log.error("tryQueryAssignment error.", t);
            break;
        }
    }
}
//⑧如果查询成功，则向服务端负载均衡本地缓存中添加一条记录，返回 true
if (success) {
    topicBrokerRebalance.put(topic, topic);
    return true;
} else {
//⑨如果重试的次数达到重阈值，仍没有获取服务端负载均衡指派信息，则向客户端负载均衡
    本地缓存中添加一条记录，返回 false
    if (timeOut >= TIMEOUT_CHECK_TIMES) {
        topicClientRebalance.put(topic, topic);
        return false;
    } else {
        return true;
    }
}
}
}
```

如果调用 tryQueryAssignment() 方法返回 true，则满足条件二。

2. 发起"采用 pop 模式消费消息"的请求

📀 提示：

采用 pop 模式消费消息的源码在本书配套资源的"/chapterfour/ muti-consumer-message"目录下。

假定现在需要消费一个消息主题为"popConsumerOrder"的消息队列的消息，并要求采用 pop 模式，代码如下。

```
static void testPopConsumerMessage() throws MQClientException {
    //①初始化一个与 push 模式一样的 pop 模式生产者客户端
    DefaultMQPushConsumer defaultMQPopConsumer = new
        DefaultMQPushConsumer("testPopConsumerGroup");
    //②订阅消息主题"popConsumerOrder"
    defaultMQPopConsumer.subscribe("popConsumerOrder", "");
    defaultMQPopConsumer.setNamesrvAddr("127.0.0.1:9876");
    //③关闭客户端负载均衡
    defaultMQPopConsumer.setClientRebalance(false);
    //④关闭顺序消费消息
    defaultMQPopConsumer.getDefaultMQPushConsumerImpl().
        setConsumeOrderly(false);
    //⑤设置消费消息的模式为"集群"模式
    defaultMQPopConsumer.setMessageModel(MessageModel.CLUSTERING);
    defaultMQPopConsumer.registerMessageListener(
        (MessageListenerConcurrently) (msgs, context) -> {
        //⑥使用监听器消费消息
        if (CollectionUtils.isNotEmpty(msgs)) {
            for (MessageExt messageExt : msgs) {
                System.out.println("Consumer message:" +
                    messageExt.toString());
            }
        }
        ConsumeConcurrentlyStatus result=
            ConsumeConcurrentlyStatus.CONSUME_SUCCESS;
        return result;
    });
    //⑦启动消费者客户端
    defaultMQPopConsumer.start();
}
```

3. 初始化 pop 模式的消费者

初始化 pop 模式的消费者的过程与初始化 push 模式的消费者的过程基本一致，可以参考 4.4.2 节关于初始化 push 模式的消费者的过程。

4. 启动负载均衡线程，定时地执行服务端（Broker Server）负载均衡

pop 模式与 push 模式一样，都是在启动 Consumer 通信渠道客户端的过程中，启动一个负载均衡线程 RebalanceService 类，并利用负载均衡发起 pop 模式消费消息的请求。

> **提示：**
>
> pop 模式与 push 模式都是直接派发消费消息的请求。它们的主要区别：前者只能在服务端（Broker Server）负载均衡模式下使用；后者既可以在客户端负载均衡模式下使用，又可以在服务端（Broker Server）负载均衡模式下使用。

（1）当调用 RebalanceImpl 类的 doRebalance()方法执行负载均衡时，切换到服务端负载均衡模式，开启 pop 模式消费消息，代码如下。

```
public boolean doRebalance(final boolean isOrder) {
    boolean balanced = true;
    //①获取消费者订阅关系列表
    Map<String, SubscriptionData> subTable = this.getSubscriptionInner();
    if (subTable != null) {
        //②循环遍历消费者订阅关系列表，获取需要消费消息的消息主题，并执行负载均衡
        for (final Map.Entry<String, SubscriptionData> entry :
            subTable.entrySet()) {
            final String topic = entry.getKey();
            try {
                //③如果满足开启服务端负载均衡的条件，则执行服务端负载均衡
                if (!clientRebalance(topic) && tryQueryAssignment(topic)) {
                    balanced = this.getRebalanceResultFromBroker(topic,
                    isOrder);
                } else {
                    //④否则执行客户端负载均衡
                    balanced = this.rebalanceByTopic(topic, isOrder);
                }
            } catch (Throwable e) {
                if (!topic.startsWith(MixAll.RETRY_GROUP_TOPIC_PREFIX)) {
                    balanced = false;
                }
```

```
            }
        }
    }
    //⑤返回负载均衡的结果
    return balanced;
}
```

只有执行服务端负载均衡后，才能采用 pop 模式消费消息。

（2）调用 RebalanceImpl 类的 getRebalanceResultFromBroker()方法，获取服务端负载均衡后的结果（主要是获取指派后的消息队列列表），代码如下。

```
private boolean getRebalanceResultFromBroker(final String topic, final
    boolean isOrder) {
    //①获取负载均衡策略的名称
    String strategyName = this.allocateMessageQueueStrategy.getName();
    Set<MessageQueueAssignment> messageQueueAssignments;
    try {
    //②执行服务端负载均衡，并获取消息队列指派关系
        messageQueueAssignments = this.mQClientFactory.
            queryAssignment(topic, consumerGroup,
            strategyName, messageModel, QUERY_ASSIGNMENT_TIMEOUT);
    } catch (Exception e) {
        log.error("allocate message queue exception. strategy name: {}, ex:
        {}", strategyName, e);
        return false;
    }
    if (messageQueueAssignments == null) {
        return false;
    }
    Set<MessageQueue> mqSet = new HashSet<MessageQueue>();
    //③从消息队列指派关系中，获取负载均衡后的消息队列列表
    for (MessageQueueAssignment messageQueueAssignment :
        messageQueueAssignments) {
        if (messageQueueAssignment.getMessageQueue() != null) {
            mqSet.add(messageQueueAssignment.getMessageQueue());
        }
    }
    Set<MessageQueue> mqAll = null;
    //④更新消费消息的"处理队列"和"消费队列"之间的绑定关系
```

```
    boolean changed = this.updateMessageQueueAssignment(topic,
        messageQueueAssignments, isOrder);
    if (changed) {
    log.info("broker rebalanced result changed.
        allocateMessageQueueStrategyName={}, group={}, topic={},
        clientId={}, assignmentSet={}",strategyName, consumerGroup,
        topic, this.mQClientFactory.getClientId(),
            messageQueueAssignments);
        //⑤如果绑定关系发生变更，则通知消费消息的监听器
        this.messageQueueChanged(topic, mqAll, mqSet);
    }
    return mqSet.equals(getWorkingMessageQueue(topic));
}
```

（3）调用 pop 模式负载均衡的实现类 RebalancePushImpl 的 dispatchPopPullRequest() 方法派发消费消息的请求，代码如下。

```
@Override
public void dispatchPopPullRequest(final List<PopRequest> pullRequestList,
final long delay) {
    //①遍历拉取消息的请求列表
    for (PopRequest pullRequest : pullRequestList) {
        //②如果不是延迟拉取消息，则调用 DefaultMQPushConsumerImpl 类的实时拉取
            消息的方法
        if (delay <= 0) {
            this.defaultMQPushConsumerImpl.
                executePopPullRequestImmediately(pullRequest);
        } else {
            //③如果是延迟拉取消息，则调用 DefaultMQPushConsumerImpl 类的延迟拉
                取消息的方法，延迟时间为 delay
            this.defaultMQPushConsumerImpl.
                executePopPullRequestLater(pullRequest, delay);
        }
    }
}
```

5. 异步派发 pop 模式消费消息的请求

（1）将 pop 模式拉取消息的请求分发给线程任务 PullMessageService 类，代码如下。

```
//①调用 DefaultMQPushConsumerImpl 类的 executePopPullRequestLater()方法
void executePopPullRequestLater(final PopRequest pullRequest, final long
    timeDelay) {
    //②调用线程任务 PullMessageService 类的 executePopPullRequestLater()方
        法延迟拉取消息
    this.mQClientFactory.getPullMessageService()
        .executePopPullRequestLater(pullRequest, timeDelay);
}
//③调用 DefaultMQPushConsumerImpl 类的 executePopPullRequestImmediately()
    方法，延迟拉取消息
void executePopPullRequestImmediately(final PopRequest pullRequest) {
    //④调用线程任务 PullMessageService 类的 executePopPullRequestImmediately()
        方法实时地拉取消息
    this.mQClientFactory.getPullMessageService()
        .executePopPullRequestImmediately(pullRequest);
}
```

（2）使用线程任务 PullMessageService 类异步缓存拉取消息的请求，代码如下。

```
//①定义一个存储拉取消息请求的本地缓存
private final LinkedBlockingQueue<MessageRequest> messageRequestQueue = new
    LinkedBlockingQueue<MessageRequest>();
public void executePopPullRequestLater(final PopRequest pullRequest, final
    long timeDelay) {
    if (!isStopped()) {
        //②使用定时线程池定时地执行延迟拉取消息的请求
        this.scheduledExecutorService.schedule(new Runnable() {
            @Override
            public void run() {
                //③在延迟时间结束后，实时地拉取消息，并将拉取消息的请求设置到本地缓存中
                    PullMessageService.this.
                        executePopPullRequestImmediately(pullRequest);
            }
        }, timeDelay, TimeUnit.MILLISECONDS);
    } else {
    }
}
public void executePopPullRequestImmediately(final PopRequest
    pullRequest){
```

```
    try {
        //④将拉取消息的请求设置到本地缓存中
        this.messageRequestQueue.put(pullRequest);
    } catch (InterruptedException e) {
    }
}
```

6. 启动异步线程任务，读取缓存队列中的消费请求

（1）在消费者客户端实例 MQClientInstance 类的启动过程中，启动异步线程任务，代码如下。

```
private final PullMessageService pullMessageService;
public void start() throws MQClientException {
    //启动异步线程任务
    this.pullMessageService.start();
    ...
}
```

（2）启动异步线程任务 PullMessageService 类，执行本地缓存中拉取消息的请求，代码如下。

```
@Override
public void run() {
    while (!this.isStopped()) {
        try {
            //①从本地缓存中获取拉取消息的请求 MessageRequest
            MessageRequest messageRequest = this.messageRequestQueue.take();
            if (messageRequest.getMessageRequestMode() ==
                MessageRequestMode.POP) {
                //②如果采用 pop 模式拉取消息的请求，则执行 popMessage()方法
                this.popMessage((PopRequest)messageRequest);
            } else {
                //③如果采用 push 模式拉取消息的请求，则执行 pullMessage()方法
                this.pullMessage((PullRequest)messageRequest);
            }
        } catch (InterruptedException ignored) {
        } catch (Exception e) {
        }
    }
}

private void popMessage(final PopRequest popRequest) {
```

```
//④从客户端实例中获取指定消费者组的消费者对象 MQConsumerInner
final MQConsumerInner consumer = this.mQClientFactory.selectConsumer
    (popRequest.getConsumerGroup());
if (consumer != null) {
//⑤将 MQConsumerInner 对象转换为 DefaultMQPushConsumerImpl 对象
DefaultMQPushConsumerImpl impl = (DefaultMQPushConsumerImpl) consumer;
    //⑥调用 DefaultMQPushConsumerImpl 类的 popMessage()方法拉取消息
    impl.popMessage(popRequest);
} else {
}
}
```

7. 处理派发的消费消息的请求

调用 DefaultMQPushConsumerImpl 类的 popMessage()方法处理派发的消费消息的请求的具体过程如下。

（1）定义一个回调类 PopCallback，处理从 Broker Server 拉取消息的结果。

（2）调用 PullAPIWrapper 类的 popAsync()方法处理消费消息的请求，并构造 RPC 请求对象 PopMessageRequestHeader 的具体步骤如下。

第 1 步，从客户端本地缓存中获取指定 Broker 名称和 Master 角色的 Broker Server 信息。

第 2 步，如果本地缓存中没有 Broker Server 信息，则从 Name Server 中远程获取 Broker Server 信息，并更新到本地缓存中。

第 3 步，重新从本地缓存中获取 Broker Server 信息。

第 4 步，构造 pop 模式消费消息的 RPC 对象请求头。

第 5 步，默认开启轮询，轮询时间为 timeout + 10×1000ms=timeout，其中，timeout 为 15×1000ms，总计 25s。

第 6 步，获取 Broker Server 的 IP 地址。

第 7 步，调用 MQClientAPIImpl 类的 popMessageAsync()方法拉取消息。

具体代码分析可以参考本书配套资源中源码分析中的 "PullAPIWrapper(popAsync).md" 文件。

（3）调用 MQClientAPIImpl 类的 popMessageAsync()方法拉取消息，具体步骤如下。

第 1 步，构造一个编码为 RequestCode.POP_MESSAGE 的命令事件对象 Remoting Command。

第 2 步，异步从 Broker Server 中拉取消息。

第 3 步，从返回的结果对象 ResponseFuture 中获取拉取消息的结果。

第 4 步，处理拉取消息的结果，并生成结果对象 PopResult。

第 5 步，使用回调类 popCallback，通知拉取消息的结果。

第 6 步，使用回调函数通知调用者，拉取消息请求不成功的异常。

第 7 步，使用回调函数通知调用者，拉取消息超时的异常。

第 8 步，使用回调函数通知调用者，拉取消息通信渠道客户端的异常。

具体代码分析可以参考本书配套资源中源码分析中的"MQClientAPIImpl(popMessageAsync).md"文件。

（4）使用 Broker Server 处理消费者采用 pop 模式消费消息的 RPC 请求。

使用 Broker Server 注册处理编码为 RequestCode.POP_MESSAGE 的命令事件的处理器 PopMessageProcessor 类，代码如下。

```
public class BrokerController {
    private RemotingServer remotingServer;
    ...
    public void registerProcessor() {
        //调用 NettyRemotingServer 类的 registerProcessor()方法注册编码为
          RequestCode.POP_MESSAGE 的命令事件
        this.remotingServer.registerProcessor(RequestCode.POP_MESSAGE,
            this.popMessageProcessor, this.pullMessageExecutor);
        ...
    }
}
```

这样 Broker Server 服务端中就缓存了编码为 RequestCode.POP_MESSAGE 的命令事件的处理器 PopMessageProcessor 类，统一的命令处理器就可以将包装编码为 RequestCode.POP_MESSAGE 命令事件的 RPC 请求路由给 PopMessageProcessor 处理器。

调用 PopMessageProcessor 类的 processRequest()方法处理消费消息的 RPC 请求，代码如下。

```
@Override
public RemotingCommand processRequest(final ChannelHandlerContext ctx,
    RemotingCommand request) throws RemotingCommandException {
    request.addExtField(BORN_TIME, String.valueOf(System.
```

193

```
            currentTimeMillis()));
    //调用 processRequest()方法处理 pop 模式拉取消息的请求，并返回异步结果对象
    return this.processRequest(ctx.channel(), request);
}
```

关于调用 PopMessageProcessor 类的 processRequest()方法处理 pop 模式消息的详细源码，读者可以参考 RocketMQ 的 PopMessageProcessor 类，这里就不再赘述。

8. pop 模式消费者处理从 Broker Server 拉取的消息

pop 模式消费者利用回调类 PopCallback 处理从 Broker Server 中拉取消息的结果，具体过程如下。

（1）处理状态为"FOUND"的拉取消息的结果，代码如下。

```
case FOUND:
    ...
    if (popResult.getMsgFoundList() == null ||
        popResult.getMsgFoundList().isEmpty()){
            //①如果拉取的消息列表为空，则重复执行当前拉取消息的请求
            DefaultMQPushConsumerImpl.this.
                executePopPullRequestImmediately(popRequest);
    } else {
            //②将拉取的消息列表设置到 pop 模式的消息处理队列中
            popRequest.getPopProcessQueue().
                incFoundMsg(popResult.getMsgFoundList().size());
            //③提交 pop 模式消费消息的请求
            DefaultMQPushConsumerImpl.this.
                consumeMessagePopService.submitPopConsumeRequest(
                    popResult.getMsgFoundList(),processQueue
                        ,popRequest.getMessageQueue());
        if (DefaultMQPushConsumerImpl.this.
            defaultMQPushConsumer.getPullInterval() > 0) {
        //④如果当前消费者消费消息的耗时时间没有超过超时时间，则发起延迟消费消息
            的请求
            DefaultMQPushConsumerImpl.this
                .executePopPullRequestLater(popRequest,
            DefaultMQPushConsumerImpl.this.
                defaultMQPushConsumer.getPullInterval());
        } else {
```

```
//⑤否则发起实时消费消息的请求
        DefaultMQPushConsumerImpl.this
            .executePopPullRequestImmediately(popRequest);
    }
  }
  break;
```

（2）处理状态为"NO_NEW_MSG"和"POLLONG_NOT_FOUND"的拉取消息的结果，这两种状态表示 Broker Server 中暂时没有满足条件的消息。在回调处理过程中，会再次发起实时消费消息的请求。

（3）处理状态为"POLLING_FULL"的拉取消息的结果，这种状态表示 Broker Server 中正在处理的轮询总条数已经达到阈值（最多并发轮询条数为 100000 条，可以利用 BrokerConfig 类的 maxPopPollingSize 参数自定义阈值），需要等待 Broker Server 处理其他消息。在回调处理过程中，再次发起延迟消费消息的请求。

（4）如果以上状态都不匹配，则再次发起延迟消费消息的请求。

9. 使用调用者自定义的消费者服务的实现类消费消息

在 push 模式的基础上实现了 pop 模式消费方式，因此，pop 模式消费者服务初始化的过程与 push 模式消费者服务初始化的过程基本一致，其主要区别如下。

- 如果消息监听器为顺序监听器 MessageListenerOrderly 类，则 pop 模式的消费者服务是 ConsumeMessagePopOrderlyService 类。
- 如果消息监听器为并发监听器 MessageListenerConcurrently 类，则 pop 模式的消费者服务是 ConsumeMessagePopConcurrentlyService 类。

（1）调用 ConsumeMessagePopOrderlyService 类的 submitConsumeRequest()方法消费消息，代码如下。

```
@Override
public void submitPopConsumeRequest(final List<MessageExt> msgs,
    final PopProcessQueue processQueue,final MessageQueue messageQueue) {
    //①构造一个消费消息的线程 ConsumeRequest
    ConsumeRequest req = new ConsumeRequest(processQueue, messageQueue);
    //②将线程提交给线程池，异步消费消息
    submitConsumeRequest(req, false);
}
//③使用线程安全的 ConcurrentSet 类实现本地缓存，并存储消费消息的线程
private final ConcurrentSet<ConsumeRequest> consumeRequestSet = new
```

```
    ConcurrentSet<ConsumeRequest>();
private void submitConsumeRequest(final ConsumeRequest consumeRequest,
    boolean force) {
    //④获取当前消息队列的对象锁
    Object lock = consumeRequestLock.fetchLockObject(consumeRequest.
        getMessageQueue(),consumeRequest.shardingKeyIndex);
    //⑤添加同步锁
    synchronized (lock) {
        //⑥将消费消息的线程添加到本地缓存中
        boolean isNewReq = consumeRequestSet.add(consumeRequest);
        if (force || isNewReq) {
            try {
                //⑦使用线程池异步执行消费消息的线程
                consumeExecutor.submit(consumeRequest);
            } catch (Exception e) {
            }
        }
    }
}
```

在调用 pop 消费消息的线程 ConsumeRequest 类的 run()方法的过程中，会使用调用者自定义的监听器，最后完成消息的消费。

（2）调用 ConsumeMessagePopConcurrentlyService 类的 submitConsumeRequest()方法消费消息的具体步骤如下。

第 1 步，获取批量消费消息的批量值，默认值为 1，调用者可以自定义这个值。

第 2 步，如果拉取到的消息列表中的消息条数小于或等于批量值，则构造一个消费消息的线程对象 ConsumeRequest。

第 3 步，利用线程池异步执行线程，消费消息。

第 4 步，如果出现异常，则延迟消费当前消息列表。

第 5 步，如果拉取到的消息列表中的消息条数大于批量值，则过滤多余的消息。

第 6 步，构造一个消费消息的线程对象 ConsumeRequest。

第 7 步，利用线程池异步执行线程，消费消息。

第 8 步，如果出现异常，则将过滤的消息重新复制到消息列表中。

第 9 步，延迟消费当前消息列表。

具体代码分析可以参考本书配套资源中源码分析中的"ConsumeMessagePopConcurrentlyService (submitConsumeRequest).md"文件。

4.5　采用"请求/应答"消息实现同步调用

> 📌 **提示：**
>
> 本节源码分析在本书配套资源的"chapterfour/4.5/source-code-review"目录下。

RocketMQ 的优秀功能是异步解耦和流量削峰。使用该功能主要是为了解决分布式架构中服务之间 RPC 调用的强耦合弊端——调用链路太长，需要同步等待。

那么，RocketMQ 为什么要支持类似于 RPC 的同步调用呢？下面来看一看它的架构及其原理。

4.5.1　"请求/应答"消息的架构

随着服务规模的扩大，单机服务无法满足性能和容量的要求，此时需要将服务拆分为更小粒度的服务或者部署多个服务实例构成集群来提供服务。在分布式场景下，RPC 是最常用的联机调用的方式。

在构建分布式架构时，有些领域（如金融服务）常使用消息中间件来构建业务的消息总线程（如 RocketMQ），从而实现联机调用的目的。

消息中间件的主要应用场景是解耦、削峰填谷。在联机调用的场景下，需要将服务的调用抽象成基于消息的交互，并增强同步调用的交互逻辑。为了更好地支持消息队列在联机调用场景下的应用，RocketMQ 推出了"请求/应答"消息来支持 RPC 调用，主要指 Producer 能收到 Consumer 的消费结果的应答消息，这样即可进一步提高消息生产和消费的可靠性。

图 4-24 所示为"请求/应答"消息的逻辑架构。

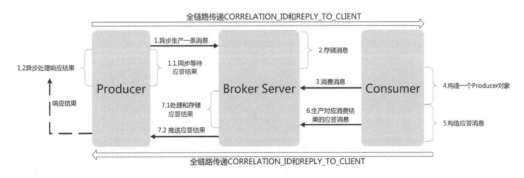

图 4-24

（1）Producer 采用"异步"模式生产一条"请求/应答"消息，并异步等待 Consumer 消费消息的结果。

- 每生产一条"请求/应答"消息，就生成一个异步对象 RequestResponseFuture，并绑定一个全局 ID（CORRELATION_ID）。
- 将异步对象存储在本地缓存中，并使用 RequestFutureTable 类来管理本地缓存。
- 使用 Java 的线程同步工具 CountDownLatch 类实现"同步等待 Consumer 的应答消息"，具体实现为①当生产完成"请求/应答"消息后，调用 CountDownLatch 类的 await()方法让当前线程 A 同步等待一段时间，等待时间不能超过生产消息的超时时间；②如果在等待时间之内，线程 B 将 Consumer 的响应消息返给 Producer，则调用 CountDownLatch 类的 countDown()方法，并唤醒线程 A，将相应结果返给对应的 Producer。

（2）Broker Server 收到生产"请求/应答"消息的请求后，按照常规处理消息的流程，解析命令事件，并调用存储引擎存储消息。

（3）Consumer 按照常规流程来消费"请求/应答"的消息。

（4）在消费成功后，构造一个 Producer 客户端实例对象。

（5）针对每一条消费成功的消息，构造一条对应的应答消息，并绑定全局 ID（CORRELATION_ID）和生产者客户端 ID（REPLY_TO_CLIENT）。

（6）Consumer 向 Broker Server 推送消费结果的应答消息。

（7）首先，Broker Server 处理和存储 Consumer 的应答消息，并将处理后的结果推送给 Producer；然后，Producer 处理消费者的应答消息。

"请求/应答"消息的本质上是将异步调用转换为同步调用（底层是利用"异步"模式生产消息的）。为了实现将"异步"转换为"同步"，它利用全局 ID（CORRELATION_ID）和生产者客户端 ID（REPLY_TO_CLIENT）将 Producer、Broker Server 及 Consumer 绑定在一起，形成映射关系。这样，Consumer 向 Broker Server 生产"请求/应答"消息时，就可以寻址到原来的 Producer 的 RPC 通信渠道，并利用这个通信渠道，异步将"请求/应答"消息返给 Producer，从而实现 Producer 和 Consumer 之间的同步 RPC 调用。

4.5.2 分析"请求/应答"消息的过程

1. 利用生产者构建"请求/应答"消息的请求

Producer 主要调用 DefaultMQProducer 类的 request()方法来构建"请求/应答"消息的请求，并根据该方法的入参支持多种场景构建"请求/应答"消息的请求。例如，可以定义消息队列、消息队列选择器、请求回调函数和请求的超时时间等。request()方法的入参如图 4-25 所示。

- ⓜ ⓔ **request(Message, long):Message**
- ⓜ ⓔ **request(Message, MessageQueue, long):Message**
- ⓜ ⓔ **request(Message, MessageQueue, RequestCallback, long):void**
- ⓜ ⓔ **request(Message, MessageQueueSelector, Object, long):Message**
- ⓜ ⓔ **request(Message, MessageQueueSelector, Object, RequestCallback, long):void**
- ⓜ ⓔ **request(Message, RequestCallback, long):void**

图 4-25

"请求/应答"消息底层采用"异步"模式实现，也支持采用生产者 SDK 的 3 种方式来实现。

（1）采用"内核方式"生产"请求/应答"消息，代码如下。

```
static public void testAsyncKernelRequestReplyMessage() throws
    MQClientException,UnsupportedEncodingException, RemotingException,
    MQBrokerException, InterruptedException , RequestTimeoutException {
    //①定义一个回调函数 RequestCallback()
    RequestCallback requestCallback = new RequestCallback() {
        @Override public void onSuccess(Message message) {
            System.out.println("send async default pattern request reply
                message success"+",the message is "+message.toString());
        }
        @Override public void onException(Throwable e) {
            System.out.println(e.getMessage());
        }
    };
    //②定义一个生产者对象 mqProducer
    DefaultMQProducer mqProducer = new DefaultMQProducer
        ("testAsyncKernelRequestReplyProducerGroup");
    //③设置 Name Server 的 IP 地址
    mqProducer.setNamesrvAddr("127.0.0.1:9876");
    //④启动生产者
    mqProducer.start();
    //⑤定义消息主题名称
    String topic="testAsyncKernelRequestReplyProducerMessage";
    //⑥构造消息体
    Message msg = new Message(topic,("This is async kernel pattern
        request reply test message" + RandomUtils.nextLong(1, 20000000)).
            getBytes(RemotingHelper.DEFAULT_CHARSET));
    //⑦系统属性 MessageConst.PROPERTY_CLUSTER 的值为集群名称
    MessageAccessor.putProperty(msg,MessageConst.PROPERTY_CLUSTER,
```

```
        "DefaultCluster");
    String brokerName="broker-a";
    Integer queueId=1;
    //⑧构造一个消息队列，设置消息队列 ID 为 1
    MessageQueue messageQueue = new MessageQueue(topic, brokerName,
        queueId);
    //⑨生产"请求/应答"消息
    mqProducer.request(msg,messageQueue,requestCallback,3000);
}
```

（2）采用"默认方式"生产"请求/应答"消息，代码如下。

```
static public void testAsyncDefaultRequestReplyMessage() throws
    MQClientException,UnsupportedEncodingException, RemotingException,
    MQBrokerException, InterruptedException , RequestTimeoutException {
    //①定义回调函数 RequestCallback()
    RequestCallback requestCallback = new RequestCallback() {
        @Override public void onSuccess(Message message) {
            System.out.println("send async default pattern message
                success"+",the message is "+message.toString());
        }
        @Override public void onException(Throwable e) {
            System.out.println(e.getMessage());
        }
    };
    //②定义一个生产者对象 mqProducer
    DefaultMQProducer requestReplyProducer = new
        DefaultMQProducer("testAsyncDefaultRequestReplyProducerGroup");
    //③设置 Name Server 的 IP 地址
    requestReplyProducer.setNamesrvAddr("127.0.0.1:9876");
    //④启动生产者
    requestReplyProducer.start();
    //⑤定义消息主题名称
    String topic = "testAsyncDefaultRequestReplyProducerMessage";
    //⑥构造消息体
    Message msg = new Message(topic,("This is async default pattern
        request reply test message" + RandomUtils.nextLong(1, 20000000)).
            getBytes(RemotingHelper.DEFAULT_CHARSET));
    //⑦系统属性 MessageConst.PROPERTY_CLUSTER 的值为集群名称
```

```
MessageAccessor.putProperty(msg,MessageConst.PROPERTY_CLUSTER,
    "DefaultCluster");
//⑧生产"请求/应答"消息
requestReplyProducer.request(msg,requestCallback,3000);
}
```

（3）采用"选择器方式"生产"请求/应答"消息，代码如下。

```
static public void testAsyncSelectRequestReplyMessage() throws
    MQClientException,UnsupportedEncodingException, RemotingException,
        MQBrokerException, InterruptedException {
    //①定义回调函数 RequestCallback()
    RequestCallback requestCallback = new RequestCallback() {
        @Override
        public void onSuccess(Message message) {
            System.out.println("send async select pattern request reply
                message success" + ",the message is " + message.toString());
        }
        @Override
        public void onException(Throwable e) {
            System.out.println(e.getMessage());
        }
    };
    //②定义一个生产者对象 mqProducer
    DefaultMQProducer mqProducer = new
        DefaultMQProducer("testAsyncSelectRequestReplyProducerGroup");
    //③设置 Name Server 的 IP 地址
    mqProducer.setNamesrvAddr("127.0.0.1:9876");
    //④定义消息主题名称
    String topic = "testAsyncSelectRequestReplyProducerMessage";
    //⑤启动生产者
    mqProducer.start();
    for (int i = 0; i < 100; i++) {
        //⑥RocketMQ 消息队列默认队列数为 8 个，模拟业务 ID 的取模运算，并选择消息队列
        int businessId = i % 8;
        //⑦构造消息体
        Message msg =new Message(topic,("This is async select pattern
            request reply test message " + i).getBytes(RemotingHelper.
                DEFAULT_CHARSET));
```

```
        //⑧系统属性 MessageConst.PROPERTY_CLUSTER 的值为集群名称
        MessageAccessor.putProperty(msg,MessageConst.PROPERTY_CLUSTER,
            "DefaultCluster");
        //⑨生产消息
        mqProducer.request(msg, new MessageQueueSelector() {
            @Override
            public MessageQueue select(List<MessageQueue> mqs, Message msg,
                Object arg) {
                Integer id = (Integer) arg;
                //⑩使用选择器 MessageQueueSelector，从下标[0,7]中选择一个值，并
                    获取指定下标的消息队列
                int index = id % mqs.size();
                return mqs.get(index);
            }
        }, businessId, requestCallback, 3000);
    }
}
```

2. 构造"请求/应答"消息体和异步对象

（1）调用 DefaultMQProducerImpl 类的 prepareSendRequest()方法，构造"请求/应答"消息体，代码如下。

```
private void prepareSendRequest(final Message msg, long timeout) {
    //①创建当前"请求/应答"消息请求的全局唯一 ID
    String correlationId = CorrelationIdUtil.createCorrelationId();
    //②获取当前生产者的通信渠道的客户端实例 ID
    String requestClientId = this.getmQClientFactory().getClientId();
    //③将全局唯一 ID 绑定到消息体中
    MessageAccessor.putProperty(msg, MessageConst.PROPERTY_CORRELATION_ID,
        correlationId);
    //④将客户端实例 ID 绑定到消息体中
    MessageAccessor.putProperty(msg, MessageConst.
        PROPERTY_MESSAGE_REPLY_TO_CLIENT, requestClientId);
    //⑤设置消息的有效时间 TTL
    MessageAccessor.putProperty(msg, MessageConst.PROPERTY_MESSAGE_TTL,
        String.valueOf(timeout));
    ...
}
```

（2）当调用 DefaultMQProducerImpl 类的 request()方法生产消息时，会构建一个异步对象并存储在本地缓存中。

```
//①这里利用无参数的 request()方法来代表 DefaultMQProducerImpl 类中所有的 request()
    方法，具体可以参考相关源码
public void request(){
//②新建一个异步 Future 响应结果对象 RequestResponseFuture，并绑定全局唯一 ID。如果
    调用者自定义了请求回调函数，则绑定 requestCallback，方便回调通知生产消息的结果
    final RequestResponseFuture requestResponseFuture = new
        RequestResponseFuture(correlationId, timeout, requestCallback);
    //③将新建的异步 Future 响应结果对象设置到静态缓存中
    RequestFutureTable.getRequestFutureTable().put(correlationId,
        requestResponseFuture);
    ...
}
//④使用 RequestFutureTable 类中的静态变量 requestFutureTable 实现静态缓存
public class RequestFutureTable {
    //⑤初始化一个静态的 ConcurrentHashMap 对象，以确保线程安全
    private static ConcurrentHashMap<String, RequestResponseFuture>
        requestFutureTable = new ConcurrentHashMap<String,
            RequestResponseFuture>();
    //⑥获取静态缓存
    public static ConcurrentHashMap<String, RequestResponseFuture>
        getRequestFutureTable() {
        return requestFutureTable;
    }
    ...
}
```

3. 采用“异步”模式的相关模块生产消息

（1）采用“默认方式”、“内核方式”和“选择器方式”异步生产消息的主要代码如下。

```
//①采用“默认方式”异步生产消息
this.sendDefaultImpl(msg, CommunicationMode.ASYNC, new SendCallback() {
    @Override
    public void onSuccess(SendResult sendResult) {
        requestResponseFuture.setSendRequestOk(true);
    }
    @Override
```

```
    public void onException(Throwable e) {
        requestResponseFuture.setSendRequestOk(false);
        requestResponseFuture.putResponseMessage(null);
        requestResponseFuture.setCause(e);
    }
}, timeout - cost);
//②采用"内核方式"异步生产消息
this.sendKernelImpl(msg, mq, CommunicationMode.ASYNC, new SendCallback() {
    @Override
    public void onSuccess(SendResult sendResult) {
        requestResponseFuture.setSendRequestOk(true);
    }
    @Override
    public void onException(Throwable e) {
        requestResponseFuture.setSendRequestOk(false);
        requestResponseFuture.putResponseMessage(null);
        requestResponseFuture.setCause(e);
    }
}, null, timeout - cost);
//③采用"选择器方式"异步生产消息
this.sendSelectImpl(msg, selector, arg, CommunicationMode.ASYNC, new
    SendCallback() {
    @Override
    public void onSuccess(SendResult sendResult) {
        requestResponseFuture.setSendRequestOk(true);
    }
    @Override
    public void onException(Throwable e) {
        requestResponseFuture.setSendRequestOk(false);
        requestResponseFuture.putResponseMessage(null);
        requestResponseFuture.setCause(e);
    }
}, timeout - cost);
```

（2）调用通信渠道客户端 MQClientAPIImpl 类的 sendMessage()方法，构造生产"请求/应答"消息的 RPC 对象，代码如下。

```
//①省略方法的入参
public SendResult sendMessage(){
```

```
RemotingCommand request = null;
//②读取消息类型
String msgType = msg.getProperty(MessageConst.PROPERTY_MESSAGE_TYPE);
//③校验消息类型。如果是"请求/应答"消息，则将 isReply 设置为 true
boolean isReply = msgType != null && msgType.equals
    (MixAll.REPLY_MESSAGE_FLAG);
//④如果将 isReply 设置为 true，则构造生产"请求/应答"消息的 RPC 对象，否则构造普
    通消息的 RPC 对象
if (isReply) {
    //⑤判断是否采用了"智能优化"模式，在默认情况下，sendSmartMsg 被设置为 true
    if (sendSmartMsg) {
        //⑥构造"智能优化"模式中 RPC 对象的请求头 requestHeaderV2，并覆盖原有
            的请求头 requestHeader
        SendMessageRequestHeaderV2 requestHeaderV2 =
            SendMessageRequestHeaderV2.createSendMessageRequestHeaderV2
                (requestHeader);
        //⑦设置命令事件的编码为 RequestCode.SEND_REPLY_MESSAGE_V2
        request = RemotingCommand.createRequestCommand
            (RequestCode.SEND_REPLY_MESSAGE_V2, requestHeaderV2);
    } else {
    //⑧如果采用"智能优化"模式，则设置命令事件的编码 RequestCode.SEND_REPLY_MESSAGE
        request = RemotingCommand.createRequestCommand
                (RequestCode.SEND_REPLY_MESSAGE, requestHeader);
    }
}
...
}
```

> 📢 提示：
>
> RocketMQ 提供了一个系统参数 "org.apache.rocketmq.client.sendSmartMsg"，使开发人员可以在客户端开启或关闭生产消息的"智能优化"模式。
>
> 在开启"智能优化"模式后，RPC 对象的请求头中的长变量会被替换为短变量，如"topic"被替换为"b"，这样做的目的是加快序列化和反序列化的速度。

（3）在构造生产"请求/应答"消息的 RPC 对象后，采用通信渠道客户端的"异步"模式向 Broker Server 发起 RPC 请求，这样 Broker Server 就能收到生产消息的请求，并调用存储引擎存储"请求/应答"消息。关于具体代码，读者可以参考相关源码，这里就不再赘述。

4. Consumer 消费"请求/应答"消息

首先，Consumer 消费"请求/应答"消息成功后，生产一条"消费成功"的应答消息给 Broker Server；然后，Broker Server 将应答消息转发给对应的 Producer。

（1）消费消息时可以按照常规流程处理消息（具体可以参考 4.4 节）。

（2）在消费成功后，生产一条"消费成功"的应答消息。

当生产"消费成功"的应答消息时，必须使用 RocketMQ 提供的工具类创建应答消息。创建应答消息的代码如下。

```
if (CollectionUtils.isNotEmpty(messageExts)) {
    //①Consumer 遍历消费列表消费消息，每消费成功一条就生产一条应答消息
    for (MessageExt messageExt : messageExts) {
        System.out.printf("handle message: %s", messageExt.toString());
        //②获取 PROPERTY_MESSAGE_REPLY_TO_CLIENT 的值，得到生产者的客户端 ID
        String replyTo = MessageUtil.getReplyToClient(messageExt);
        //③创建应答消息体
        byte[] replyContent = "reply message contents.".getBytes();
        //④使用 RocketMQ 提供的工具类创建应答消息
        Message replyMessage = MessageUtil.createReplyMessage(messageExt,
            replyContent);
        //⑤生产一条应答消息，并发送给 Broker Server
        SendResult replyResult = replyProducer.send(replyMessage, 3000);
        System.out.printf("reply to %s , %s %n", replyTo,
            replyResult.toString());
    }
}
```

下面看一下使用 RocketMQ 提供的工具类是如何创建应答消息的，具体步骤如下。

第 1 步，构造一条应答消息。

第 2 步，从消息属性列表中获取 MessageConst.PROPERTY_CLUSTER 的值，主要是 Broker Server 的集群名称。

第 3 步，从消息属性列表中获取生产者的客户端 ID。

第 4 步，从消息属性列表中获取全局 correlationId。

第 5 步，从消息的属性列表中获取 MessageConst.PROPERTY_MESSAGE_TTL，主要是生产消息的超时时间。

第 6 步，设置消息体。

第 7 步，组装生产应答消息的消息主题，规则为"集群名称 + _ + REPLY_TOPIC"。

第 8 步，设置消息主题。

第 9 步，在应答消息中设置消息类型为"请求/应答"消息。

第 10 步，在应答消息中设置全局 correlationId，这样即可将其与 Producer 生产的消息关联起来。

第 11 步，在应答消息中设置生产者的客户端 ID，这样即可将其与对应的 Producer 客户端关联起来。

第 12 步，设置生产消息的超时时间。

第 13 步，返回应答消息。

具体代码分析可以参考本书配套资源中源码分析中的"MessageUtil(createReplyMessage).md"文件。

这样即可利用 Producer 客户端将 Consumer 应答的消息发送给 Broker Server。

5. Broker Server 处理"请求/应答"消息

Broker Server 在收到 Producer 生产的"请求/应答"消息后，就会分为如下几步来处理消息。

（1）调用 Broker Server 的 ReplyMessageProcessor 类的 parseRequestHeader() 方法解析 Broker Server 收到的 RPC 请求，代码如下。

```
@Override
protected SendMessageRequestHeader parseRequestHeader(RemotingCommand
    request) throws RemotingCommandException {
    SendMessageRequestHeaderV2 requestHeaderV2 = null;
    SendMessageRequestHeader requestHeader = null;
    //①顺序解析命令事件 RequestCode.SEND_REPLY_MESSAGE_V2 和
        RequestCode.SEND_REPLY_MESSAGE
    switch (request.getCode()) {
        //②如果命令事件的编码为 RequestCode.SEND_REPLY_MESSAGE_V2，则将其反序列
            化为 SendMessageRequestHeaderV2 对象
        case RequestCode.SEND_REPLY_MESSAGE_V2:
            requestHeaderV2 =(SendMessageRequestHeaderV2) request
                .decodeCommandCustomHeader(SendMessageRequestHeaderV2.class);
        case RequestCode.SEND_REPLY_MESSAGE:
         //③如果命令事件的编码为 RequestCode.SEND_REPLY_MESSAGE 且
```

```
        requestHeaderV2 为空对象，则将其反序列化为 SendMessageRequestHeader
        对象
     if (null == requestHeaderV2) {
        requestHeader =(SendMessageRequestHeader) request
        .decodeCommandCustomHeader(SendMessageRequestHeader.class);
     } else {
        //④如果命令事件的编码为 RequestCode.SEND_REPLY_MESSAGE 且
            requestHeaderV2 不为空对象，则将 SendMessageRequestHeaderV2
            转换为 SendMessageRequestHeader 对象
        requestHeader = SendMessageRequestHeaderV2.
            createSendMessageRequestHeaderV1(requestHeaderV2);
     }
  default:
     break;
  }
  //⑤返回解析成功后的 RPC 对象 requestHeader
  return requestHeader;
}
```

（2）调用 Broker Server 的 ReplyMessageProcessor 类的 processReplyMessageRequest()
方法处理 Broker Server 收到的 RPC 请求，代码如下。

```
//①省略方法的入参
private RemotingCommand processReplyMessageRequest(){
    ...
    //②初始化一个响应结果的 RPC 对象 response 和对应的响应请求头 responseHeader
    final RemotingCommand response = RemotingCommand.
        createResponseCommand(SendMessageResponseHeader.class);
    final SendMessageResponseHeader responseHeader =
        (SendMessageResponseHeader) response.readCustomHeader();
    //③将序列化后的 RPC 对象转换为 Broker Server 能够识别的消息体对象
        MessageExtBrokerInner
    MessageExtBrokerInner msgInner = new MessageExtBrokerInner();
    msgInner.setTopic(requestHeader.getTopic());
    msgInner.setQueueId(queueIdInt);
    msgInner.setBody(body);
    msgInner.setFlag(requestHeader.getFlag());
    ...
    msgInner.setReconsumeTimes(requestHeader.getReconsumeTimes() == null ?
```

```
            0 : requestHeader.getReconsumeTimes());
//④Broker Server 在收到 Consumer 生产的应答消息后，向 Producer 推送一条"消费
    成功"的应答消息
PushReplyResult pushReplyResult = this.pushReplyMessage(ctx,
    requestHeader, msgInner);
//⑤Broker Server 处理 Producer 响应应答消息的结果
this.handlePushReplyResult(pushReplyResult, response, responseHeader,
    queueIdInt);
//⑥如果 Broker Server 开启了存储应答消息的开关，则存储当前的"请求/应答"消息，
    在默认情况下，storeReplyMessageEnable 被设置为 true
if (this.brokerController.getBrokerConfig().
    isStoreReplyMessageEnable()) {
    //⑦Broker Server 调用存储引擎，存储 Consumer 生产的应答消息
    PutMessageResult putMessageResult = this.brokerController.
        getMessageStore().putMessage(msgInner);
    //⑧Broker Server 处理存储 Consumer 生产的应答消息结果
    this.handlePutMessageResult(putMessageResult, request, msgInner,
        responseHeader, sendMessageContext, queueIdInt);
}
//⑨返给 Consumer 生产应答消息的结果
return response;
}
```

（3）调用 Broker Server 的 ReplyMessageProcessor 类的 pushReplyMessage()方法，向
Producer 推送"Consumer 消费消息成功"的应答消息，具体步骤如下。

第 1 步，构造一个应答消息的 RPC 请求对象的请求头 ReplyMessageRequestHeader。

第 2 步，构造一个命令任务 RemotingCommand，编码为 RequestCode.PUSH_REPLY_
MESSAGE_TO_CLIENT。

第 3 步，设置当前请求的消息体。

第 4 步，从当前请求的消息体中，获取 Producer 的通信渠道客户端 ID。

第 5 步，从 Broker Server 的生产者本地缓存中，获取指定通信渠道客户端 ID 的 Netty 通信
渠道。

第 6 步，如果 Netty 通信渠道不为空，则执行推送应答消息的逻辑。

第 7 步，调用 Broker2Client 类的 callClient()方法，向 Producer 推送应答消息。

第 8 步，处理推送应答消息的结果。

第 9 步，处理 RemotingException 异常和 InterruptedException 异常，并设置推送的结果为 false。

第 10 步，如果 Netty 通信渠道为空，则设置应答请求对象的结果为 false。

具体代码分析可以参考本书配套资源中源码分析中的 "ReplyMessageProcessor(pushReply Message).md" 文件。

从上面可以看出，Broker Server 在收到 Consumer 生产的应答消息后，会立即回复一条应答消息，告诉 Producer 已经收到消息。应答消息使用的是 RPC 命令事件 RequestCode.PUSH_REPLY_MESSAGE_TO_CLIENT。下面来看一看 Producer 是如何处理 Broker Server 的应答消息的。

6. Producer 处理 Broker Server 的应答消息

Producer 使用 RPC 命令处理器 ClientRemotingProcessor 来处理 Broker Server 的应答消息，代码如下。

```
public class ClientRemotingProcessor extends AsyncNettyRequestProcessor
    implements NettyRequestProcessor {
    @Override
    public RemotingCommand processRequest(ChannelHandlerContext ctx,
        RemotingCommand request) throws RemotingCommandException {
        switch (request.getCode()) {
            //处理 RPC 命令事件 RequestCode.PUSH_REPLY_MESSAGE_TO_CLIENT
            case RequestCode.PUSH_REPLY_MESSAGE_TO_CLIENT:
                return this.receiveReplyMessage(ctx, request);
        }
    }
    ...
}
```

Producer 解析 Broker Server 的应答消息，具体步骤如下。

第 1 步，解析出 ReplyMessageRequestHeader。

第 2 步，构造消息，设置消息主题。

第 3 步，构造消息，设置消息队列 ID。

第 4 步，构造消息，设置存储消息的时间。

第 5 步，构造消息，设置存储消息的机器 IP 地址。

第 6 步，解析应答消息中的消息体。

第 7 步，构造消息，设置消息体。

第 8 步，构造消息，设置生产消息的时间。

第 9 步，处理应答消息。

第 10 步，将处理应答消息的结果返给 Broker Server。

具体代码分析可以参考本书配套资源中源码分析中的 "ClientRemotingProcessor(receive ReplyMessage).md" 文件。

Producer 确认 Broker Server 的应答消息，代码如下。

```
private void processReplyMessage(MessageExt replyMsg) {
    //①从应答消息中解析出全局 ID(CORRELATION_ID)
    final String correlationId = replyMsg.getUserProperty(MessageConst.
        PROPERTY_CORRELATION_ID);
    //②从存储异步请求的本地缓存中获取指定 correlationId 的异步请求
        RequestResponseFuture
    final RequestResponseFuture requestResponseFuture =
        RequestFutureTable.getRequestFutureTable().get(correlationId);
    if (requestResponseFuture != null) {
        //③将确认的应答消息异步通知 Producer 中等待结果的线程
        requestResponseFuture.putResponseMessage(replyMsg);
        //④从本地缓存中删除指定 correlationId 的异步请求
        RequestFutureTable.getRequestFutureTable().remove(correlationId);
        if (requestResponseFuture.getRequestCallback() != null) {
            //⑤如果异步请求设置了请求回调函数，则回调通知确认应答消息的结果
            requestResponseFuture.getRequestCallback().onSuccess
                (replyMsg);
        }
    } else {
        //⑥如果本地缓存中不存在指定 correlationId 的异步请求，则输出警告信息，但是不
            确认应答消息
        String bornHost = replyMsg.getBornHostString();
        log.warn(String.format("receive reply message, but not matched any
            request, CorrelationId: %s , reply from host: %s",
            correlationId, bornHost));
    }
}
```

7. Broker Server 处理 Producer 确认"应答消息"的响应结果

Broker Server 在收到 Producer 确认"应答消息"的响应结果后，按照相应结果进行处理。

- 如果 Producer 返给 Broker Server 的是确认"应答消息"成功，则设置响应当前生产消息的结果为 ResponseCode.SUCCESS。
- 如果 Producer 返给 Broker Server 的是确认"应答消息"不成功，则设置响应当前生产消息的结果为 ResponseCode.SYSTEM_ERROR。

Broker Server 在处理完 Producer 确认"应答消息"的响应结果后，Broker Server 与 Producer 之间的"请求/应答"流程就已经完成。

4.6 【实例】生产者发送消息，消费者顺序地消费消息

> 💡 提示：
>
> 本实例的源码在本书配套资源的 "/chapterfour/order-message" 目录下。

使用 Producer 客户端、Broker Server 服务端和 Consumer 客户端，完成"生产者发送消息，消费者顺序地消费消息"，包括"普通顺序消息"和"严格顺序消息"。

4.6.1 验证"普通顺序消息"

验证"普通顺序消息"的步骤如下。

1. 准备环境

为了验证"普通顺序消息"，需要准备以下环境。

- 启动两个 Master 角色的 Broker Server 节点和一个 Name Server 节点。
- 启动 Nacos 注册中心和配置中心。
- 快速初始化和启动一个分布式发号器服务 distributed-uuid-server。
- 快速初始化和启动一个生产者服务 common-order-message-producer。
- 快速初始化和启动一个消费者服务 common-order-message-consumer。

具体代码实现可以参考本书配套源码。

2. 架构设计

（1）我们先来看一下生产者服务 common-order-message-producer 的架构设计。

如图 4-26 所示，在生产者服务中启动一个定时器定时地更新订单号缓存。采用随机算法，从订单缓存中获取订单号，模拟并发购买商品并生成订单号的业务场景，具体设计如下。

- 在 Nacos 配置中心配置订单号缓存的容量，如 1000，表示生成 1000 个订单号。当采用随机算法获取订单号时，算法的种子数为 1000。
- 利用 Nacos 配置中心手动地修改订单号缓存的容量，当定时器读取到配置信息后自动扩容订单号缓存。

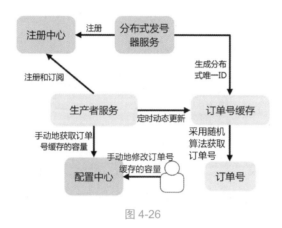

图 4-26

如图 4-27 所示，在生产者服务中启动一个定时器定时地生产订单消息，具体设计如下。

- 利用配置中心，可以配置生产者客户端数量和获取订单状态列表。
- 在生产者服务启动一个定时器后，将会获取配置信息与创建生产者客户端，并缓存到本地缓存中。
- 为每一个生产客户端启用一个线程异步生产消息。例如，从订单号缓存中随机生成一个订单号，启动 5 个线程，分别调用缓存中的 5 个生产者客户端，按照顺序生产"创建订单"、"支付成功"、"待发货"、"已发货"和"已收货"消息，这样即可利用多个生产者客户端和多线程来模拟分布式环境下不同服务之间订单消息顺序性的业务场景。
- 为了确保"顺序消息的可靠性"，采用"同步"模式生产消息，这样每条消息的状态是可控的，但是会影响性能。
- 为了确保"消息的普通顺序性"，采用"选择器方式"并使用生产者客户端的 SDK 生产消息，这样即可利用"订单号%8"来绑定消息和消息队列。例如，"订单号%8"等于 0 的消息和消息队列 1 绑定（消息队列 1 的下标为 0），该订单号的 5 种状态的订单消息，全部通过消息队列 1 存储到存储引擎中。
- 为了方便调试顺序性，当使用定时器生产顺序消息时，添加同步锁，确保线程的安全性。

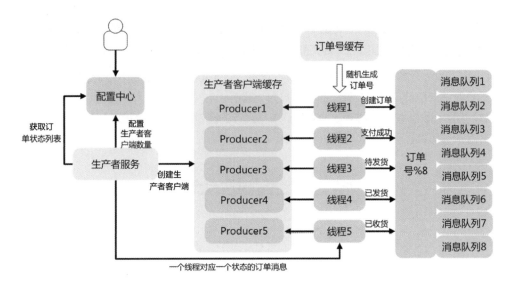

图 4-27

（2）我们再来看一下消费者服务 common-order-message-consumer 的架构设计。

图 4-28 所示为使用定时器统计消费者实例客户端 ID、消息队列 ID、消息主题等信息的映射关系的架构设计，具体设计如下。

- 当使用监听器 MessageListenerConcurrently 类消费消息时，将绑定关系添加到映射关系缓存中。
- 启动一个定时器，定时地统计映射关系。
- 如果是顺序消费消息一旦生成映射关系，则对应的映射关系不会改变。

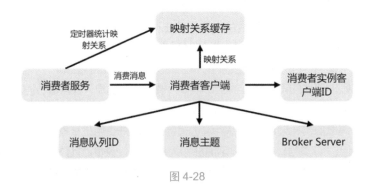

图 4-28

图 4-29 所示为使用定时器消费消息的架构设计，具体设计如下。

- 从配置中心读取消费者客户端的数量，创建消费者客户端。如果有 8 个消息队列，则创建 8 个消费者客户端。

- 使用监听器 MessageListenerConcurrently 类消费消息，消费者客户端和消息队列之间的绑定关系会被锁定。
- 如果需要扩容和缩容消费者客户端，则可以修改配置中心的参数值。

扩容和缩容消费者客户端的目的是验证"当消费者客户端的数量"发生变化时，是否影响消息的顺序性。

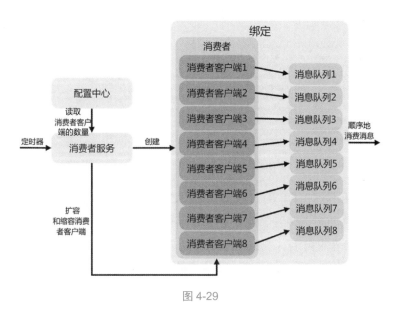

图 4-29

3. 分析结果

（1）在启动生产者服务后，观察生产顺序消息的日志。如图 4-30 所示，订单号"701773047815733248"的不同状态的消息，使用不同的生产者客户端生产顺序消息，具体如下。

- 生产者客户端"127.0.0.1:30000@testCommonOrderMessage828486278"（客户端 ID）绑定一个线程"202"（线程编号），生产"创建订单"的消息，存储在 broker-a 的消息队列 ID 为 0 的消息队列中。
- 生产者客户端"127.0.0.1:30011@testCommonOrderMessage219249668"（客户端 ID）绑定一个线程"203"（线程编号），生产"支付成功"的消息，存储在 broker-a 的消息队列 ID 为 0 的消息队列中。
- 生产者客户端"127.0.0.1:30022@testCommonOrderMessage288664079"（客户端 ID）绑定一个线程"204"（线程编号），生产"待发货"的消息，存储在 broker-a 的消息队列 ID 为 0 的消息队列中。
- 生产者客户端"127.0.0.1:30033@testCommonOrderMessage738086893"（客户端 ID）绑定一个线程"205"（线程编号），生产"已发货"的消息，存储在 broker-a 的消息

队列 ID 为 0 的消息队列中。

- 生产者客户端"127.0.0.1:30044@testCommonOrderMessage142301759"（客户端 ID）绑定一个线程"206"（线程编号），生产"已收获"的消息，存储在 broker-a 的消息队列 ID 为 0 的消息队列中。

上面是使用多线程模拟多进程环境生产顺序消息的业务场景，将该订单的消息统一投递到同一个消息队列中，确保生产者按照顺序生产消息。

```
使用127.0.0.1:30000@testCommonOrderMessage828486278_202
发送消息: 701773047815733248:创建订单 成功! 消息队列为: MessageQueue [topic=testCommonOrderMessage, brokerName=broker-a, queueId=0]
使用127.0.0.1:30011@testCommonOrderMessage219249668_203
发送消息: 701773047815733248:支付成功 成功! 消息队列为: MessageQueue [topic=testCommonOrderMessage, brokerName=broker-a, queueId=0]
使用127.0.0.1:30022@testCommonOrderMessage288664079_204
发送消息: 701773047815733248:待发货 成功! 消息队列为: MessageQueue [topic=testCommonOrderMessage, brokerName=broker-a, queueId=0]
使用127.0.0.1:30033@testCommonOrderMessage738086893_205
发送消息: 701773047815733248:已发货 成功! 消息队列为: MessageQueue [topic=testCommonOrderMessage, brokerName=broker-a, queueId=0]
使用127.0.0.1:30044@testCommonOrderMessage142301759_206
发送消息: 701773047815733248:已收货 成功! 消息队列为: MessageQueue [topic=testCommonOrderMessage, brokerName=broker-a, queueId=0]
结束本次定时任务
```

图 4-30

以上场景可以使用不同的订单号进行验证，最后的效果是一致的。客户端 ID 和线程号是随机的，多次验证它们的值不是固定的，但是不会影响结果。

（2）在启动消费者服务后，观察顺序消费消息的日志。如图 4-31 所示，针对订单号"701773047815733248"的不同状态的消息，消费者客户端会按照逻辑顺序消费，具体如下。

- 消费者客户端"testCommonOrderMessage327856684"从 broker-a 的消息队列 ID 为 0 的消息队列中获取订单号"701773047815733248"的不同状态的消息。
- 采用"普通顺序性"消费消息，只能确保同一个队列中的消息是逻辑顺序性的，不能确保"物理顺序性"。从运行结果中可以看出，订单号"701773047815733248"的 5 个状态是逻辑顺序性的，在这几个状态之间多了两条其他订单状态的消息，但是不会影响业务服务对顺序性消费的业务逻辑。

采用"普通顺序性"消息，基本可以满足业务服务的顺序性消息的业务场景。

```
testCommonOrderMessage327856684_0_broker-a_701773054526619648:支付成功
testCommonOrderMessage327856684_0_broker-a_701773054526619648:待发货
testCommonOrderMessage327856684_0_broker-a_701773047815733248:创建订单
testCommonOrderMessage327856684_0_broker-a_701773054526619648:创建订单
testCommonOrderMessage327856684_0_broker-a_701773054526619648:已收货
testCommonOrderMessage327856684_0_broker-a_701773054526619648:已发货
testCommonOrderMessage327856684_0_broker-a_701773047815733248:支付成功
testCommonOrderMessage327856684_0_broker-a_701773047815733248:待发货
testCommonOrderMessage327856684_0_broker-a_701773047815733248:已发货
testCommonOrderMessage327856684_0_broker-a_701773047815733248:已收货
```

图 4-31

4.6.2 验证"严格顺序消息"

如果要验证"严格顺序消息",则将对应消息主题的消息队列数设置为 1,具体验证步骤如下。

1. 准备环境

- 启动两个 Master 角色的 Broker Server 节点和一个 Name Server 节点。
- 启动 Nacos 注册中心和配置中心。
- 快速初始化和启动一个分布式发号器服务 distributed-uuid-server。
- 快速初始化和启动一个生产者服务 strict-order-message-producer。
- 快速初始化和启动一个消费者服务 strict-order-message-consumer。

具体代码实现可以参考本书配套源码。

2. 架构设计

验证"严格顺序消息"和"普通顺序消息"的架构设计基本相同。唯一不同点是,当采用多个消费者客户端消费消息时,需要设置最大线程池和最小线程池的线程数为 1,代码如下。

```
DefaultMQPushConsumer defaultMQPushConsumer = new
    DefaultMQPushConsumer(consumerGroup);
//①设置消费消息服务的线程池的最大线程的数量为 1
defaultMQPushConsumer.setConsumeThreadMax(1);
//②设置消费消息服务的线程池的最小线程的数量为 1
defaultMQPushConsumer.setConsumeThreadMin(1);
```

使用以下命令,创建一个消息队列数量为 1 的消息主题。

```
sh mqadmin updateTopic -n 127.0.0.1:9876 -b 127.0.0.1:10917 -t
testStrictOrderMessage -r 1 -w 1 -p 6 -o false -u false -s false
```

3. 分析结果

(1)在启动生产者服务后,观察生产严格顺序消息的日志。如图 4-32 所示,订单号"701773047815733248"的不同状态的消息,使用不同的生产者客户端生产顺序消息。

```
使用127.0.0.1:30000@testCommonOrderMessage828486278_202
发送消息: 701773047815733248:创建订单 成功! 消息队列为: MessageQueue [topic=testCommonOrderMessage, brokerName=broker-a, queueId=0]
使用127.0.0.1:30011@testCommonOrderMessage219249668_203
发送消息: 701773047815733248:支付成功 成功! 消息队列为: MessageQueue [topic=testCommonOrderMessage, brokerName=broker-a, queueId=0]
使用127.0.0.1:30022@testCommonOrderMessage288664079_204
发送消息: 701773047815733248:待发货 成功! 消息队列为: MessageQueue [topic=testCommonOrderMessage, brokerName=broker-a, queueId=0]
使用127.0.0.1:30033@testCommonOrderMessage738086893_205
发送消息: 701773047815733248:已发货 成功! 消息队列为: MessageQueue [topic=testCommonOrderMessage, brokerName=broker-a, queueId=0]
使用127.0.0.1:30044@testCommonOrderMessage142301759_206
发送消息: 701773047815733248:已收货 成功! 消息队列为: MessageQueue [topic=testCommonOrderMessage, brokerName=broker-a, queueId=0]
结束本次定时任务
```

图 4-32

（2）在启动生产者服务后，观察消费严格顺序消息的日志。如图 4-33 所示，订单号"701773047815733248"的不同状态的消息，使用不同的消费者客户端消费严格顺序消息。

```
testStrictOrderMessage880926366_0_broker-a_701773047815733248:创建订单
testStrictOrderMessage880926366_0_broker-a_701773047815733248:支付成功
testStrictOrderMessage880926366_0_broker-a_701773047815733248:待发货
testStrictOrderMessage880926366_0_broker-a_701773047815733248:已发货
testStrictOrderMessage880926366_0_broker-a_701773047815733248:已收货
```

图 4-33

多次重启生产者服务和消费者服务，再重新观察日志可以发现，多个生产者客户端能正常生产顺序消息，多个消费者客户端也能正常消费顺序消息。

第 5 章

存储消息

RocketMQ 用 Broker Server 来计算消息，并利用存储引擎来存储消息。官方计划在
RocketMQ 5.x 版本中将 Broker Server 和存储引擎分开，这样开发人员可以结合实际的业务场
景，灵活地部署 Broker Server 和存储引擎——既可以独立部署，又可以混合部署。

第 4 章已经介绍了"生产消息"和"消费消息"的相关架构及原理。本章主要介绍 RocketMQ
如何利用存储引擎来"存储消息"，以及其架构与核心原理。

5.1 认识存储引擎

在熟悉 RocketMQ 如何存储消息的架构及原理之前，先来认识一下存储引擎。

5.1.1 什么是存储引擎

1. 认识核心概念

在存储引擎中，有几个非常核心的概念需要提前了解一下。

* DefaultMessageStore。

DefaultMessageStore 是存储引擎中的一个核心 API。它是存储引擎的入口，利用它可以启动
和关闭存储引擎，因此 DefaultMessageStore 又被称为"存储引擎"。

* CommitLog。

CommitLog 是存储引擎中的一个核心 API。如果将 DefaultMessageStore 当作存储引擎的

入口，则 CommitLog 是存储引擎中文件系统的入口。存储引擎是以 CommitLog 为文件目录的名称来管理消息文件的，因此又可以将它称为"CommitLog 文件"。

如果采用"主/从"模式，则使用 CommitLog 来管理存储引擎中的消息文件。

- DLedgerCommitLog。

DLedgerCommitLog 是存储引擎中的一个核心 API，继承了 CommitLog 类，也是存储引擎中文件系统的入口。

如果采用"多副本"模式，则使用 DLedgerCommitLog 来管理存储引擎中的消息文件。

- MappedFile。

MappedFile 是存储引擎中的一个核心 API，用于控制文件的输入/输出，因此也可以把它当作"MappedFile 文件"，如创建一个文件通道 FileChannel。

- Offset。

Offset 是存储引擎中文件系统最基础的概念，可以笼统地将它称为"偏移量"。准确来说，Offset 是 MappedFile 文件内部的一个下标（类似 Java 中的数组下标），使用 Offset 可以标识一条消息。

在每次使用 MappedFile 文件存储一条消息之前，需要计算出该消息在 MappedFile 文件中的 Offset。

- MappedFileQueue。

MappedFileQueue 是存储引擎中的一个核心 API，用于管理 MappedFile 文件，如创建和删除 MappedFile 文件。一个 MappedFileQueue 可以对应多个 MappedFile 文件。

- ConsumeQueue。

ConsumeQueue（消费队列）是存储引擎中的一个核心 API，用于构建 ConsumeQueue 文件。ConsumeQueue 文件是利用 MappedFile 文件来实现文件存储的。

RocketMQ 是基于消息主题订阅模式来实现消息的消费的。当消费者消费消息时会订阅一个消息主题下的所有消息，但同一个消息主题的消息会不连续地存储在存储引擎的多个 CommitLog 文件中。如果消费者消费消息时直接从 CommitLog 文件中遍历查找订阅主题下的消息，则执行效率会非常低。因此，存储引擎为了适应消费消息的查询需求，设计了 ConsumeQueue 文件，这个文件可以看作 CommitLog 文件的"索引"文件。

- IndexFile。

IndexFile 是存储引擎中的一个核心 API，用于构建 IndexFile 文件。IndexFile 文件是利用 MappedFile 文件来实现文件存储的。

存储引擎除了给 Producer 和 Consumer 提供生产和消费消息的功能，还提供了查询消息的功能。如果直接使用消息主题查询消息，则效率非常低。因此，存储引擎为了提高消息查询的效率，为消息主题构建了 IndexFile 文件。索引主键可以在生产消息时，使用消息属性集合中的 KEYS 和 UNIQ_KEY 来设定。

2. 从不同层面认识存储引擎

从功能层面来看，RocketMQ 的存储引擎是用来管理消息的，包括持久化生产者生产的消息、给消费者按需提供持久化的消息、维护消息的生命周期等。

从目的来看，可以将 RocketMQ 的存储引擎的功能分为以下 3 部分。

（1）Broker Server 在收到 Producer 生产消息的请求之后，先处理消息请求，并完成对消息的计算。

（2）Broker Server 调用存储引擎的 SDK，将消息传递给存储引擎。

（3）在存储引擎收到消息之后，将消息持久化到本地磁盘中。

完成上面步骤后，消费者才能异步从存储引擎中拉取消息，并完成消息从生产者到消费者的闭环。

存储引擎主要包括 3 部分：①入口层 DefaultMessageStore；②文件派发层 CommitLog；③文件系统层。

从架构层面来看，如果将存储引擎和 Broker Server 分开部署，就可以解耦消息的计算和存储功能，从而进一步提高 RocketMQ 处理消息的高性能和高可靠性。

5.1.2 存储引擎的架构

存储引擎的架构如图 5-1 所示。

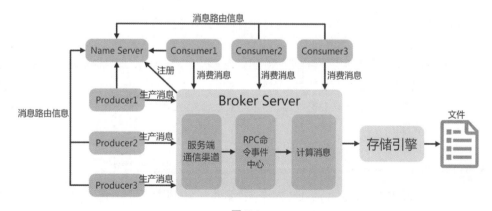

图 5-1

存储引擎的架构主要包括以下内容。

- 利 Broker Server 连接 Name Server 注册消息路由信息。
- 生产者连接 Name Server 获取消息路由信息。
- 生产者连接 Broker Server 生产消息。
- Broker Server 利用服务端通信渠道接收"生产消息"和"消费消息"的 RPC 请求。
- RPC 命令事件中心解析 RPC 命令事件，并路由到生产消息和消费消息的事件处理器。
- Broker Server 利用事件处理器计算和处理消息。
- Broker Server 调用存储引擎，完成生产消息和消费消息的请求。

5.2 认识存储模型

存储引擎中的存储模型是非常复杂的。下面将循序渐进地分析存储模型的架构及其核心原理。

5.2.1 消息模型

既然是分布式消息系统，那么存储引擎中最基础的元素就是消息。下面来认识一下存储引擎中的消息模型。

1. 客户端消息

客户端消息是指在 Producer 和 Consumer 中流通的消息，其中，在 Producer 生产消息时客户端消息是指 Message 类（如果是批量消息，则是指 MessageBatch 类），而在 Consumer 消费消息时客户端消息是指 MessageExt 类。

图 5-2 所示为 Producer 客户端消息的模型，主要包括以下内容。

- topic：消息主题名称。Producer 用它的消息队列来生产消息。
- flag：消息标识位。
- properties：消息系统属性集合，包括延迟消息等级（DELAY）、消息标签（TAGS）、消息主键 Key（KEYS）、等待存储消息（WAIT）和实例 ID（INSTANCE_ID）。除了上面这些属性，用户还可以自定义一些业务属性（不能与 MessageConst. STRING_HASH_SET 中的系统属性重复）。
- body：消息体，具体指需要传递的消息内容。
- transactionId：如果是事务消息，则用它来标记事务消息的事务 ID。

总之，Producer 使用 Message 类（如果是批量消息，则是指 MessageBatch 类）来构造一条客户端消息。

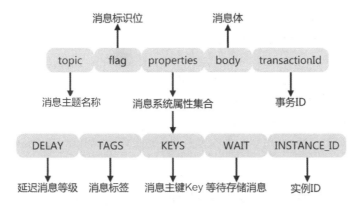

图 5-2

图 5-3 所示为 Consumer 客户端消息的模型。它是基于 Producer 客户端消息模型基础之上的消息模型，除了包括 Producer 客户端消息模型的属性字段，还包括以下内容。

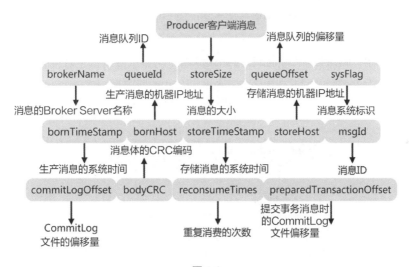

图 5-3

- brokerName：消息的 Broker Server 的名称，如果 Consumer 从一个 Master 节点中获取消息，则 brokerName 是这个 Master 节点的名称。
- queueId：消息队列 ID，即消息队列的编号。
- storeSize：消息的大小。
- queueOffset：消息队列的偏移量。
- sysFlag：消息系统标识。
- bornTimeStamp：生产消息的系统时间。
- bornHost：生产消息的机器 IP 地址。

- storeTimeStamp：存储消息的系统时间。
- storeHost：存储消息的机器 IP 地址。
- msgId：消息 ID。
- commitLogOffset：CommitLog 文件的偏移量。
- bodyCRC：消息体的 CRC 编码。
- reconsumeTimes：重复消费的次数。
- preparedTransactionOffset：提交事务消息时的 CommitLog 文件偏移量。

2. 服务端消息

服务端消息是指在 Broker Server 中流通的消息，其中，Broker Server 处理消息时的服务端消息是指 MessageExtBrokerInner 类（如果是批量消息，则是指 MessageExtBatch 类）。

图 5-4 所示为 Broker Server 中服务端消息的模型。它是基于 Consumer 客户端消息模型基础之上的消息模型，主要包括以下内容。

- propertiesString：消息的系统属性的集合。
- tagsCode：消息标签。
- encodeBuff：编码消息体之后的 ByteBuffer。

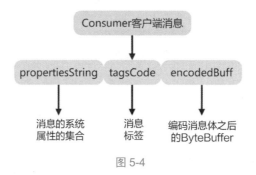

图 5-4

3. 存储引擎消息

存储引擎消息是指存储在存储引擎的文件系统（具体指 CommitLog 文件）中的消息。它是消息模型中最核心的模型。

图 5-5 所示为存储引擎消息的模型，按顺序将这些字段添加到存储引擎的消息中，主要包括以下内容。

（1）totalSize——消息的总长度。

在存储引擎消息中，totalSize 为所有字段长度的总和，具体字段的长度如下。

- totalSize 字段的长度为 4B。
- magicCode 字段的长度为 4B。
- bodyCRC 字段的长度为 4B。
- queueId 字段的长度为 4B。
- flag 字段的长度为 4B。
- queueOffset 字段的长度为 8B。
- physicalOffset 字段的长度为 8B。
- sysFlag 字段的长度为 4B。
- bornTimeStamp 字段的长度为 8B。
- 如果是 Ipv6，则 bornHost 字段的长度为 20B，否则为 8B。
- storeTimeStamp 字段的长度为 8B。
- 如果是 Ipv6，则 storeHost 字段的长度为是 20B，否则为 8B。
- reconsumeTimes 字段的长度为 4B。
- preparedTransactionOffset 字段的长度为 8B。
- body 字段的长度为 "4+bodyLength"，其中，bodyLength 为消息内容的长度。
- topic 字段的长度为 1B。
- properties 字段的长度为 "2 + propertiesLength"，其中，propertiesLength 是消息系统属性值内容的长度。

总之，totalSize 存储的是存储引擎消息中所有字段的长度之和。它是在消息编码阶段完成的字段赋值，主要指调用 MessageExtEncoder 类的 encode()方法。

（2）magicCode——消息的模数编码，固定值为−626843481。

magicCode 是在消息编码阶段完成的字段赋值。

在 Broker Server 和存储引擎异常宕机之后，开发人员需要重新启动它们，而在启动的过程中会修复存储消息的 MappedFile 文件。

> 📣 提示：
> 异常宕机属于非常规的关闭操作，因此在修复的过程中，需要校验待修复消息的模数编码，如果它与固定值−626843481 不匹配，则停止修复消息。

（3）bodyCRC——消息体的 CRC 编码。

CRC（Cyclic Redundancy Check）主要指循环冗余码校验，一种根据网络数据包或计算机文件等数据产生简短固定位数校验码的信道编码技术，主要用来检测或校验数据传输或保存后可能出现的错误。

在存储消息之前，需要使用 JDK 自带的 CRC32 类编码消息体。bodyCRC 字段的内容是在消息编码阶段完成的字段赋值。

（4）queueId——消息队列 ID。

queueId 是指存储消息的消息队列的编号。如果一个消息主题有 4 个消息队列，则 queueId 就代表"0、1、2 和 3"。它是在消息编码阶段完成的字段赋值。

（5）flag——消息标识。

它是在消息编码阶段完成的字段赋值。

（6）queueOffset——消息队列的偏移量。

在 MappedFile 文件中追加消息的过程中，CommitLog 文件会在内存中利用本地缓存记录消费队列信息。缓存 key 的规则如下。

缓存 key ＝ 消息的 topic 名称 ＋ "－" ＋ 消息队列的 queueId

缓存值就是 queueOffset，其初始值为 0。如果将消息追加到 MappedFile 文件的字节码缓冲区成功，则自增 queueOffset。

queueOffset 是 MappedFile 文件将消息追加到字节码缓冲区的过程中完成的赋值，主要指 DefaultAppendMessageCallback 类的 doAppend()方法。

（7）physicalOffset——物理偏移量。

physicalOffset 是 CommitLog 文件中存储消息的偏移量。它是 MappedFile 文件将消息追加到字节码缓冲区的过程中完成的赋值，赋值规则如下。

物理偏移量 ＝ fileFromOffset + byteBuffer.position()

fileFromOffset 主要指解析 MappedFile 文件名之后的值，而 MappedFile 文件名是偏移量（offset）按照一定规则生成的。

byteBuffer.position()主要指 MappedFile 文件对应的字节缓冲区的下标位置。

（8）sysFlag——消息系统标识。

消息系统标识是从生产者的客户端消息中传递过来的，主要由调用者来控制取值。

（9）bornTimeStamp——生产消息的系统时间。

生产消息的系统时间是指生产者生产消息的系统时间。它是生产者构造生产消息的 RPC 请求头（SendMessageRequestHeader 对象）时赋值的。

（10）bornHost——生产消息的机器 IP 地址。

生产消息的机器 IP 地址是指生产消息的生产者的机器 IP 地址，具体指使用生产者生产消息的业务服务的 IP 地址。它是 Broker Server 中处理生产消息的 RPC 命令事件处理器从 Netty 通信渠道上下文（主要是 ChannelHandlerContext 类）中解析出来的。

（11）storeTimeStamp——存储消息的系统时间。

存储消息的系统时间是指存储引擎存储消息的系统时间，具体指利用 MappedFile 文件追加消息时的系统时间。

（12）storeHost——存储消息的机器 IP 地址。

存储消息的机器 IP 地址是指存储消息的 Broker Server 和存储引擎的 IP 地址。

（13）reconsumeTimes——重复消费的次数。

重复消费的次数是指消息被消费者消费的次数。它是生产者构造生产消息的 RPC 请求头设置，初始值为 0。

（14）preparedTransactionOffset——提交事务消息时的 CommitLog 文件偏移量。

具体指完成结束事务消息时（具体指事务消息的第二阶段），利用 RPC 命令事件的请求头 EndTransactionRequestHeader 中设置的消息 ID，换算出消息偏移量（offset），这里可以等同于 physicalOffset 字段。

（15）body——消息体。

消息体是指 Producer 客户端消息中的消息体，具体指消息内容。

（16）topic——消息主题名称。

消息对应的消息主题，每个消息都需要有一个消息主题。

（17）properties——消息系统属性集合。

消息系统属性集合是指 Producer 客户端消息中的消息系统属性集合。

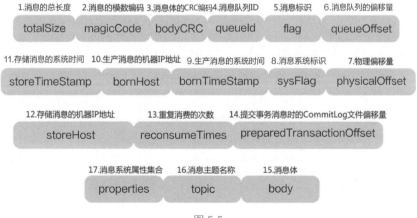

图 5-5

4. 消费队列消息

消费队列消息是指储存在存储引擎的文件系统（主要指 ConsumeQueue 文件）中的消息。它是消息模型中最基础的模型。

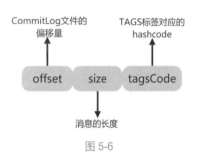

图 5-6

图 5-6 所示为消费队列消息的模型。

主要包括以下内容。

（1）offset——CommitLog 文件的偏移量。

offset 主要指存储引擎在派发构建 ConsumeQueue 文件的请求 DispatchRequest 时，从该请求中获取的 CommitLog 文件的偏移量，具体指 DispatchRequest. commitLogOffset 字段。

（2）size——消息的长度。

size 主要指存储引擎在派发构建 ConsumeQueue 文件的请求 DispatchRequest 时，从该请求中获取的消息的长度，具体指 DispatchRequest.msgSize 字段。

（3）tagsCode——TAGS 标签对应的 hashcode。

tagsCode 主要指用来标记消息对应的 TAGS 标签的 hashcode，这里 hashcode 可以确认 TAGS 标签的唯一性。

5. 索引文件消息

索引文件消息是指存储在存储引擎的文件系统（主要指 IndexFile 文件）中的消息。它是消息模型中最基础的模型。

图 5-7 所示为索引文件消息的模型，主要将它拆分为两部分：①索引头 IndexHeader 文件；②索引体 IndexFile 文件。但是存储引擎采用同一个字节缓冲区和文件来存储索引头与索引体。

（1）索引头 IndexHeader 文件的模型，主要包括以下内容。

- beginTimestamp：该索引文件第 1 个消息（Message）的存储时间（落盘时间）。
- endTimestamp：该索引文件最后一个消息（Message）的存储时间（落盘时间）。
- beginPhyOffset：该索引文件第 1 个消息（Message）在 CommitLog（消息存储文件）的物理位置偏移量（可以通过该物理偏移量直接获取该消息）。
- endPhyOffset：该索引文件最后一个消息（Message）在 CommitLog（消息存储文件）的物理位置偏移量。
- hashSlotCount：该索引文件目前 hashslot 的数量。

- indexCount：索引文件目前的索引数量。

（2）索引头 IndexFile 文件的模型，主要包括以下内容。

- keyHash：key 的 hash 值。
- phyOffset：消息在 CommitLog 的物理文件地址，可以直接查询到该消息（索引的核心机制）。
- timeDiff：消息的落盘时间与 header 中 beginTimestamp 的差值（为了节省存储空间，如果直接存储 Message 的落盘时间，则得到 8B）。
- slotValue：记录该 slot 上一个 index。
- indexCount：记录索引的数量。

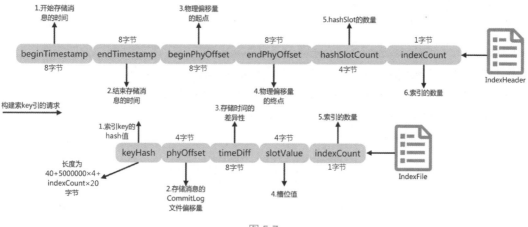

图 5-7

5.2.2　文件模型

只有通过文件将消息存储在本地磁盘中，才能完成消息的持久化。下面来认识一下存储引擎中的文件模型。

1. MappedFile 文件

MappedFile 是存储模型中最核心、最基础的文件，CommitLog 文件、ConsumeQueue 文件和 IndexFile 文件都是使用它来实现的。

要理解 MappedFile 文件，必须先了解以下概念。

（1）RandomAccessFile。

RandomAccessFile 是一种随机访问文件，也是 Java I/O 中的一个核心 API，支持随机读/写一个文件，可以将它看成一个文件系统中的大容量字节数组。它可以通过文件指针读取字节数，文件指针偏移的长度为"需要访问的数据"的长度。RandomAccessFile 与 Java 中的 OutputStream、Writer 等输入/输出流存在差异性。RandomAccessFile 允许用户自定义文件指针的起始位置，因此，它可以通过追加的方式写数据。RandomAccessFile 只支持文件 I/O 的读/写，不支持网络等其他 I/O。

MappedFile 文件就是使用 RandomAccessFile 来实现随机访问的。

（2）ByteBuffer。

ByteBuffer 又被称为"字节缓冲区"，是 Java NIO 中的一个核心 API。它可以是直接的，也可以是非直接的。如果是直接字节缓冲区，则 Java 虚拟机将尽可能直接在 ByteBuffer 上执行本地 I/O 操作，即可以避免每次调用底层操作系统的本地 I/O 读/写数据之前（或者写完数据之后）将缓冲区的内容复制到 CPU 缓存中。

Java NIO 有两种字节缓冲区，一个是 MappedByteBuffer，另一个是 HeapByteBuffer。前者是直接字节缓冲区（又被称为"Java 堆字节缓冲区"），后者是非直接字节缓冲区（又被称为"Java 堆字节间接缓冲区"）。顾名思义，MappedByteBuffer 分配的内存是从底层操作系统获取的，HeapByteBuffer 分配的内存是从 JVM 的堆内存中获取的。

（3）MappedByteBuffer。

MappedByteBuffer 是一种直接字节缓冲区，也是 Java NIO 中的一个核心 API，支持内存映射，并且映射的字节缓冲区是通过 FileChannel 创建的（RandomAccessFile 是 FileChannel 的一种类型）。其中，MappedFile 文件是使用 MappedByteBuffer 来实现直接字节缓冲区的。

（4）文件映射模式。

FileChannel 支持以下 3 种文件映射模式。

- MapMode.READ_ONLY（只读）：如果执行对字节缓冲区的写操作，则将导致抛出 ReadOnlyBufferException 异常。
- MapMode.READ_WRITE（读/写）：如果执行对字节缓冲区的写操作，则将会在某个时刻写入文件中。如果多个程序映射到了同一个文件，则该模式不能确保可见性，主要还是依赖程序所在的操作系统。
- MapMode.PRIVATE（私有）：如果执行对字节缓冲区的修改，则不会被写入文件中，任何修改对这个字节缓冲区来说都是私有的。

MappedFile 文件就是使用 MapMode.READ_WRITE（读/写）模式来实现文件的读和写的。

（5）提交（commit）。

在存储引擎的文件模型中会频繁涉及"提交"的操作。下面简单地解释一下什么是"提交"。

- 从方法的角度去看，"提交"主要指 MappedFile 类的 commit()方法。
- 从功能的角度去看，"提交"主要指将消息存储在 MappedFile 文件的字节缓冲区（它是一个 ByteBuffer，可以是直接字节缓冲区，也可以是间接字节缓冲区）。
- MappedFile 文件调用 FileChannel 类的 write()方法来完成"消息的提交"。

（6）刷盘（flush）。

在存储引擎的文件模型中会频繁涉及"刷盘"的操作。下面简单地解释一下什么是"刷盘"。

- 从方法的角度去看，"刷盘"主要指 MappedFile 类的 flush ()方法。
- 从功能的角度去看，"刷盘"主要指将 MappedFile 文件的字节缓冲区的消息存储到磁盘中。
- 为了实现刷盘，MappedFile 文件支持两种策略：①调用 FileChannel 类的 force()方法完成刷盘；②调用 MappedByteBuffer 类的 force()方法完成刷盘。

在了解完 MappedFile 文件相关的概念之后，我们再来看一下 MappedFile 文件的存储模型。

图 5-8 所示为 MappedFile 文件的存储模型，主要内容如下。

- 既然是文件，肯定是要创建一个持久化的文件，文件名称用偏移量 Offset 来标记。
- 创建一个 MappedFile 文件，并生成一个随机读/写的 RandomAccessFile。MappedFile 文件就与 RandomAccessFile 形成一对一的映射关系。
- 绑定随机读/写的 RandomAccessFile 与物理磁盘中的文件。
- 绑定随机读/写的 RandomAccessFile 与直接字节缓冲区 MappedByteBuffer。
- 如果启用了临时内存池管理，则可以从内存池中借用一个字节缓冲区 ByteBuffer。
- 如果 writeBuffer 不为空，则从它的字节缓冲区中申请一个子直接字节缓冲区，否则从直接字节缓冲区 MappedByteBuffer 中申请。
- 如果触发刷盘操作，则将直接字节缓冲区中的数据提交到 RandomAccessFile 文件中。
- 最后将数据存储在 RandomAccessFile 文件绑定的持久化文件中。

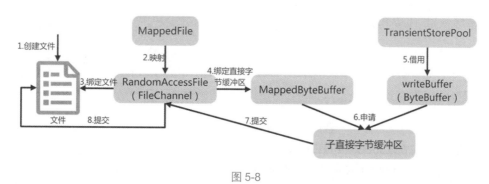

图 5-8

231

2. CommitLog 文件

CommitLog 文件主要是用来存储分布式消息的。这里的消息主要指"存储引擎消息"。要理解 CommitLog 文件，我们必须先了解以下概念。

（1）GroupCommitService。

GroupCommitService 是存储引擎中与 CommitLog 文件相关的核心 API，也是"同步刷盘"的一个线程。当存储引擎开启"同步刷盘"模式时，使用它来完成消息的刷盘操作。

先简单了解一下 GroupCommitService 类的具体刷盘逻辑。

- 如果开启了"同步等待存储消息的结果"，则构造一个刷盘请求，并同步提交给 GroupCommitService 线程和等待存储消息的结果。
- 如果没有开启"同步等待存储消息的结果"，则唤醒 GroupCommitService 线程，并返回异步结果 PutMessageStatus.PUT_OK。

（2）FlushRealTimeService。

FlushRealTimeService 是存储引擎中与 CommitLog 文件相关的核心 API，也是"异步刷盘"的一个线程。当存储引擎开启"异步刷盘"模式时，使用它来完成消息的刷盘操作。

先简单了解一下 FlushRealTimeService 类的具体刷盘逻辑。

- 如果开启了"临时存储对象池"，则唤醒 CommitRealTimeService 线程执行消息的刷盘操作。
- 如果没有开启"临时存储对象池"，则唤醒 FlushRealTimeService 线程执行消息的刷盘操作，并返回异步结果 PutMessageStatus.PUT_OK。

（3）CommitRealTimeService。

CommitRealTimeService 是存储引擎中与 CommitLog 文件相关的核心 API，也是"异步刷盘"的一个线程。在异步刷盘的过程中，如果开启了"临时存储对象池"，则使用它来完成消息的刷盘操作。

了解完 CommitLog 文件相关的概念之后，下面来看一下 CommitLog 文件的存储模型。

图 5-9 所示为 CommitLog 文件的存储模型，主要包括以下内容。

- CommitLog 文件是由一系列的 MappedFile 文件组成的。
- 消息采用追加的形式存储在 MappedFile 文件中。
- 使用 MappedFileQueue 来管理 MappedFile 文件。
- 使用 CommitLog 文件可以一次创建两个 MappedFile 文件。

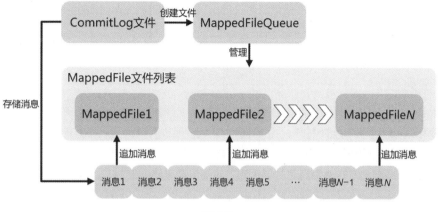

图 5-9

3. ConsumeQueue 文件

ConsumeQueue 文件主要是用来存储"消费队列消息"的,其存储路径为"${user.home}/store/consumequeue/"。要理解 ConsumeQueue 文件,必须先了解以下概念。

(1) ConsumeQueue。

ConsumeQueue 是存储引擎中的一个 Sdk。通常为了方便,将 ConsumeQueue 直接称为"ConsumeQueue 文件",并利用 ConsumeQueue 代表消费队列。

(2) 消费队列缓存。

存储引擎会在内存中创建一个消费队列缓存,用来缓存消费队列消息。消费队列缓存的数据结构如下。

- 消费队列缓存是一个 ConcurrentHashMap 的容器, key 值字段为消息主题名称, value 值字段为一个嵌套的 ConcurrentHashMap 的容器。
- 在嵌套的 ConcurrentHashMap 的容器中, key 值字段为消息队列 ID, value 值字段为 ConsumeQueue。

总之,存储引擎会为每一个消息主题下的所有消息队列都创建一个 ConsumeQueue 文件。如果消息主题"testA"有 8 个消息队列,则创建 8 个 ConsumeQueue 文件,与之对应的也会创建 8 个消费队列缓存。

(3) ConsumeQueueExt。

ConsumeQueueExt 是 ConsumeQueue 的扩展文件。ConsumeQueueExt 文件的存储路径为"${user.home}/store/consumequeue_ext/"。

在启动存储引擎时,如果开启了扩展文件的开关(如果将 MessageStoreConfig.enableConsume

QueueExt 参数设置为 true，则表示默认不开启），则创建 ConsumeQueueExt 文件。

ConsumeQueueExt 文件主要用来存储一些不是很重要的数据，如存储消息的时间、tagsCode 等。

（4）消费进度。

Broker Server 在处理生产者消费消息的请求时，会根据存储引擎中的消费队列缓存，计算出消息主题和消息队列的消费进度，主要指物理偏移量 offsetPy、消息长度 sizePy 和标识码 tagsCode（它们主要用来过滤消息）。这样，存储引擎就可以从文件系统中获取指定物理偏移量的消息。当消费者按常规方式消费消息的流程时，需要依靠存储引擎的 ConsumeQueue 文件来控制消费进度。

存储引擎也支持消费者直接消费消息的模式，即开发人员可以利用 UI 控制台或命令控制台直接发起消费指定消息的请求，这样就可以将这条消息直接推送给消费者，具体代码可以参考 RocketMQ 中源码 AdminBrokerProcessor 类的 consumeMessageDirectly() 方法。

图 5-10 所示为 ConsumeQueue 文件的存储模型，主要包括以下内容。

- 发起构建 ConsumeQueue 文件的派发请求，并计算消息的物理偏移量、消息长度和标识码。
- 将消息的物理偏移量等消息信息追加到 MappedFile 文件中。
- 使用 MappedFileQueue 来管理 MappedFile 文件。

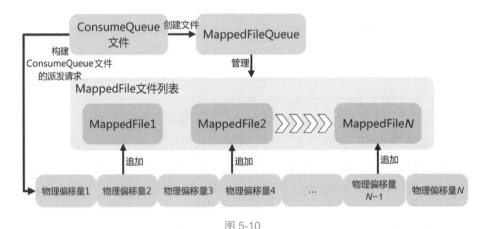

图 5-10

4. IndexFile 文件

IndexFile 文件主要是用来存储"索引消息"的，其存储路径为"${user.home}/store/index"。要理解 IndexFile 文件，必须先了解以下概念。

（1）IndexFile。

IndexFile 是存储引擎中的一个 Sdk，利用它来组装 IndexFile 文件体信息。通常为了方便，我们可以直接将 IndexFile 称为"IndexFile 文件"，并用 IndexFile 代表索引文件。其实，IndexFile 文件由 IndexFile 和 IndexHeader 组成。

（2）IndexHeader。

IndexHeader 是存储引擎中的一个 Sdk，用它来组装 IndexFile 文件头信息。

（3）IndexService。

IndexService 是存储引擎中的一个 Sdk，主要用来管理 IndexFile 文件，如构建索引、删除索引等操作。

（4）索引文件缓存。

在默认情况下，存储引擎只能创建一个 Index 文件。如果 RocketMQ 集群足够大，接入的生产者和消费者客户端数量非常多，需要创建很多索引，那么一个 Index 文件是很难支撑的。

在一般情况下，线上会有很多 Index 文件。因此，为了更加方便地管理它们，存储引擎会在 IndexService 中维护一个索引文件缓存。

图 5-11 所示为 IndexFile 文件的存储模型。

- 发起构建 IndexQueue 文件的派发请求，并计算索引文件的消息头 IndexHeader 和消息体 Index。
- 将消息头 IndexHeader 和消息体 Index 的字节缓冲区追加到 MappedFile 文件中。
- 使用 MappedFileQueue 来管理 MappedFile 文件。

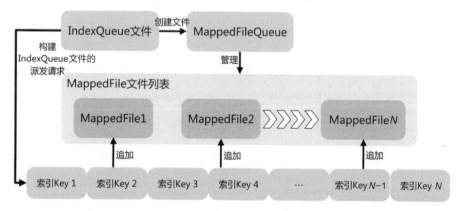

图 5-11

235

5.2.3 【实例】利用源码远程调试存储模型

📌 提示：

本实例的源码在本书配套资源的"/chapterfive/debug-storage-model"目录下。

利用源码远程调试存储模型，可以从运行代码的角度认识存储模型。

1. 准备环境

（1）在 Broker Server 的 runbroker.sh 脚本文件中，添加远程调试的参数，代码如下。

```
//①Broker Server 节点 1
JAVA_OPT="${JAVA_OPT} -Xdebug -Xrunjdwp:transport=dt_socket,
address=9123,server=y,suspend=n"
//②Broker Server 节点 2
JAVA_OPT="${JAVA_OPT} -Xdebug -Xrunjdwp:transport=dt_socket,
address=9124,server=y,suspend=n"
```

（2）启动两个 Master 角色的 Broker Server 节点和一个 Name Server 节点。

（3）启动 Nacos 配置中心。

（4）初始化和启动一个生产者服务 debug-storage-model-producer 和消费者服务 debug-storage-model-consumer。

具体代码可以参考本书配套源码。

2. 远程调试存储模型

受篇幅限制，这里只演示调试 ConsumeQueue 文件，具体步骤如下。

（1）使用 IDEA 远程连接两个 Broker Server 节点，远程连接地址分别为 127.0.0.1:9123 和 127.0.0.1:9124。

在连接成功之后，在构建 ConsumeQueue 文件和使用 ConsumeQueue 文件的代码处添加一个断点，用来调试 ConsumeQueue 文件。

（2）启动生产者服务和消费者服务生产消息和消费消息。

为了比较灵活地调试 ConsumeQueue 文件，这里统一使用定时器定时地生产和消费消息，并且使用一个动态开关来控制它们。

具体的开关配置信息如下：

```
//①生产消息的开关
rocketmq.youxia.config.openProducer=false
```

//②消费消息的开关

```
rocketmq.youxia.config.openConsumer=false
```

（3）关闭生产和消费消息的开关，断点调试不会生效。因为没有新的消息存储到 CommitLog 文件中，并且消费者也没有消费消息，也不会主动创建 ConsumeQueue 文件。

（4）开启生产消息的开关，断点调试生效，如图 5-12 所示。

图 5-12

（5）开启消费消息的开关，断点调试生效，如图 5-13 所示。

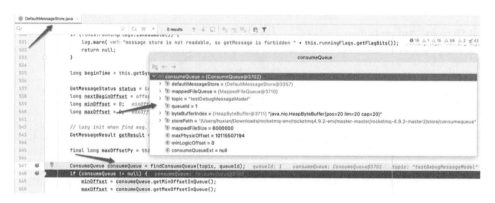

图 5-13

关于远程调试 IndexFile 文件、CommitLog 文件和 MappedFile 文件，有兴趣的读者可以亲自动手操作一下。

237

5.3 启动存储引擎

存储引擎是在 Broker Server 启动的过程中一起启动的，所以我们先看一看 Broker Server 是如何启动的。

5.3.1 初始化 Broker Server 和存储引擎

执行 "nohup sh mqbroker –n localhost:9876" 命令就可以启动 Broker Server，那么它是如何启动 Broker Server 的呢？下面来看一看启动 Broker Server 的流程。

1. 利用脚本触发启动 Broker Server 的请求

运行 mqbroker 脚本文件，mqbroker 最终会调用 BrokerStartup 类的 main()方法，并触发启动 Broker Server 的请求。

在 mqbroker 脚本文件中执行 runbroker.sh 脚本文件，代码如下。

```
//①导入 RocketMQ 的根目录 ROCKETMQ_HOME
export ROCKETMQ_HOME
//②执行根目录下的 runbroker.sh 脚本文件，并启动 Broker Server 的 BrokerStartup 类
sh ${ROCKETMQ_HOME}/bin/runbroker.sh
    org.apache.rocketmq.broker.BrokerStartup $@
```

调用 BrokerStartup 类的 main()方法，代码如下。

```
public class BrokerStartup {
    ...
    public static void main(String[] args) {
        //①初始化一个 BrokerController 类，并启动 BrokerController
        start(createBrokerController(args));
    }
    public static BrokerController start(BrokerController controller) {
        try {
            //②调用 BrokerController 类的 start()方法启动 BrokerController
            controller.start();
            return controller;
        } catch (Throwable e) {
            e.printStackTrace();
```

```
            System.exit(-1);
        }
        return null;
    }
    ...
}
```

2. 读取脚本命令中的配置信息，并触发初始化 BrokerController 的请求

在初始化 BrokerController 时，需要读取很多配置信息，如与 Netty 通信渠道相关的配置信息（主要指 NettyServerConfig 和 NettyClientConfig）、Broker Server 相关的配置信息（主要指 BrokerConfig）和消息存储引擎相关的配置信息（主要指 MessageStoreConfig）。

我们可以这样理解这些配置信息：RocketMQ 将配置信息的默认值硬编码在上面 4 个配置文件中，如果开发人员不需要自定义相关参数，则使用这些配置信息的默认值也可以启动 Broker Server。

当初始化 BrokerController 时，如何读取开发人员自定义的配置信息呢？代码如下。

```
public class BrokerStartup {
    public static String configFile = null;
    public static CommandLine commandLine = null;
    public static BrokerController createBrokerController(String[] args) {
//①解析执行脚本的命令，并生成命令对象 CommandLine
commandLine = ServerUtil.parseCmdLine("mqbroker", args,
    buildCommandlineOptions(options),new PosixParser());
//②加载硬编码的配置信息
        final BrokerConfig brokerConfig = new BrokerConfig();
        final NettyServerConfig nettyServerConfig = new
            NettyServerConfig();
        final NettyClientConfig nettyClientConfig = new NettyClientConfig();
        final MessageStoreConfig messageStoreConfig = new
            MessageStoreConfig();
//③从命令对象 CommandLine 中 "c" 后面的配置信息路径获取配置信息的文件路径
        if (commandLine.hasOption('c')) {
            String file = commandLine.getOptionValue('c');
            if (file != null) {
                configFile = file;
                //④利用文件 I/O 流读取文件中的配置信息
                InputStream in = new BufferedInputStream(new
```

```
                    FileInputStream(file));
                properties = new Properties();
                //⑤将文件中的"键-值"对信息加载到属性对象 Properties 中
                properties.load(in);
                //⑥将属性对象中的部分"键-值"对信息加载到当前进程的系统属性中
                properties2SystemEnv(properties);
                //⑦利用属性对象中的"键-值"对信息覆盖硬编码在代码中默认的配置信息
                MixAll.properties2Object(properties, brokerConfig);
                MixAll.properties2Object(properties, nettyServerConfig);
                MixAll.properties2Object(properties, nettyClientConfig);
                MixAll.properties2Object(properties, messageStoreConfig);
                //⑧将命令对象中的配置信息路径设置到 Broker Server 中
                BrokerPathConfigHelper.setBrokerConfigPath(file);
                in.close();
            }
        }
    }
}
```

这样，我们就可以在指定配置信息的文件路径的文件中自定义配置信息，从而覆盖硬编码的配置信息，如图 5-14 所示。

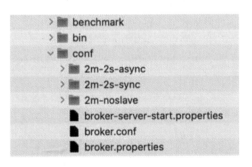

图 5-14

Broker Server 会定义一个线程池来处理"与生产消息相关"的命令事件，其中线程池的核心线程数为 BrokerConfig 中硬编码的默认值"Math.min(Runtime.getRuntime().availableProcessors(), 4)"，表示取"Broker Server 所在的系统中可用的计算资源数"和"4"两者的较小值。

如果开发人员觉得不满足自己的业务场景，则可以在 broker.properties 中添加配置信息"sendMessageThreadPoolNums=2"。这样，当 Broker Server 启动时，就会覆盖上面的默认值。

在加载完成配置信息之后，就可以新建一个 BrokerController 对象，代码如下。

```
//①新建一个 BrokerController 对象
final BrokerController controller = new BrokerController(
    brokerConfig,nettyServerConfig,nettyClientConfig,messageStoreConfig);
//②注册启动 Broker Server 时的配置信息
controller.getConfiguration().registerConfig(properties);
//③调用 BrokerController 类的 initialize()方法初始化 BrokerController
boolean initResult = controller.initialize();
if (!initResult) {
    controller.shutdown();
    System.exit(-3);
}
```

3. 初始化 BrokerController

调用 BrokerController 类的 initialize()方法初始化 Broker Server 是一个非常复杂的过程。为了方便理解，将它拆分为以下几步来分析。

（1）将 Broker Server 中持久化的消息主题配置信息、消费位置（offset）配置信息、订阅组配置信息和消费者过滤器的配置信息加载到本地内存中，持久化之后的 4 种配置信息如图 5-15 所示。其中，消息主题配置信息对应 topics.json 文件，消费位置（offset）配置信息对应 consumerOffset.json 文件，订阅组配置信息对应 subscriptionGroup.json 文件，消费者过滤器的配置信息对应 consumerFilter.json 文件。

图 5-15

加载配置信息的代码如下。

```
//①初始化消费位置（offset）配置信息管理器
this.consumerOffsetManager = new ConsumerOffsetManager(this);
```

```
//②初始化消息主题配置信息管理器
this.topicConfigManager = new TopicConfigManager(this);
//③初始化消费者过滤器的配置信息管理器
this.consumerFilterManager = new ConsumerFilterManager(this);
//④初始化订阅组配置信息管理器
this.subscriptionGroupManager = new SubscriptionGroupManager(this);
...
public boolean initialize() throws CloneNotSupportedException {
    //⑤将消息主题配置信息加载到本地缓存中
    boolean result = this.topicConfigManager.load();
    //⑥将消费位置（offset）配置信息加载到本地缓存中
    result = result && this.consumerOffsetManager.load();
    //⑦将订阅组配置信息加载到本地缓存中
    result = result && this.subscriptionGroupManager.load();
    //⑧将消费者过滤器的配置信息加载到本地缓存中
    result = result && this.consumerFilterManager.load();
    ...
}
```

（2）如果上一步骤成功加载了配置信息，则初始化存储引擎，代码如下。

```
if (result) {
    try {
        //①初始化存储引擎 DefaultMessageStore 类
        this.messageStore =
            new DefaultMessageStore(this.messageStoreConfig,
                this.brokerStatsManager, this.messageArrivingListener,
                this.brokerConfig);
        //②如果开启存储引擎的多副本机制，则执行以下两个与多副本相关的初始化操作
        if (messageStoreConfig.isEnableDLegerCommitLog()) {
            //③初始化副本角色变更处理器 DLedgerRoleChangeHandler 类
            DLedgerRoleChangeHandler roleChangeHandler = new
DLedgerRoleChangeHandler(this, (DefaultMessageStore) messageStore);
            //④将副本角色变更处理器添加到 DLedgerLeaderElector 类的角色变更处理器列表
            中
            ((DLedgerCommitLog)((DefaultMessageStore) messageStore).
            getCommitLog()).getdLedgerServer().getdLedgerLeaderElector().
                addRoleChangeHandler( roleChangeHandler);
        }
```

```
        //⑤初始化 Broker Server 运行状态管理器
        this.brokerStats = new BrokerStats((DefaultMessageStore)
            this.messageStore);
        //⑥加载插件
        MessageStorePluginContext context = new
            MessageStorePluginContext(messageStoreConfig,
            brokerStatsManager, messageArrivingListener, brokerConfig);
        //⑦将插件设置到存储引擎 DefaultMessageStore 类中
        this.messageStore = MessageStoreFactory.build(context,
            this.messageStore);
        //⑧在存储引擎中添加一个优先级最高的派发器 CommitLogDispatcherCalcBitMap
            类
        this.messageStore.getDispatcherList().addFirst(new
            CommitLogDispatcherCalcBitMap(this.brokerConfig,
            this.consumerFilterManager));
    } catch (IOException e) {
        result = false;
        log.error("Failed to initialize", e);
    }
}
```

（3）调用存储引擎 DefaultMessageStore 类的 load()方法，将以下资源加载到存储引擎的内存中。

- 存储路径"${ROCKETMQ_HOME}/store/"中的文件主要包括 CommitLog 文件、ConsumeQueue 文件和索引文件。
- "MessageStoreConfig.messageDelayLevel"中延迟消息的延迟规则，代码如下。

```
private String messageDelayLevel = "1s 5s 10s 30s 1m 2m 3m 4m 5m 6m 7m
8m 9m 10m 20m 30m 1h 2h";
```

- 恢复上一次存储引擎正常关闭和异常关闭时，还没有实时刷盘的消息。

（4）如果（1）~（3）步骤都被执行成功，则才能初始化 Broker Server 中计算和处理消息的核心功能，主要包括以下内容。

- 初始化 Broker Server 服务端通信渠道，用来接收客户端通信渠道的 RPC 命令事件请求。
- 初始化用来处理"生产消息请求"的线程池"sendMessageExecutor"。
- 初始化用来处理"消费消息请求"的线程池"pullMessageExecutor"。
- 初始化用来处理"请求/应答"消息请求的线程池"replyMessageExecutor"。

- 初始化用来处理"查询消息请求"的线程池"queryMessageExecutor"。
- 初始化用来处理"管理 Broker Server 请求"的线程池"adminBrokerExecutor"。
- 初始化用来处理"管理客户端请求"的线程池"clientManageExecutor"。
- 初始化用来处理"心跳请求"的线程池"heartbeatExecutor"。
- 初始化用来处理"结束事务请求"的线程池"endTransactionExecutor"。
- 初始化用来处理"管理消费者请求"的线程池"consumerManageExecutor"。
- 向服务端通信渠道统一的命令事件处理中心注册命令事件处理器，并绑定对应的线程池。

其中，Broker Server 支持的 RPC 命令事件如表 5-1 所示。

表 5-1　Broker Server 支持的 RPC 命令事件

RPC 命令事件	命令事件处理器	线程池	功能描述
SEND_MESSAGE	SendMessageProcessor	sendMessageExecutor	Producer 生产单条消息
SEND_MESSAGE_V2	SendMessageProcessor	sendMessageExecutor	Producer 生产消息
SEND_BATCH_MESSAGE	SendMessageProcessor	sendMessageExecutor	Producer 生产批量消息
CONSUMER_SEND_MSG_BACK	SendMessageProcessor	sendMessageExecutor	Consumer 回传消费消息的结果
PULL_MESSAGE	PullMessageProcessor	pullMessageExecutor	Consumer 消费消息
SEND_REPLY_MESSAGE	ReplyMessageProcessor	replyMessageExecutor	Producer 生产"请求/应答"消息
SEND_REPLY_MESSAGE_V2	ReplyMessageProcessor	replyMessageExecutor	Producer 生产"请求/应答"消息
QUERY_MESSAGE	QueryMessageProcessor	queryMessageExecutor	Producer、Consumer、命令控制台和 UI 控制台查询消息
VIEW_MESSAGE_BY_ID	QueryMessageProcessor	queryMessageExecutor	Producer、Consumer、命令控制台和 UI 控制台使用消息 ID 预览消息
HEART_BEAT	ClientManageProcessor	heartbeatExecutor	Consumer 和 Producer 向 Broker Server 发送心跳消息

RPC 命令事件	命令事件处理器	线程池	功能描述
UNREGISTER_CLIENT	ClientManageProcessor	clientManageExecutor	取消注册 Consumer 和 Producer
CHECK_CLIENT_CONFIG	ClientManageProcessor	clientManageExecutor	Consumer 校验配置信息
GET_CONSUMER_LIST_BY_GROUP	ConsumerManageProcessor	consumerManageExecutor	负载均衡器获取 Consumer 列表
UPDATE_CONSUMER_OFFSET	ConsumerManageProcessor	consumerManageExecutor	Consumer、UI 控制台和命令控制台更新消费进度
QUERY_CONSUMER_OFFSET	ConsumerManageProcessor	consumerManageExecutor	Consumer、UI 控制台和命令控制台查询消费进度
END_TRANSACTION	EndTransactionProcessor	endTransactionExecutor	Producer 结束分布式事务
UPDATE_AND_CREATE_TOPIC	AdminBrokerProcessor	adminBrokerExecutor	UI 控制台和命令控制台管理 Broker Server 的命令事件

（5）初始化 Broker Server 中的定时任务，主要包括以下 6 个任务。

- 定时任务一：定时地将 Broker Server 运行的状态添加到内存中。
- 定时任务二：定时地读取内存中的消费进度并持久化到 "${ROCKETMQ_HOME}/config/consumerOffset.json" 文件中。
- 定时任务三：定时地读取内存中的 Consumer 过滤信息并持久化到 "${ROCKETMQ_HOME}/config/consumerFilter.json" 文件中。
- 定时任务四：定时地执行 "保护 Broker Server，防止过载" 的策略。

💡 提示：

需要开启开关 "BrokerConfig.disableConsumeIfConsumerReadSlowly"，默认值为 false。对于保护的策略来说，如果 Consumer 待消费的消息长度超过阈值大小（使用 "BrokerConfig.consumerFallbehindThreshold" 参数来设置，默认值为 16g），则禁用消费者组中的所有 Consumer。

- 定时任务五：定时地执行 "使用日志来监控线程池中任务队列的进度" 的策略。

具体策略主要包括①监控线程池 "sendMessageExecutor" 的任务队列 "sendThreadPoolQueue"，实时地输出其大小和线程处理任务的耗时；②监控线程池 "pullMessageExecutor" 的任务队列 "pullThreadPoolQueue"，实时地输出其大小和线程处理任务的耗时；③监控线程池 "queryMessage

Executor" 的任务队列 "queryThreadPoolQueue"，实时地输出其大小和线程处理任务的耗时；④监控线程池 "endTransactionExecutor" 的任务队列 "endTransactionThreadPoolQueue"，实时地输出队列的大小和线程处理任务的耗时。

- 定时任务六：定时地输出 "存储引擎中构建 ConsumeQueue 文件和 IndexFile 文件的进度"。

定时任务会定时地比较 CommitLog 文件中存储消息的消费位置 maxOffset 和重放 ConsumeQueue 文件和 IndexFile 文件的消费位置 reputFromOffset 的大小，返回按照 maxOffset-reputFromOffset 规则计算出来的进度。

（6）Broker Server 需要连接 Name Server，因此在初始化的过程中需要加载 Name Server 的 IP 地址，主要采用以下两种方式加载。

- 如果 BrokerConfig.namesrvAddr 参数不为空，则 Name Server 的 IP 地址为该参数的取值，并更新到客户端通信渠道的 Name Server 的 IP 地址列表中。
- 如果 BrokerConfig.namesrvAddr 参数为空，并且 BrokerConfig.fetchNamesrvAddrBy AddressServer 参数取值为 true，则定时地从 Name Server 的地址服务中获取最新的 Name Server 的 IP 地址列表。

关于 Name Server 的地址服务的原理可以参考 3.2.2 节。

（7）Broker Server 节点之间需要进行主/从数据同步，因此在 Broker Server 初始化过程中，如果 Broker Server 的角色是 Slave，则需要设置 Master 节点的 IP 地址，这样 Slave 节点才能主动地发起同步 CommitLog 文件的请求。

关于设置 Master 节点的 IP 地址的具体原理分析可以参考 11.5.2 节。

（8）如果开启 SSL 安全认证模式，则初始化安全认证相关的证书。

（9）初始化事务引擎，主要包括以下内容。

- 通过 SPI 机制（RocketMQ 自定义的、可扩展的 ServiceProvider 类）加载事务消息服务 TransactionalMessageService 接口的实现类。如果没有自定义事务消息服务，则初始化一个默认的 TransactionalMessageServiceImpl 类。

💡 提示：

这个设计是 RocketMQ 的一个亮点，使开发人员可以自定义一个事务消息服务类并实现 Transactional MessageService 接口，并在 "resources/META-INF/service" 文件夹中新建一个 "org.apache.rocketmq.broker. transaction.TransactionalMessageService" 文件，将自定义的事务消息服务类的包路径添加到这个文件中。

- 通过 SPI 机制加载事务消息监听器 AbstractTransactionalMessageCheckListener 抽象

类的实现类。如果没有自定义事务消息监听器抽象类，则初始化一个默认的
DefaultTransactionalMessageCheckListener 类。

- 初始化验证事务消息的 TransactionalMessageCheckService 类。

总结，通过以上 9 个步骤即可完成 Broker Server 和存储引擎的初始化。

5.3.2 启动 Broker Server 和存储引擎

存储引擎是在 Broker Server 之后启动的，下面先来分析下 Broker Server 是如何启动的。

1. 启动 Broker Server

启动 Broker Server 主要分为以下 11 个步骤。

（1）启动存储引擎。

关于如何启动存储引擎会在本节"2.启动存储引擎"部分分析。

（2）启动服务端通信渠道。

关于启动服务端的通信渠道的原理，可以参考第 2 章。

在 Broker Server 服务端通信渠道中注册处理生产消息的命令事件处理器，其中有一个非常优
雅的设计：Broker Server 定义了两个服务端通信渠道，其中，remotingServer 用于处理 Broker
Server 中所有的命令事件，而 fastRemotingServer 用于处理"消费消息的事件"外的其他事件。

通常，生产消息和消费消息类型的命令事件是 Broker Server 负载最高的事件，这样可以利用
fastRemotingServer 解耦生产消息和消费消息的服务端通信渠道，如果 remotingServer 通信渠
道的负载非常高，则可以快速将生产消息的 RPC 请求切换到 fastRemotingServer。

（3）启动文件监控服务。

Broker Server 中的文件监控服务主要是为了监控 SSL 认证证书和认证 KEY 路径的变更，如
果它们发生变更，则实时地刷新到上下文中。

（4）启动客户端通信渠道。

虽然 Broker Server 是一个服务端，但是 Producer 和 Consumer 可以通过客户端通信渠道
连接它，并完成消息的生产和消费。有时，Broker Server 也会作为客户端去连接 Producer 和
Consumer。这里的客户端 API 主要指 BrokerOuterAPI 类，它会初始化一个客户端通信渠道
NettyRemotingClient，具体原理可以参考第 2 章。

（5）启动线程 PullRequestHoldService。

Broker Server 默认开启"暂停模式"（设置 brokerAllowSuspend 参数为 true，默认值为

true）。什么是"暂停模式"呢？这里可以简单地介绍一下。

- 消费者在消费消息时，会向 Broker Server 发起消费消息的请求。如果 Broker Server 从存储引擎中没有获取消息，则存储引擎返回结果为 ResponseCode.PULL_NOT_FOUND，表示当前请求并没有拉取到消息。
- 如果没有开启"暂停模式"，则直接将结果返给消费者，表示消费成功，但是并没有消息需要去消费。
- 如果 Consumer 在发起消费消息的请求时，设置了"消费者开启暂停模式的系统标识"（利用 FLAG_SUSPEND 系统参数来设置），则 Broker Server 会暂停当前消费消息的请求。

下面介绍 Broker Server 暂停当前消费消息的请求之后的具体逻辑处理。

- 构造一个拉取消息的请求 PullRequest（主要复用原来的消费消息的 RPC 命令请求和消费者客户端通信渠道），并调用线程 PullRequestHoldService 类的 suspendPullRequest() 方法提交请求，线程将这个请求存储在本地缓存中。
- 在启动线程 PullRequestHoldService 之后，周期性地扫描本地缓存中的消息请求。固定周期可以分为两种情况：①如果 Broker Server 开启长轮询（使用 BrokerConfig.longPollingEnable 参数来设置，默认开启），则周期为 5s；②如果 Broker Server 开启短轮询，则周期为 1s（使用 BrokerConfig. shortPollingTimeMills 参数来设置，默认为 1s）。
- 线程扫描本地缓存，遍历消息请求 PullRequest，解析消息队列 ID 和最大物理偏移量。如果消息请求中的最大物理偏移量小于存储引擎中对应消息队列 ID 和消息主题的最大物理偏移量，表示有新消息需要消费，则使用一个线程主动代替当前消费者（主要是复用原有的消费者客户端通信渠道）重新发起拉取消息的请求。

启动线程 PullRequestHoldService，主要是为了执行 Broker Server 的"暂停模式"。这样可以减少消费者与 Broker Server 之间的通信开销，让每一次消费消息的请求都能成功拉取消息，但是也会增加执行消费消息的时延性。

（6）启动线程 ClientHousekeepingService。

Broker Server 作为服务端要处理很多客户端的通信连接请求。例如，消费者和生产者，为了能够充分利用服务端的系统资源，Broker Server 使用本地缓存来管理这些客户端通信渠道，这样就可以复用它们。但是，维持一条长连接的通信渠道，系统资源开销非常大，因此 Broker Server 需要定时地剔除那些不活跃的客户端通信渠道。

启动线程 ClientHousekeepingService 是为了能定时地剔除消费者、生产者和过滤服务中不活跃的客户端通信渠道。

（7）启动过滤服务管理器。

在启动过滤服务管理器之后，使用定时器定时地创建消息的过滤服务，主要是调用脚本文件来完成的。Linux 中的脚本路径为 "/bin/startfsrv.sh"，Windows 中的脚本路径为 "/bin/mqfiltersrv.exe"，最终会调用 FiltersrvStartup 类来创建过滤服务。

这个功能从 RocketMQ 4.3.0 版本开始就已经被废弃了，但是 Broker Server 中的代码还没有去掉。如果开发人员想使用该功能，则可以查阅 RocketMQ 4.3.0 之前的版本。

（8）如果没有开启"副本模式"，则启动事务状态校验服务和"主/从"同步，并主动向 Name Server 注册 Broker Server 信息。

目前，RocketMQ 只有在非"副本"模式下才能启动事务消息中的"定时回查"机制，定时地校验本地事务的状态。

Master 节点和 Slave 节点之间的消息"主/从"同步，只有在"副本"模式下才能生效。

（9）启动定时器，开启 Broker Server 的心跳机制，定时地向 Name Server 注册 Broker Server 信息。

在启动这个定时器之后，Broker Server 会主动地将最新的消息路由信息，通过心跳机制定时地同步给 Name Server 集群中所有的节点。

（10）启动记录 Broker Server 运行状态的管理器 BrokerStatsManager。

在处理生产和消费消息的过程中，可以利用 BrokerStatsManager 来记录 Broker Server 的运行状态，这样 UI 控制台或命令控制台就可以从 BrokerStatsManager 类的本地缓存中实时地获取 Broker Server 的运行状态。

（11）启动 Broker Server 的快速失败机制。

在启动 Broker Server 的快速失败机制之后，Broker Server 会定时地清理内存中过期的请求，主要是针对线程池中的任务队列，如生产消息的线程池的任务队列 sendThreadPoolQueue、消费消息的线程池的任务队列 pullThreadPoolQueue、心跳线程池的任务队列 heartbeatThreadPoolQueue 和结束事务消息的线程池的任务队列 endTransactionThreadPoolQueue。

上面几个线程池都是 Broker Server 中被高频率访问的，因此需要定期清理过期的任务，防止队列阻塞。

📣 提示：

RocketMQ 提供了一种非常优雅的线程池的使用方式，使开发人员可以在自己的业务服务中采用该设计模式，这样可以提高线程池的处理功能，从而能够更好地应对高并发流量。

2. 启动存储引擎

在 BrokerController 类的 start()方法中，调用 DefaultMessageStore 类的 start()方法启动存储引擎，代码如下。

```
if (this.messageStore != null) {
    //调用 DefaultMessageStore 类的 start()方法启动存储引擎
    this.messageStore.start();
}
```

Broker Server 将启动存储引擎的优先级设置为最高，只有先成功启动存储引擎，才能继续执行启动 Broker Server 中的其他功能模块。

为了方便理解，这里将存储引擎启动的过程拆分为以下 7 个步骤。

（1）发起构建 ConsumeQueue 文件和 IndexFile 文件的请求。

具体原理可以参考 12.4 节。

（2）如果 Broker Server 没有开启"副本"模式，则启动"主/从"同步。

具体原理可以参考 11.5 节。

（3）启动线程 FlushConsumeQueueService。

该线程主要是为了将内存中的 ConsumeQueue 数据持久化到 ConsumeQueue 文件中。线程执行的周期默认为 1s，可以使用"MessageStoreConfig.flushIntervalConsumeQueue"参数来更改线程执行的周期。

（4）启动 CommitLog 后就可以管理存储引擎文件系统中的文件。

在存储引擎中，CommitLog 主要用来管理文件系统中的文件，包括 MappedFile 文件、CommitLog 文件、ConsumeQueue 文件和 IndexFile 文件。

如果是"同步刷盘"，则启动线程 GroupCommitService，否则启动线程 FlushRealTimeService，它们两个都是执行消息刷盘的线程。

如果开启了临时对象池，则启动线程 CommitRealTimeService。

（5）启动线程 StoreStatsService。

该线程主要用来记录存储引擎的运行状态。

（6）在"${ROCKETMQ_HOME}/store"文件夹中创建一个临时文件夹"abort"。

在启动存储引擎时，会将持久化到文件中的数据（如 ConsumeQueue 文件等）重新加载到内存中。在加载数据之前，会判断上一次关闭存储引擎是正常关闭还是异常关闭的，判断的标准是临时文件夹"abort"中是否有备份文件。

（7）启动存储引擎中的定时任务，主要包括以下 3 个定时任务。

- 定时地清理过期的 CommitLog 文件和 ConsumeQueue 文件。
- 定时地校验 MappedFile 文件。
- 定时地校验磁盘空间。

5.3.3 【实例】动态修改存储引擎的配置参数

💡 提示：

本实例的源码在本书配套资源的"/chapterfive/debug-storage-model"目录下。

启动存储引擎需要加载很多配置参数，那么是否可以修改这些参数并实时生效呢？答案是肯定的。存储引擎的配置参数主要是使用 MessageStoreConfig 类来存储的。

1．准备环境

（1）准备两个 Master 角色的 Broker Server 节点和一个 Name Server 节点。

（2）准备生产者服务 dynamic-storage-engine-config-producer 和消费者服务 dynamic-storage-engine-config-consumer，用来生产和消费消息，从而调试修改存储引擎的配置参数之后的取值。

2．在启动阶段，使用脚本修改存储引擎的配置参数

（1）在 broker.properties 配置文件中修改参数存储引擎的刷盘类型，代码如下。

```
//①修改为同步刷盘模式
flushDiskType=SYNC_FLUSH
//②将角色修改为 SYNC_MASTER
brokerRole=SYNC_MASTER
```

（2）启动 Broker Server 和 Name Server，这时线上就有两个 Master 角色的 Broker Server 节点和一个 Name Server 节点。

（3）使用 IDEA 远程断点调试 Broker Server 节点。

（4）启动生产者服务和消费者服务，完成生产和消费消息的流程。

（5）图 5-16 所示为生产消息时判断 Broker Server 节点角色的断点调试信息。从图 5-16 中可以看到，Broker Server 节点的角色已经被调整为 SYNC_MASTER。

图 5-16

（6）图 5-17 所示为生产消息时，判断 Broker Server 刷盘类型的断点调试信息。从图 5-17 中可以看到，Broker Server 节点的刷盘模式已经被调整为 SYNC_FLUSH。

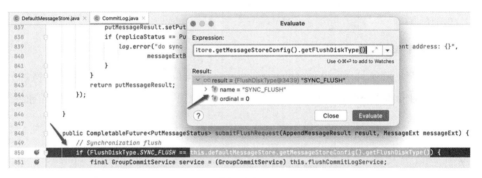

图 5-17

同理，在 Consumer 消费消息时，通过断点调试发现 Broker Server 的"刷盘模式"和"角色"的配置信息已经生效。

3. 在启动完之后，使用命令控制台实时地修改存储引擎的配置参数

（1）执行以下命令修改存储引擎的配置参数，将"刷盘模式"修改为"ASYNC_FLUSH"，"角色"修改为"ASYNC_MASTER"。

```
//①修改 Broker Server 的刷盘模式
sh mqadmin updateBrokerConfig -n 127.0.0.1:9876 -c DefaultCluster -k
flushDiskType -v ASYNC_FLUSH
//②修改 Broker Server 的角色
sh mqadmin updateBrokerConfig -n 127.0.0.1:9876 -c DefaultCluster -k
brokerRole -v ASYNC_MASTER
```

（2）图 5-18 所示为生产消息时，判断 Broker Server 节点角色的断点调试信息。从图 5-18 中可以看到，Broker Server 节点的角色已经被调整为 ASYNC_MASTER。

图 5-18

（3）图 5-19 所示为生产消息时，判断 Broker Server 刷盘类型的断点调试信息。从图 5-19 中可以看到，Broker Server 节点的刷盘模式已经被调整为 ASYNC_FLUSH。

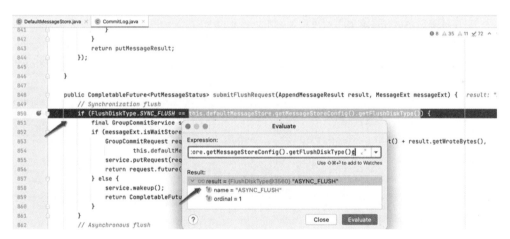

图 5-19

关于命令控制台的相关原理可以参考第 6 章。

5.4 使用存储引擎处理"储存消息"的请求

使用存储引擎存储消息的前提条件是 Broker Server 能够接收、处理和计算消息。因此，在启动 Broker Server 时，Broker Server 会初始化一个服务端的通信渠道，并使用它来接收 Producer 客户端通信渠道发送的生产消息的 RPC 请求，命令事件消息处理器从 RPC 请求中解析出待生产的消息，并处理和计算消息。

下面先看一看 Broker Server 是如何接收并处理生产消息的请求的。

5.4.1 接收并处理生产消息的请求

为了完整地理解存储引擎处理"存储消息"的请求，下面从服务端的通信渠道分析 Broker Server 处理生产消息请求的过程。

1. 服务端通信渠道接收生产消息的请求

RocketMQ 服务端通信渠道是使用 Netty 来实现的。为了能够处理客户端通信渠道的 RPC 请求，在启动服务端通信渠道时，在底层 Netty 通信渠道中注册了一个通信渠道下行流量处理器 NettyServerHandler 类，专门处理客户端通信渠道的 RPC 请求，代码如下。

```
@ChannelHandler.Sharable
class NettyServerHandler extends
    SimpleChannelInboundHandler<RemotingCommand> {
    //①服务端的通信渠道用于接收生产消息的请求
    @Override
    protected void channelRead0(ChannelHandlerContext ctx, RemotingCommand
        msg) throws Exception {
        //② ChannelHandlerContext 是 Netty 通信渠道上下文，RemotingCommand 是
            RPC 命令请求对象
        processMessageReceived(ctx, msg);
    }
}
```

服务端的通信渠道在收到生产消息的请求之后，RPC 命令事件中心将请求派发给生产消息的 RPC 命令事件处理器去处理。

2. 利用 RPC 命令事件处理器处理生产消息的请求

在启动服务端的通信渠道时，会注册一个处理 RPC 命令事件处理器 SendMessageProcessor 类。这个事件处理器可以处理以下命令事件。

- 命令事件 RequestCode.SEND_MESSAGE 和 RequestCode.SEND_MESSAGE_V2：生产单条消息的命令事件，后者是前者的升级版本。
- 命令事件 RequestCode.SEND_BATCH_MESSAGE：生产批量消息的命令事件。

- 命令事件 RequestCode.CONSUMER_SEND_MSG_BACK：处理消费者消费失败之后回传确认消息的命令事件。在 push 模式下，采用并行消费方式消费消息，消费者消费完成之后，如果消费失败且是"集群"模式，则需要将消费失败的消息回传给生产者。

使用事件处理器处理生产消息的请求的具体过程如下。

（1）事件处理器 SendMessageProcessor 类支持两种处理方式：同步和异步处理生产消息的请求，代码如下。

```
//①同步处理生产消息的请求
@Override
public RemotingCommand processRequest(ChannelHandlerContext ctx,
        RemotingCommand request) throws RemotingCommandException {
        RemotingCommand response = null;
    try {
        //②同步处理生产消息的请求，并等待响应结果
        response = asyncProcessRequest(ctx, request).get();
    } catch (InterruptedException | ExecutionException e) {
        log.error("process SendMessage error, request : " +
            request.toString(), e);
    }
    //③返回生产消息的结果
    return response;
}
//④异步处理生产消息的请求，返回类型为 void
@Override
public void asyncProcessRequest(ChannelHandlerContext ctx,
    RemotingCommand request, RemotingResponseCallback responseCallback)
        throws Exception {
    //⑤通过回调类 RemotingResponseCallback 异步返回生产消息的结果
    asyncProcessRequest(ctx, request).
        thenAcceptAsync(responseCallback::callback, this.brokerController.
            getSendMessageExecutor());
}
```

（2）由于事件处理器 SendMessageProcessor 类支持多种命令事件，因此它需要按照 RPC 请求对象 RemotingComand 中命令事件的 code 来分别解析，并将生产消息的命令事件解码为对应的消息请求头 SendMessageRequestHeader。

事件处理器 SendMessageProcessor 类在处理生产消息的请求时，会校验消息请求头中"批

量消息"的标志位（使用 batch 字段来定义）。如果是批量消息，则发起存储批量消息的请求，否则发起存储单条消息的请求。

（3）如果是生产单条消息并且是重试消息（消息主题的前缀为"%RETRY"），则需要执行以下校验。

- 使用 Broker Server 的订阅组配置信息管理器，获取指定生产者组名称的订阅组信息。如果为空，则直接返回，并结束当前生产消息的请求。
- 计算消息重试次数的阈值，具体规则：如果生产者 Sdk 的版本号大于或等于"V3.4.9"，则阈值取当前消息头中 maxReconsumeTimes 字段的值，否则取订阅组信息 Subscription GroupConfig 中 retryMaxTimes 字段的值。
- 对比消息头中消息累计消费的次数和消息重试的次数，如果前者大于或等于后者，则启动死信队列。

（4）在调用存储引擎存储消息之前，需要将解析出来的消息体和消息头组装成存储引擎能识别的消息对象。批量消息使用 MessageExtBatch 对象来组装，而单条消息则使用 MessageExtBrokerInner 对象来组装。

（5）如果是单条消息，则还需要处理单条事务消息，但是 RocketMQ 不支持批量的事务消息。

（6）调用存储引擎的 Sdk，存储单条消息和批量消息。

存储单条消息通过 SendMessageProcessor 类的 asyncSendMessage()方法调用存储引擎的 Sdk 实现。处理存储单条消息请求的代码如下。

```
private CompletableFuture<RemotingCommand>
            asyncSendMessage(ChannelHandlerContext ctx,
            RemotingCommand request,SendMessageContext mqtraceContext,
        SendMessageRequestHeader requestHeader) {
    ...
    //①使用 MessageExtBrokerInner 类组装单条消息对象
    MessageExtBrokerInner msgInner = new MessageExtBrokerInner();
    //②处理单条重试消息
    if (!handleRetryAndDLQ(requestHeader, response,
        request, msgInner, topicConfig)) {
        return CompletableFuture.completedFuture(response);
    }
    //③处理单条事务消息
    if (transFlag != null && Boolean.parseBoolean(transFlag)) {
        if (this.brokerController.
            getBrokerConfig().isRejectTransactionMessage()) {
```

```
                response.setCode(ResponseCode.NO_PERMISSION);
                return CompletableFuture.completedFuture(response);
        }
        //④存储预处理的事务消息
        putMessageResult = this.brokerController.
            getTransactionalMessageService().asyncPrepareMessage(msgInner);
    } else {
        //⑤调用存储引擎 DefaultMessageStore 类 asyncPutMessage()方法来存储单条消息
        putMessageResult = this.brokerController.
            getMessageStore().asyncPutMessage(msgInner);
    }
        //⑥处理存储引擎存储单条消息的结果
        return handlePutMessageResultFuture(putMessageResult, response,
    request, msgInner, responseHeader, mqtraceContext, ctx, queueIdInt);
}
```

存储批量消息通过 SendMessageProcessor 类的 asyncSendBatchMessage()方法调用存储引擎的 Sdk 实现。处理存储批量消息的请求的代码如下。

```
private CompletableFuture<RemotingCommand>
            asyncSendBatchMessage(ChannelHandlerContext ctx,
            RemotingCommand request,
            SendMessageContext mqtraceContext,
            SendMessageRequestHeader requestHeader) {
    ...
    //①使用 MessageExtBrokerInner 类组装批量消息对象
    MessageExtBatch messageExtBatch = new MessageExtBatch();
    //②调用存储引擎 DefaultMessageStore 类的 asyncPutMessages()方法存储批量消息
    CompletableFuture<PutMessageResult> putMessageResult =
            this.brokerController.getMessageStore().
                asyncPutMessages(messageExtBatch);
    //③处理存储引擎存储批量消息的结果
    return handlePutMessageResultFuture(putMessageResult,
            response, request, messageExtBatch, responseHeader,
            mqtraceContext, ctx, queueIdInt);
}
```

5.4.2 存储消息

存储消息主要分为两种：存储单条消息和存储批量消息。

1. 存储单条消息

存储引擎统一调用 DefaultMessageStore 类的 asyncPutMessage()方法来异步存储单条消息（废弃了同步存储消息的 putMessage()方法）。为了方便理解，这里将调用 asyncPutMessage()方法的过程拆分成以下几部分。

（1）校验存储引擎的状态，主要包括以下几点。

- 校验存储引擎的启动状态。如果是关闭的，则返回"PutMessageStatus.SERVICE_NOT_AVAILABLE"状态。
- 校验存储引擎的角色。如果是 Slave 节点，则返回"PutMessageStatus.SERVICE_NOT_AVAILABLE"状态。
- 校验存储引擎的读/写权限。如果没有写权限，则返回"PutMessageStatus.SERVICE_NOT_AVAILABLE"状态。
- 校验存储引擎中 PageCache 是否阻塞。如果阻塞，则返回"PutMessageStatus.OS_PAGECACHE_BUSY"状态。
- 如果以上条件均不满足，则默认返回"PutMessageStatus.PUT_OK"状态。

在完成对存储引擎的校验之后，如果校验的结果为非"PutMessageStatus.PUT_OK"状态，则终止本次存储消息的请求。

（2）校验需要存储的消息，主要包括以下几点。

- 校验消息主题字段的长度。如果长度超过 "Byte.MAX_VALUE"（127），则返回"PutMessageStatus.MESSAGE_ILLEGAL"状态。
- 校验消息体中的 "键-值" 对属性字符串的长度。如果长度大于 "Short.MAX_VALUE"（32767），则返回"PutMessageStatus.MESSAGE_ILLEGAL"状态。
- 如果以上条件均不满足，则默认返回"PutMessageStatus.PUT_OK"状态。

在完成对消息的校验之后，如果校验结果为非"PutMessageStatus.PUT_OK"状态，则终止本次存储消息的请求。

（3）调用 CommitLog 类或 DLedgerCommitLog 类的 asyncPutMessage()方法存储单条消息，并返回存储消息的异步结果对象，代码如下。

```
//返回存储消息的异步结果对象 putResultFuture
CompletableFuture<PutMessageResult> putResultFuture =
        this.commitLog.asyncPutMessage(msg);
```

完成以上 3 个步骤之后，调用 DefaultMessageStore 类的 asyncPutMessage()方法处理异步存储消息请求的原理就分析完了。

如果开启 RocketMQ 的多副本机制，则使用 DLedgerCommitLog 类的 asyncPutMessage()方法存储单条消息，否则使用 CommitLog 类的 asyncPutMessage()方法存储单条消息。

存储引擎会在 DefaultMessageStore 类的构造函数中校验"是否启用多副本机制"的条件，开启条件是将"MessageStoreConfig .enableDLegerCommitLog"参数设置为 true。

下面再来看一看调用 CommitLog 类的 asyncPutMessage()方法存储单条消息的过程。

（1）使用消息 MessageExt 类的 storeTimeStamp 字段来记录存储消息的时间。

（2）使用消息 MessageExt 类的 bodyCRC 字段来记录消息体 CRC 校验码。

（3）计算消息的类型"tranType"，代码如下。

```
final int tranType = MessageSysFlag.getTransactionValue(
    msg.getSysFlag());
```

（4）如果消息的类型为"MessageSysFlag.TRANSACTION_NOT_TYPE"（非事务消息）或"MessageSysFlag.TRANSACTION_COMMIT_TYPE"（提交的事务消息），则校验是否是延迟消息（事务消息不支持延迟执行）。

延迟消息的判定条件为消息体中延迟时间等级字段 MessageConst.PROPERTY_DELAY_TIME_LEVEL 的值大于 0。

如果是延迟消息，则执行以下逻辑。

- 如果消息中延迟时间等级大于存储引擎中预加载的最大延迟时间等级，则消息采用存储引擎中的最大延迟时间等级，否则沿用原有的延迟时间等级。
- 在消息中，使用属性字段"MessageConst.PROPERTY_REAL_TOPIC"和"MessageConst. PROPERTY_REAL_QUEUE_ID"分别备份原有的消息主题的名称和消息队列 ID，使用 "TopicValidator.RMQ_SYS_SCHEDULE_TOPIC"（默认值为"SCHEDULE_TOPIC_ XXXX"）的值替换原有的消息主题的名称。
- 使用消息中的延迟时间等级，先计算出一个新消息队列 ID，具体规则是"delayLevel－1"（用延迟时间等级减 1），再用这个新消息队列 ID 替换原有的消息队列 ID。

（5）如果生产者和存储引擎的 IP 地址是 IPv6，则设置系统标志，标记它们是 IPv6 类型的 IP 地址。

（6）编码待存储的消息。

编码待存储的消息的目的是将原有的消息格式转换为存储引擎中的消息格式。编码消息是一个适配的过程，代码如下。

```
//①从线程本地变量 putMessageThreadLocal 中获取一个用来编码消息的线程安全的静态类
        PutMessageThreadLocal
PutMessageThreadLocal putMessageThreadLocal = this.
  putMessageThreadLocal.get();
//②调用消息编码器 MessageExtEncoder 类的 encode()方法编码消息，并将编码的结果存储在
  MessageExtEncoder 类中
PutMessageResult encodeResult = putMessageThreadLocal.getEncoder().
    encode(msg);
//③如果 encodeResult 不为空，则表示编码失败，并返回编码失败的结果
if (encodeResult != null) {
    return CompletableFuture.completedFuture(encodeResult);
}
//④将 MessageExtEncoder 类中的编码结果设置到消息中
msg.setEncodedBuff(putMessageThreadLocal.getEncoder().encoderBuffer);
```

（7）使用 MappedFileQueue 类或 MultiPathMappedFileQueue 类创建内存映射文件（指 MappedFile 类对应的内存映射文件），并返回最新的内存映射文件。

MappedFileQueue 类和 MultiPathMappedFileQueue 类都是管理内存映射文件的管理器，后者可以用于管理多个存储根目录下的内存映射文件。例如，设置 MessagesStoreConfig 类的 CommitLog 文件的存储路径为 "${user.home}/store/commitlog1,${user.home}/store/commitlog2"，将会解析出来两个存储根目录 "/commitlog1" 和 "/commitlog2"。

（8）调用 MappedFile 类的 appendMessage()方法向内存映射文件中追加消息，代码如下。

```
AppendMessageResult result = null;
//追加消息，并返回结果 AppendMessageResult
result = mappedFile.appendMessage(msg, this.appendMessageCallback,
    putMessageContext);
```

2. 存储批量消息

为了方便理解，将存储批量消息的具体过程拆分为以下两个步骤。

（1）调用 DefaultMessageStore 类的 putMessages()方法执行存储批量消息的请求，代码如下。

```
@Override
public PutMessageResult putMessages(MessageExtBatch messageExtBatch) {
    try {
```

```
        return asyncPutMessages(messageExtBatch).get();
    } catch (InterruptedException | ExecutionException e) {
        return new PutMessageResult(PutMessageStatus.UNKNOWN_ERROR, null);
    }
}
```

（2）调用 DefaultMessageStore 类的 asyncPutMessages ()方法异步处理请求，代码如下。

```
public CompletableFuture<PutMessageResult> asyncPutMessages(
    MessageExtBatch messageExtBatch) {
    //①校验存储引擎的状态
    PutMessageStatus checkStoreStatus = this.checkStoreStatus();
    if (checkStoreStatus != PutMessageStatus.PUT_OK) {
        //②如果存储引擎不可用，则直接返回
        return CompletableFuture.completedFuture(new PutMessageResult(
            checkStoreStatus, null));
    }
    //③校验批量消息
    PutMessageStatus msgCheckStatus = this.checkMessages(
        messageExtBatch);
    if (msgCheckStatus == PutMessageStatus.MESSAGE_ILLEGAL) {
        //④如果消息非法，则直接返回
        return CompletableFuture.completedFuture(new PutMessageResult(
            msgCheckStatus, null));
    }
    long beginTime = this.getSystemClock().now();
    //⑤调用 CommitLog 类的 asyncPutMessages ()方法将批量消息存储到文件系统中
    CompletableFuture<PutMessageResult> resultFuture = this.commitLog.
        asyncPutMessages(messageExtBatch)
    //⑥使用异步结果对象 CompletableFuture 处理存储批量消息的结果，并异步通知
        Producer
    resultFuture.thenAccept((result) -> {
        long elapsedTime = this.getSystemClock().now() - beginTime;
        if (elapsedTime > 500) {
            log.warn("not in lock elapsed time(ms)={}, bodyLength={}",
                elapsedTime, messageExtBatch.getBody().length);
        }
        this.storeStatsService.setPutMessageEntireTimeMax(elapsedTime);
        if (null == result || !result.isOk()) {
```

```
                 this.storeStatsService.getPutMessageFailedTimes().add(1);
        }
    });
    //⑦返回异步结果对象 CompletableFuture
    return resultFuture;
}
```

如果读者对调用 CommitLog 类的 asyncPutMessages ()方法异步存储批量消息的相关代码实现感兴趣，则可以查阅 RocketMQ 的相关源码，这里就不再赘述。

5.4.3　【实例】利用存储引擎实现批量地存储消息

📌 提示：

本实例的源码在本书配套资源的"/chapterfive/storage-batch-message"目录下。

1.　准备环境

（1）准备两个 Master 角色的 Broker Server 节点和一个 Name Server 节点。

（2）准备生产者服务 storage-batch-message-producer 和消费者服务 storage-batch-message-consumer，具体代码实现可以参考本书的配套源码。

为了完成消息的批量生产，需要按照以下方式来实现。

```
//①动态获取批量消息的数量
Integer size=storageBatchMessageConfig.getBatchSize();
List<Message> messageList=new ArrayList<>();
//②构造批量消息
for(int i=0;i<size;i++){
    String message = "this is a test message" + RandomUtils.nextLong(100,
        1000000000);
    Message msg = new Message(topic, (message).getBytes(RemotingHelper.
        DEFAULT_CHARSET));
        messageList.add(msg);
}
//③生产批量消息
SendResult sendResult=mqProducer.send(messageList,3000);
System.out.println("sendResult:"+sendResult.getSendStatus());
```

（3）启动 Nacos 配置中心，用它来手动地控制批量消息的数量。

2．验证生产批量消息

（1）使用 IDEA 断点调试"生产批量消息"的功能，如图 5-20 所示。将批量消息的数量设置为 200 之后，生产者会将 200 条消息组装到一个批量消息对象 MessageBatch 中。

图 5-20

（2）在动态调整批量消息的数量之后，可以实时生效。

5.5　对比存储单条消息和批量消息的性能

提示：

本实例的源码在本书配套资源的 "/chapterfive/pressure-measurement-batch-message" 目录下。

1．准备环境

（1）准备两个 Master 角色的 Broker Server 节点和一个 Name Server 节点。

（2）搭建 Nacos 配置中心。

（3）准备一个生产者服务 pressure-measurement-batch-producer 和消费者服务 pressure-measurement-batch-consumer，具体代码实现可以参考本书配套源码。

2．压测架构设计

本书并没有采用专业的压测工具（如 Apache JMeter），主要是为了降低技术的复杂度。在真实的开发环境中，我们很难做到用线上的真实流量和数据来压测接口。

下面采用比较简单的压测手段来对比存储单条消息和批量消息的性能，如图 5-21 所示。

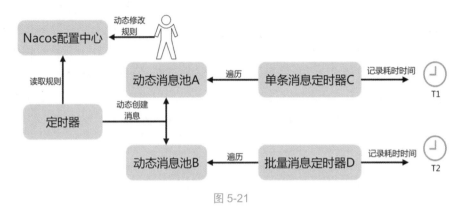

图 5-21

压测的具体步骤如下。

（1）启动一个定时器，定时地维护动态消息池 A 和动态消息池 B 中的消息数量，维护的具体逻辑如下。

- 动态消息池 A 是单条消息的种子数据池，又被称为"数据源"；动态消息池 B 是批量消息的种子数据池。两者的数据量和数据大小是相同的，并通过同一个定时器定时来维护。

- 做接口压测，通常都需要模拟数据流量的阶梯变更。下面使用 Nacos 配置中心手动地修改规则，可以扩容/缩容种子数据池，具体配置规则如下。

```
//①配置单条消息主题的消息数量
rocketmq.youxia.config.messageNum=100
//②配置每次生产批量消息时的数量
rocketmq.youxia.config.batchSize=10
//③配置用来压测的消息主题数量
rocketmq.youxia.config.topicName=batchMessage1,batchMessage2,batchMessage3
//④控制生产批量消息和生产单条消息的开关
rocketmq.youxia.config.openProducer=false
```

如果按照上面的规则，则动态消息池 A 和动态消息池 B 中的消息数量为 300 条（消息主题"batchMessage1"、"batchMessage2"和"batchMessage1"各 100 条）。如果开发人员觉得上述规则不够随机性，则可以增加更加复杂的动态规则。本书只是提供一种快速验证接口性能的思路。

（2）启动单条消息定时器 C 定时地读取动态消息池 A 中的数据，并将消息发送到 Broker Server 中。

（3）启动批量消息定时器 D 定时地读取动态消息池 B 中的数据，并将消息发送到 Broker Server 中。

（4）在单条消息定时器 C 和批量消息定时器 D 中，为了增加场景的真实性，不同的消息主题都采用独立的 Producer 客户端生产消息。

（5）记录耗时时间 T1 和 T2，持续观察耗时时间并进行对比，可以比较直观地分析出单条消息和批量消息的性能。

3．验证

验证的具体步骤如下。

（1）使用默认的规则启动生产者服务，并开启生产消息的开关，生产单条消息和批量消息的性能日志，如图 5-22 所示，具体日志分析如下。

- 当第 1 次执行时，生产 300 条消息，单条消息模式耗时 1615ms，批量消息模式耗时 1152ms，两者性能差异不大。
- 当第 2 次执行时，生产 300 条消息，单条消息模式耗时 229ms，批量消息模式耗时 59ms，后者性能约是前者性能的 4 倍。
- 当第 3 次执行时，生产 300 条消息，单条消息模式耗时 256ms，批量消息模式耗时 43ms，后者性能约是前者性能的 5 倍。

statistics:{"本次生产单条消息耗时T1":"1615ms","执行次数":"1","本次生产单条消息条数":"300","生产单条消息持续时间":"1615ms"}
{"本次生产批量消息条数":"300","生产批量消息持续时间":"1152ms","执行次数":"1","本次生产批量消息耗时T2":"1152ms"}
statistics:{"本次生产单条消息耗时T1":"229ms","执行次数":"2","本次生产单条消息条数":"300","生产单条消息持续时间":"2305ms"}
{"本次生产批量消息条数":"300","生产批量消息持续时间":"2137ms","执行次数":"2","本次生产批量消息耗时T2":"59ms"}
statistics:{"本次生产单条消息耗时T1":"256ms","执行次数":"3","本次生产单条消息条数":"300","生产单条消息持续时间":"8331ms"}
{"本次生产批量消息条数":"300","生产批量消息持续时间":"8120ms","执行次数":"3","本次生产批量消息耗时T2":"43ms"}

图 5-22

在运行项目之后，每次得出的性能日志都会与上述性能日志存在一定的差异性，但是性能好坏的趋势是相同的。

（2）调整规则，增加种子池中的消息数量（调整为 3000 条消息），挑选 3 条日志并重新观察性能日志，如图 5-23 所示，具体日志分析如下。

- 当第 11 次执行时，生产 3000 条消息，单条消息模式耗时 609ms，批量消息模式耗时 167ms，后者性能约是前者性能的 4 倍。
- 当第 12 次执行时，生产 3000 条消息，单条消息模式耗时 587ms，批量消息模式耗时 186ms，后者性能约是前者性能的 3 倍。
- 当第 13 次执行时，生产 3000 条消息，单条消息模式耗时 554ms，批量消息模式耗时 139ms，后者性能约是前者性能的 3 倍。

（3）调整规则，增加种子池中的消息数量（调整为 90000 条消息），挑选 3 条日志并重新观察性能日志，如图 5-24 所示。当种子池中的消息数量调整为 90000 条之后，批量消息模式的性能约是单条消息模式的 8～10 倍。

如果再次增加种子池中的消息数量，则批量消息模式的性能要远高于单条消息模式的性能，并且优势会越来越明显。但是，这个也要结合具体业务服务的业务场景及计算机资源情况，这里只是验证"批量消息"性能要远高于"单条消息"性能的技术结论。

statistics:{"本次生产单条消息耗时T1":"609ms","执行次数":"11","本次生产单条消息条数":"3000","生产单条消息持续时间":"60592ms"}
{"本次生产批量消息条数":"3000","生产批量消息持续时间":"60151ms","执行次数":"11","本次生产批量消息耗时T2":"167ms"}
statistics:{"本次生产单条消息耗时T1":"587ms","执行次数":"12","本次生产单条消息条数":"3000","生产单条消息持续时间":"66570ms"}
{"本次生产批量消息条数":"3000","生产批量消息持续时间":"66170ms","执行次数":"12","本次生产批量消息耗时T2":"186ms"}
statistics:{"本次生产单条消息耗时T1":"554ms","执行次数":"13","本次生产单条消息条数":"3000","生产单条消息持续时间":"72532ms"}
{"本次生产批量消息条数":"3000","生产批量消息持续时间":"72118ms","执行次数":"13","本次生产批量消息耗时T2":"139ms"}

图 5-23

statistics:{"本次生产单条消息耗时T1":"16586ms","执行次数":"1","本次生产单条消息条数":"90000","生产单条消息持续时间":"16586ms"}
{"本次生产批量消息条数":"90000","生产批量消息持续时间":"3699ms","执行次数":"1","本次生产批量消息耗时T2":"3699ms"}
statistics:{"本次生产单条消息耗时T1":"12320ms","执行次数":"2","本次生产单条消息条数":"90000","生产单条消息持续时间":"28913ms"}
{"本次生产批量消息条数":"90000","生产批量消息持续时间":"18030ms","执行次数":"2","本次生产批量消息耗时T2":"1437ms"}
statistics:{"本次生产单条消息耗时T1":"12658ms","执行次数":"3","本次生产单条消息条数":"90000","生产单条消息持续时间":"41575ms"}
{"本次生产批量消息条数":"90000","生产批量消息持续时间":"30401ms","执行次数":"3","本次生产批量消息耗时T2":"1484ms"}

图 5-24

第 2 篇
进阶

第 6 章

治理消息

在分布式消息系统中，消息是最基础的架构元素，生产者和消费者需要通过载体"消息"来完成数据的交换。如何高效"治理消息"就成为架构师选择开源分布式消息中间件一个比较重要的技术指标。

为了达到"治理消息"的目标，RocketMQ 目前支持两种治理消息的方式：命令控制台和 UI 控制台。其中，命令控制台主要的服务对象是运维人员和中间件开发人员，UI 控制台主要的服务对象是业务开发人员。

6.1　如何治理消息

治理消息是指开发人员使用"规则"管控"消息"运行的轨迹。

6.1.1　治理消息的目标

治理消息的目标可以从以下 4 个方面来分析：可观测、实时、可扩展和自动化。

1. 可观测

可观测是指分布式消息系统能够为"治理消息"提供一些可视化的指标，如 TPS、P90 等。利用可视化工具，将这些指标数据实时地呈现给开发人员（命令控制台和 UI 控制台只是可视化的两种不同实现方式）。

图 6-1 所示为常见的可观测架构设计，主要包括以下内容。

- 数据平台通过探针，采集服务 A 和服务 B 中需要观测的数据。
- 利用 RPC 通信渠道，将需要观测的数据传输到数据平台中，这样数据平台就有全量的可观测数据。
- 数据平台按照规则进行指标计算，将计算之后的数据，聚合成统一的数据索引并存储到 Elasticsearch 中。
- 使用可视化工具查询 Elasticsearch 中的指标数据，这样开发人员就可以实时地观测服务 A 和服务 B 的运行状态。
- 开发人员也可以创建规则，并通过规则引擎推送到数据平台，实时生效，这样就可以做到动态可观测。

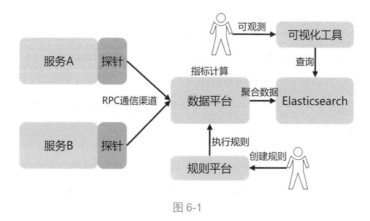

图 6-1

在讨论了常见的可观测性架构之后，那么在治理消息的过程中，RocketMQ 是如何实现可观测性的呢？

结合图 6-2，我们可以这样分析 RocketMQ 治理消息的可观测性逻辑架构。

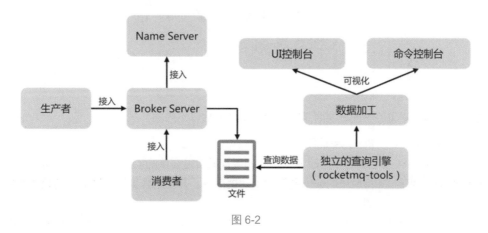

图 6-2

- 生产者和消费者可以接入 Broker Server，并完成消息的生产和消费，其中操作记录会存储在 Broker Server 的文件中。
- 为了保持模块和功能的独立性，首先单独抽出一个独立的查询引擎（rocketmq-tools），查询需要观测的数据，然后进行数据加工。
- 查询引擎将加工之后的数据返给 UI 控制台或命令控制台。

目前，RocketMQ 暂时不支持实时地加工数据（Broker Server 和存储引擎还没有分开，如果在 Broker Server 中增加加工数据的功能，就会增加 Broker Server 的性能负担），即需要查询引擎二次加工才能完成消息的可观测性。

2. 实时

实时是指修改的规则能够直接作用于分布式消息系统的各个参与者中，如路由规则、禁用开关等。

图 6-3 所示为常见的推送模式实时架构设计，主要包括以下内容。

- 服务 A 和服务 B 给数据服务提供数据接口。
- 如果出现数据变更，则数据服务实时地将最新的数据推送给服务 A 和服务 B。
- 服务 A 和服务 B 考虑了性能因素，优先更新到本地缓存，并使用异步线程将最新的数据持久化到文件中。
- 服务 A 和服务 B 优先读取本地缓存中的数据，这样既能做到数据的实时同步，又能做到数据的持久化，在一定程度上确保数据的高可用性。

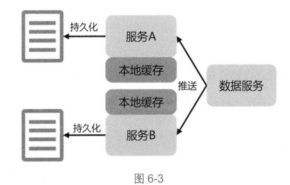

图 6-3

图 6-4 所示为常见的拉模式实时架构设计，主要包括以下内容。

- 数据服务提供统一的 OpenAPI。
- 服务 A 和服务 B 启动一个定时器，定时调用数据服务提供的 OpenAPI，主动拉取数据。
- 服务 A 和服务 B 将最新的数据更新到本地缓存中，并使用异步线程将最新的数据持久化到文件中。
- 拉模式的实时数据同步只能做到实时，会存在一定的延迟，但是拉模式是可控制的，服务 A

和服务 B 可以精准地控制拉取数据的调用次数。

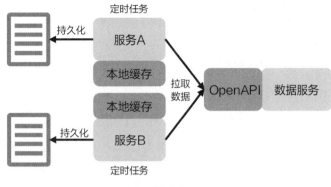

图 6-4

图 6-5 所示为常见的推拉结合模式实时架构设计，主要包括以下内容。

- 使用定时任务和监听器实现推模式，其中定时任务用来遍历注册的监听器，而监听器则用来拉取数据。
- 监听器监听的维度是非常灵活的，可以是一个"键-值"对中键的名称，也可以是一个文件的名称。
- 监听器利用 RPC 调用数据服务提供的 OpenAPI，获取监听对象的最新数据，并与本地缓存中存储的数据进行对比，如果不一致，则执行更新，否则不进行处理。

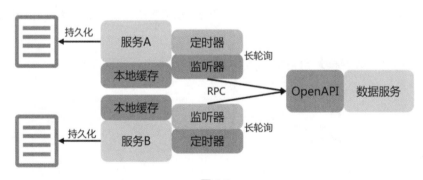

图 6-5

在讨论了常见的实时性架构之后，那么在治理消息的过程中，RocketMQ 是如何实现实时性的呢？

RocketMQ 治理消息的实时性逻辑架构如图 6-6 所示。

- 生产者和消费者可以接入 Broker Server 完成消息的生产和消费。
- 生产者和消费者与 Name Server 保持长连接，定时地获取最新数据。

- 开发人员利用 UI 控制台或命令控制台更新数据，独立的数据引擎利用独立的通信渠道连接 Broker Server 或 Name Server，将数据推送过去。
- 使用 Broker Server 或 Name Server 更新本地缓存中的数据，确保数据实时生效，并异步将数据持久化到文件中。
- 生产者和消费者实时地获取最新数据（定时器存在延迟）。

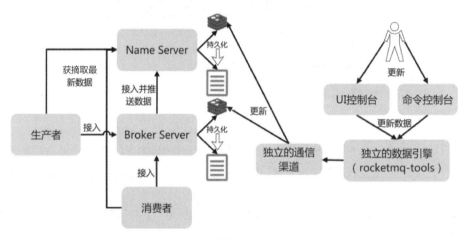

图 6-6

3. 可扩展

可扩展是指用来治理消息的系统能够兼容"分布式消息系统"，如技术架构升级、功能模块的调整等。

图 6-7 所示为常见的基于 SPI 的可扩展架构设计，主要包括以下内容。

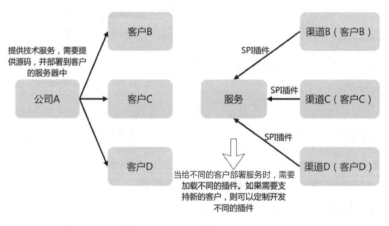

图 6-7

- 公司 A 是一个某金融行业的解决方案公司，主要是给甲方客户提供技术支持，并且售卖金融接口（如提供完整的基金解决方案），即需要同时服务很多客户，如客户 B、客户 C 和客户 D。
- 将客户抽象成渠道，并将接口抽象成 SPI 插件，这样在打包二进制部署包及线上部署时，就可以选择性地加载不同的渠道，从而做到渠道之间的隔离。
- 如果业务方又新签约了一个客户，则需要提供接口服务，这样可以再添加一个 SPI 插件。虽然利用 SPI 会增加一些冗余的代码量，但是从可扩展性的角度来看，这点代价是可以忽略的。

图 6-8 所示为常见的基于命令事件的可扩展架构设计，主要包括以下内容。

- 服务 A 将接口服务抽象为事件，并使用命令工具包维护和管理事件。
- 服务 B 依赖命令工具包，集成服务 A 的功能。
- 使用命令工具包将不同的命令组装成对应的 RPC 请求对象，并发起 RPC 请求，完成命令事件的调用，这样就可以完成事件对应接口服务的输入和输出。
- 如果要新增加一个接口，则只需要新增加一个事件类型，不用修改通信渠道包和命令工具包，也不用对服务 B 进行升级。

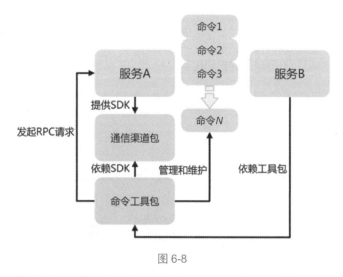

图 6-8

在分析了常见的基于命令事件的可扩展性架构之后，那么在治理消息的过程中，RocketMQ 是如何实现可扩展性的呢？

我们结合图 6-9 可以这样分析 RocketMQ 治理消息的扩展性逻辑架构。

- 将生产者、Name Server、Broker Server 及消费者作为命令事件中心的一个黑盒 A。
- 将命令控制台、独立的数据引擎和 UI 控制台作为命令事件中心的一个黑盒 B。
- 如果黑盒 A 需要输出治理消息的接口，则命令事件中心只需要添加一个新的事件，并暴露给

273

依赖命令事件中心的独立数据引擎。

- 整个过程，对于黑盒 A 和黑盒 B 中的其他功能几乎是零侵入的，这样能减少大量功能回归测试的时间。

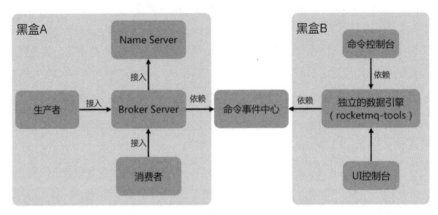

图 6-9

4. 自动化

自动化是指能够按照"规则"自动地控制消息的运行轨迹，这个过程不需要开发人员来干预。

图 6-10 所示为常见的基于规则的自动化架构设计，主要包括以下内容。

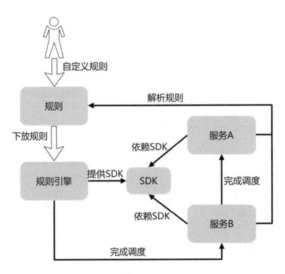

图 6-10

- 开发人员可以自定义规则，并下放到规则引擎。
- 规则引擎持久化规则，并将规则推送到服务 A 和服务 B 中。

- 服务 A 和服务 B 利用规则引擎提供的 SDK 解析规则。
- 服务 A 和服务 B 执行规则，完成服务的调度。

为了达到自动化的效果，规则可以是固定的，也可以根据服务 A 和服务 B 运行的状态指标进行手动调整。例如，当某个接口的 TPS 在某个区间时，自动扩容或缩容接口的线程数。

在分析了常见的基于规则的自动化架构之后，在治理消息的过程中，RocketMQ 是如何实现自动化的呢？

RocketMQ 治理消息的自动化逻辑架构如图 6-11 所示。

- 开发人员可以使用命令控制台或 UI 控制台生产规则（目前，RocketMQ 暂时不支持动态定制化规则）。
- 独立的数据引擎通过 RPC，将规则推送到命令事件中心（一个规则类型对应一个事件类型）。这样，Broker Server 和 Name Server 就会存储规则，生产者和消费者会定时地从 Name Server 中同步规则，从而执行规则。

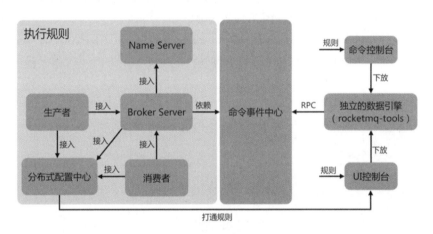

图 6-11

考虑到 RocketMQ 还不支持分布式配置中心，如 Nacos、Apollo 等，因此对治理消息的自动化支持力度不大，需要开发人员结合业务服务进行定制化开发。

如果我们要做定制化开发，则可以从以下 4 个方面考虑。

- 治理 Consumer，准确来说是治理消费消息的客户端实例，并结合业务服务的运行状态，自动地进行扩容和缩容（可以结合 6.3.2 节和 6.3.3 节中的相关内容）。
- 治理 Producer，准确来说是治理生产消息的客户端实例，并结合业务服务的运行状态，自动地进行扩容和缩容（可以结合 6.3.2 节和 6.3.3 节中的相关内容）。
- 支持分布式配置中心，这样业务开发人员可以实时地生成一些定制化规则，从而能够更加灵活地治理消息。

- 监控和预警，这样软件开发人员可以更加及时地获取消息运行的状态，并采取有效的治理消息的技术方案，从而能够更快地响应分布式消息的故障（关于这点，在《Spring Cloud Alibaba 微服务架构实战派》一书的项目实战篇中有体现）。

6.1.2 使用消息度量提供治理消息的依据

治理消息和治理微服务的思路基本一致，如果不能度量它，就无法改进它。

1. 度量 Producer

在分布式消息系统中，消息是通过 Producer 生产出来的，那么如何度量 Producer，就成为高效治理消息的关键技术手段之一。

RocketMQ 支持度量 Producer 客户端实例。我们结合图 6-12 来分析一下。

- 如果微服务体系中的微服务（如交易服务）需要生产消息，则必须初始化一个 Producer，但是一个 Producer 可以对应多个客户端实例。
- 一般微服务体系中的微服务是采用集群部署的，这样微服务和 Producer 客户端实例是 $N:N$ 的关系。随着接入 RocketMQ 的微服务越来越多，Producer 客户端实例的数量也会剧增。
- 随着注册到 Broker Server 中的 Producer 客户端实例的数量越来越多，管理难度也会剧增。

因此，RocketMQ 提供了统一的标准来度量 Producer 客户端实例。

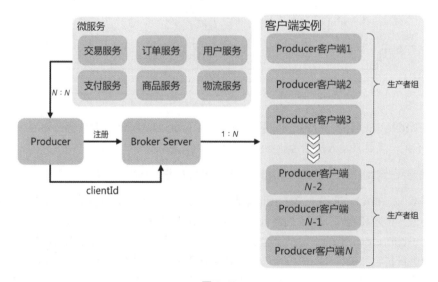

图 6-12

关于如何度量 Producer 客户端实例，RocketMQ 支持以下 4 种指标。

- 客户端 ID：用来标识 Producer 客户端实例的唯一性。
- 客户端 IP 地址：表示 Producer 客户端实例的 IP 地址。
- 客户端语言：实现 Producer 客户端的语言，如 Java、Go 等。
- 客户端版本号：引入 Producer 客户端的版本号，如 V4_9_2。

2. 度量 Consumer

在分布式消息系统中，消息最终是需要被 Consumer 消费的，那么如何度量 Consumer，就成为高效治理消息的关键技术手段之一。

（1）度量 Consumer 客户端实例。

为什么要度量 Consumer 客户端实例？我们结合图 6-13 来分析一下。

- 如果微服务体系中只有一个服务（如交易服务），则需要使用 Consumer 消费消息，并且采用单个 Consumer 客户端实例，而 Broker Server 只需要管理一个 Consumer 客户端实例，这样就非常简单。
- 如果微服务体系中所有的服务都需要使用 Consumer 消费消息，则 Broker Server 需要管理更多的 Consumer 客户端实例，这就增加了管理的复杂度。
- 如果微服务体系中的核心服务（如交易服务）线上采用集群部署，则 Broker Server 需要结合消息的流量完成线上 Consumer 客户端数量的扩容/缩容，这就又增加了管理的复杂度。

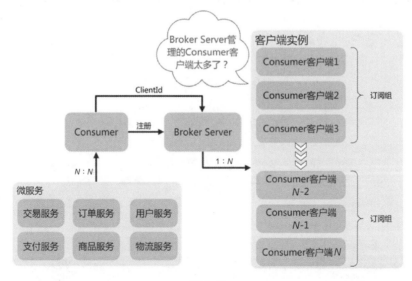

图 6-13

因此，RocketMQ 提供了统一的标准来度量 Consumer 客户端实例，辅助开发人员管理 Consumer 客户端实例。

关于如何度量 Consumer 客户端实例，RocketMQ 支持以下 6 种指标。

- 并行度：统计某个订阅组中所有的 Consumer 客户端实例的数量。
- 版本号：统计 Consumer 客户端实例的版本号，如"V4_9_2"。
- 消费类型：统计 Consumer 客户端实例的消费类型，如"CONSUME_PASSIVELY"。
- 消费模式：统计 Consumer 客户端实例的消费模式，如"CLUSTERING"。
- TPS：统计某个订阅组中所有的 Consumer 客户端实例消费消息的总 TPS。
- 消息延迟数量：统计某个订阅组中所有的 Consumer 客户端实例消费消息的延迟数量。

（2）度量 Consumer 的消费进度。

为什么要度量 Consumer 的消费进度？我们结合图 6-14 来分析一下。

- Consumer 客户端主要通过 ConsumeQueue 文件来控制消费消息的进度，但是文件的可视化性不强。
- 当 Consumer 客户端消费消息时，主要从存储引擎的 CommitLog 文件拉取消息，拉取消息的指针为物理 Offset，同理文件的可视化性不强。
- 当 Consumer 客户端数量较少时，还可以手动查看进度。但是，随着 Consumer 客户端数量的递增，管理和维护的成本就会越来越高。

因此，RocketMQ 提供了统一的标准来度量 Consumer 的消费进度，辅助开发人员管理消息的消费。

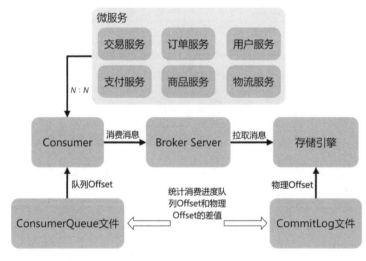

图 6-14

关于如何度量 Consumer 的消费进度，RocketMQ 支持以下 3 种指标。

- 以 Broker Server 的名称和消息队列 ID 为维度来统计 brokerOffset（又被称为"物理 Offset"）、consumerOffset（又被称为"队列 Offset"）、diffTotal（又被称为"消费进度的延迟量"）和 lastTimestamp（又被称为"最后一次消息消费的时间"）指标信息。
- 按照 Topic 10 排序，统计消息主题对应的消息总量。
- 按照 Topic 的 5 分钟趋势，统计消息主题对应的消息总量。

3. 度量 Broker Server

（1）度量 Broker Server 节点。

一般线上都采用集群部署 Broker Server 节点的方式，为了方便开发人员快速地查看 Broker Server 节点运行的状态，RocketMQ 支持度量 Broker Server 节点。

为什么要度量 Broker Server 节点？我们结合图 6-15 来分析一下。

- 运维人员上线一个 Broker Server 集群之后，如"集群 A"和"集群 B"。集群 A 中有两个 Master 角色的节点和两个 Slave 角色的节点，集群 B 中也有两个 Master 角色的节点和两个 Slave 角色的节点，并通知开发人员可以使用。
- 开发人员将微服务接入集群中，并完成消息的生产和消费。那么谁来维护 Broker Server？是业务开发人员还是运维人员，又或者是专门的中间件团队？
- RocketMQ 为了解决这个问题，就提供了度量 Broker Server 节点的标准，这样企业在缺少中间件团队的前提下，业务开发人员和运维人员可以利用度量出来的指标，共同维护 Broker Server，并且不需要投入太多的技术成本。

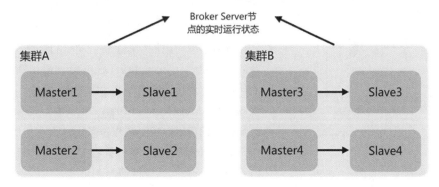

图 6-15

关于如何度量 Broker Server 节点，RocketMQ 支持以下 5 种指标。

- 单个 Broker Server 节点运行的状态，如节点运行的时长、ConsumeQueue 文件的使用率、CommitLog 文件的使用率等。

- 单个 Broker Server 节点生产消息和消费消息的 TPS。
- 单个 Broker Server 节点前天总消费消息和生产消息的数量。
- 单个 Broker Server 节点当天总消费消息和生产消息的数量。
- 在 Broker Server 中，Master 节点和对应的 Slave 节点的 Broker Server 名称一致。如果一个集群中有多个 Master 节点，就会存在多个 Broker Server 名称，如 broker-a 和 broker-b。RocketMQ 支持基于 Broker Server 名称的消息总量的 Top N 排序统计；同样，RocketMQ 支持基于 Broker Server 名称的 5 分钟趋势排序统计。

（2）度量配置信息。

在启动 Broker Server 时，会读取相关模块的配置信息。目前，RocketMQ 将这些信息持久化在配置文件中。在实际的生产环境中，部署 Broker Server 的机器是有权限的，并不是每一个开发人员都有权限远程访问配置文件，因此需要度量配置信息，并可视化给开发人员。

目前，RocketMQ 支持度量 BrokerConfig 类和 MessageStoreConfig 类中的大部分字段信息。

6.1.3 使用消息管控实现治理消息的落地

1. 管控配置信息

RocketMQ 支持管控 Broker Server 中的配置信息，如图 6-16 所示。

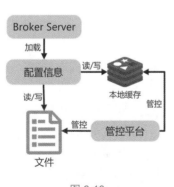

图 6-16

RocketMQ 支持的管控平台包括 UI 控制台和命令控制台，其中，命令控制台可以用于管控配置信息。那么为什么说管控配置信息可以实现治理消息的落地？大致可以分为以下 4 点。

- 利用配置信息可以控制很多关键功能的参数值，如事务消息的超时时间 transactionTimeOut，默认值为 6s。
- 利用配置信息可以设置一些功能开关，如 Slave 节点的读权限参数 slaveReadEnable，默认值为 false。
- 利用配置信息可以控制线程任务队列容量的大小，如处理生产消息请求的线程任务队列容量参数 sendThreadPool QueueCapacity，默认值为 10000。
- 利用配置信息可以控制处理消息请求的线程池的核心线程数，如处理生产消息请求的核心线程池参数 sendMessageThreadPoolNums，默认为处理器的核心数，并且不能超过 4 个。

以上只是配置信息中几个典型的示例，这里就不列举其他配置信息了。总之，通过管理这些配置信息的值，并实时地更新，可以从功能的角度快速治理消息。

2. 管控消息路由信息

RocketMQ 支持管控 Broker Server 中的消息路由信息，如图 6-17 所示。

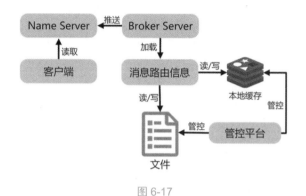

图 6-17

RocketMQ 支持使用 UI 控制台或命令控制台管控消息路由信息。那么为什么说管控消息路由信息可以实现治理消息的落地？大致可以分为以下 4 点。

- 管控消息路由信息之后，可以扩容/缩容某个消息主题的消息队列的数量。
- 管控消息路由信息之后，可以修改消息主题或 Broker Server 节点的权限，如"只读"、"只写"和"读/写"。
- 管控消息路由信息之后，可以创建消息主题的订阅关系，如将消息主题和某个订阅组绑定。
- 管控消息路由信息之后，可以创建、删除或修改消息主题信息。

以上只是管控消息路由信息中几个典型的示例，这里就不列举其他消息路由信息了。总之，通过管控消息路由信息，可以从消息路由层次治理消息。

3. 管控消息的消费

管控消息的消费大致可以分为以下 4 点，如图 6-18 所示。

（1）扩容/缩容 Consumer 客户端。

目前，RocketMQ 暂时不支持扩容/缩容 Consumer 客户端。6.3.2 节和 6.3.3 节中的实例会演示如何在业务服务中实现 Consumer 客户端的扩容/缩容。

（2）修改消费消息线程池的相关参数。

在业务服务中启动一个 Consumer 消费消息时，会启动若干个线程池用来并发地消费消息。假如开发人员发现线上消费消息的速度非常慢，除了修改 Consumer 客户端中相关线程的参数，还可以修改 Broker Server 中线程的相关参数。

图 6-18

这里列举一个 RocketMQ 支持的场景——Broker Server 默认支持"暂停消费消息的请求"，如果 Consumer 消费消息时需要开启，则可以传递一个系统标识 FLAG_SUSPEND。在开启后，Broker Server 会启动一个线程池来处理苏醒之后的消费消息的请求，这个线程池主要指BrokerController 类中的线程池 pullMessageExecutor。

如果处理消费消息的请求，发现核心线程数不够用，则可以修改；如果线程池中的任务队列容量不够用，也可以修改（可以使用命令控制台手动地修改配置信息）。

（3）修改消费进度。

RocketMQ 主要使用 ConsumeQueue 文件来控制 Consumer 客户端消费消息的进度，并且也支持修改消费消息的进度。

如果线上消息大量堆积，并且 Producer 会重复生产消息，则可以修改消费进度，能快速解决消息堆积的问题。例如，"通知类型的业务"通常都会重复推送消息，订阅消息的订阅者只需要消费其中一条就可以完成消息的订阅。

（4）按照指定规则消费消息。

Consumer 客户端支持"按照指定的物理 Offset"消费消息，业务服务只需要做到动态变更这个物理 Offset 的取值，如将它配置到 Nacos 的配置中心中。

4. 管控消息的生产

管控消息的生产大致可以分为以下 4 点，如图 6-19 所示。

图 6-19

（1）扩容/缩容 Producer 客户端。

目前，RocketMQ 暂时不支持扩容/缩容 Producer 客户端。6.3.2 节和 6.3.3 节中的实例会演示如何在业务服务中实现 Producer 客户端的扩容/缩容。

（2）修改生产消息线程池的相关参数。

Producer 客户端和 Consumer 客户端一样，也支持修改生产消息线程池的相关参数。

这里列举一个 RocketMQ 支持的场景——"异步处理生产消息的请求"。当 Broker Server 收到 Producer 生产消息的请求之后，会使用一个线程池异步处理生产消息的请求，主要指BrokerController 类中的线程池 sendMessageExecutor。

如果开发人员发现线上这个线程池的核心线程和任务队列的容量不够用，则可以修改，从而管控 Broker Server 处理生产消息请求的速度。

（3）修改 Broker Server 相关参数。

开发人员也可以通过修改 Broker Server 相关参数来管控消息的生产。这里列举一个RocketMQ 支持的场景——"修改与存储引擎的相关配置信息"，具体的场景描述如下。

- 修改 flushIntervalCommitLog 参数，该参数主要用于控制线程异步刷盘的间隔周期，默认值为 500ms。
- 修改 commitIntervalCommitLog 参数，该参数主要用于控制线程异步将消息从临时对象池同步到 FileChannel 中的间隔周期，默认值为 200ms。
- 修改 deleteCommitLogFilesInterval 参数，该参数主要用于控制线程异步删除过期的CommitLog 文件的间隔周期，默认值为 100ms。
- 修改 deleteConsumeQueueFilesInterval 参数，该参数主要用于控制线程异步删除过期的ConsumeQueue 文件的间隔周期，默认值为 100ms。

- 修改 destroyMapedFileIntervalForcibly 参数，该参数主要用于控制强制释放 MappedFile 文件相关资源消耗时间的阈值（可能会重试多次），默认值为 120s。
- 修改 fileReservedTime 参数，该参数主要用于控制存储引擎中的消息有效性时间，默认为 3s。
- 修改 brokerRole 参数，该参数主要用于控制 Broker Server 节点的角色，如 "ASYNC_MASTER"、"SYNC_MASTER" 和 "SLAVE"。当生产消息时，针对不同角色的 Broker Server 的处理是不一致的。
- 修改 flushDiskType 参数，该参数主要用于控制 Broker Server 节点的消息刷盘策略，如 "SYNC_FLUSH" 和 "ASYNC_FLUSH"。当生产消息时，针对不同刷盘策略的 Broker Server 的处理是不一致的，前者是同步刷盘，后者是异步刷盘。
- 修改 mappedFileSizeCommitLog 参数，该参数主要用于控制单个 CommitLog 对应的 MappedFile 文件大小，默认值为 1GB。
- 修改 maxMessageSize 参数，该参数主要用于控制消息的最大值，默认值为 4MB。
- 修改 flushCommitLogThoroughInterval 参数，该参数主要用于控制线程异步刷盘时的最小页数。在正常情况下，刷盘的默认页数为 4 页。如果 "当前系统时间大于或等于上次刷盘时间+flushCommitLogThoroughInterval"，则设置刷盘页数为 0 页，其中，flushCommitLog ThoroughInterval 参数的默认值为 10s。
- 修改 commitCommitLogThoroughInterval 参数，该参数主要用于控制线程异步将消息从临时对象池同步到 FileChannel 的最小页数。在正常情况下，默认的页数为 4 页。如果 "当前系统时间大于或等于上次同步时间+commitCommitLogThoroughInterval"，则设置同步的页数为 0 页，其中，commitCommitLogThoroughInterval 参数的默认值为 200ms。
- 修改 flushConsumeQueueLeastPages 参数，该参数主要用于控制消息异步刷盘和消息从临时对象池同步到 FileChannel 的最小页数，默认值为 4 页。

以上介绍了部分存储引擎相关的配置信息，通过修改这些参数可以从技术层次管控消息的生产策略。

（4）按照指定规则生产消息。

业务服务在使用 Producer 生产消息时，可以定义一些规则并存储在 Nacos 配置中心。下面从客户端的视角管控生产消息的运行策略。

- 在一般情况下，业务服务先将生产消息的请求包装成一个线程请求，再将请求提交给线程池，并使用线程池异步执行生产消息的请求。这样可以将线程池的规则配置到 Nacos 配置中心，如核心线程数、任务队列容量等。
- 将生产消息的超时时间配置到 Nacos 配置中心，如果遇到网络阻塞的突发情况，则可以手动地修改超时时间，从而提高生产消息的可用性。
- 将 "生产消息的方式" 配置到 Nacos 配置中心，如 "默认方式"、"内核方式" 和 "选择器方式"，它们都有各自的应用场景，具体可以参考第 4 章。

- 将"是否使用批量消息的开关"及"批量消息的批量值"配置到 Nacos 配置中心。
- 将"生产消息的重试次数"配置到 Nacos 配置中心，默认为 2 次。
- 将"是否开启消息轨迹的开关"及"自定义的消息轨迹消息主题名称"配置到 Nacos 配置中心。
- 将"默认的消息主题的读/写消息队列数量"配置到 Nacos 配置中心，默认为 4 个。

以上只是业务服务中常见的一些管控消息生产的策略，如果要列举更加详细的策略，则需要结合具体的业务场景来分析，这里就不再赘述。

6.2 认识命令控制台和 UI 控制台

命令控制台和 UI 控制台是 RocketMQ 提供给开发人员治理消息的可视化平台。下面来认识一下它们。

6.2.1 什么是命令控制台和 UI 控制台

1. 认识命令控制台

命令控制台是 RocketMQ 提供给开发人员的一个治理消息的后台管控平台。开发人员可以远程登录到部署 Broker Server 节点的机器上，并切换到 RocketMQ 安装目录的"bin"文件夹中，启动命令控制台，执行命令控制台支持的命令。

目前，RocketMQ 的命令控制台只支持"单命令"，即需要执行一条命令，就要启动一个命令控制台。在执行完命令之后，命令控制台主动退出当前进程，并释放系统资源。

命令控制台的逻辑架构如图 6-20 所示。

图 6-20

2. 认识 UI 控制台

UI 控制台是 RocketMQ 官方提供给开发人员的一个可视化的消息管控平台。开发人员通过浏览器就可以打开 UI 控制台，从而完成对消息的治理。

UI 控制台的逻辑架构如图 6-21 所示。

图 6-21

UI 控制台的具体功能主要包含以下 6 个方面。

（1）消息主题模块。

消息主题模块主要用来管理与消息主题相关的数据，如消息主题的状态、消息主题的路由信息、消息主题的配置信息等。

消息主题模块功能对应 "命令控制台" 中的命令的关系如表 6-1 所示。

表 6-1　消息主题模块功能对应 "命令控制台" 中的命令的关系

UI 控制台	命令控制台	功能描述
消息主题列表	topicList 命令	从 Name Server 中获取所有的消息路由信息（分页）
状态	topicStatus 命令	从 Broker Server 中获取消息主题的状态，主要包括消息队列信息、消费队列的最大消费位置 offset 及最小消费位置 offset 等
路由	topicRoute 命令	从 Broker Server 中获取消息主题的消息路由信息
Consumer 管理	consumerProgress 命令	从 Broker Server 中获取消息主题对应的消费者的消费进度信息
Topic 配置	clusterList 和 updateTopic 命令	从 Broker Server 中获取集群列表信息及更新消息主题的配置信息

续表

UI 控制台	命令控制台	功能描述
发送消息	sendMessage 命令	使用消息主题的消息队列生产消息
重置消费进度 offset	resetOffsetByTime 命令	主要用于修改订阅消息主题的消息组的消费进度 offset
跳过堆积	resetOffsetByTime 命令	功能等同于"重置消费进度 offset"
删除	deleteTopic 命令	按照顺序,先后从 Broker Server 和 Name Server 中删除消息主题的所有配置信息
新增消息主题	updateTopic 命令	创建一个新的消息主题

（2）消费者模块。

消费者模块主要用来管理与 Consumer 相关的信息,如消费消息的客户端实例、消费进度详情、消息主题订阅配置信息等。

消费者模块功能对应"命令控制台"中的命令的关系如表 6-2 所示。

表 6-2　消费者模块功能对应"命令控制台"中的命令的关系

UI 控制台	命令控制台	功能描述
新增订阅组	updateSubGroup 命令	新增一个订阅组
消费者实例管理	consumerConnection 命令	获取订阅组对应的消费者实例客户端和订阅关系
消费者详情	consumerProgress 命令	获取消费者消费消息的详情信息（如消费）
修改订阅组	updateSubGroup 命令	修改订阅组
删除订阅组	deleteSubGroup 命令	删除订阅组

（3）生产者模块。

生产者模块主要用来管理与 Producer 相关的信息,如查询生产者实例信息。

生产者模块功能对应"命令控制台"中的命令的关系如表 6-3 所示。

表 6-3　生产者模块功能对应"命令控制台"中的命令的关系

UI 控制台	命令控制台	功能描述
生产者客户端实例管理	producerConnection 命令	获取指定消息主题和生产者组的生产者实例信息

（4）集群模块。

集群模块主要用来查看与 Broker Server 相关的信息,如 Broker Server 的运行状态和配置信息。

集群模块功能对应"命令控制台"中的命令的关系如表 6-4 所示。

表 6-4　集群模块功能对应"命令控制台"中的命令的关系

UI 控制台	命令控制台	功能描述
集群列表	clusterList 命令和 brokerStatus 命令	查询 Broker Server 集群中所有节点的信息，包括 Broker Name、Broker ID、生产消息的 TPS、消费消息的 TPS 等
Broker Server 节点状态	brokerStatus 命令	查询 Broker Server 的运行状态
Broker Server 的配置信息	getBrokerConfig 命令	查询 Broker Server 的配置信息

（5）大屏数据模块。

大屏数据模块主要用来制作数据汇总和报表，如 Broker Server 消息数量的 5 分钟趋势图、消息主题中消息数量的 Top 10 等信息。

大屏数据模块功能对应"命令控制台"中的命令的关系如表 6-5 所示。

表 6-5　大屏数据模块功能对应"命令控制台"中的命令的关系

UI 控制台	命令控制台	功能描述
Broker Server 消息数量的 Top 10	clusterList 命令和 brokerStatus 命令	按照时间维度，查询所有 Broker Server 节点的消息总量的 Top 10。如果有 10 个节点，则按照消息总量从大到小地展示消息总量
Broker Server 消息数量的 5 分钟趋势图	clusterList 命令和 brokerStatus 命令	按照时间维度，展示所有 Broker Server 节点最近 5 分钟的消息总量
消息主题中消息数量的 Top 10	topicList 命令、topicRoute 命令和 statsAll 命令	按照时间维度，查询 Broker Server 中所有消息主题的消息总量的 Top 10。如果有 10 个消息主题，则按照消息总量从大到小地展示消息总量
消息主题中消息数量的 5 分钟趋势图	topicList 命令、topicRoute 命令和 statsAll 命令	按照时间维度，展示所有消息主题最近 5 分钟的消息总量

（6）消息模块。

消息模块主要用来汇总消息，如消息轨迹消息、事务的半消息等。

消息模块功能对应"命令控制台"中的命令的关系如表 6-6 所示。

表 6-6　消息模块功能对应"命令控制台"中的命令的关系

UI 控制台	命令控制台	功能描述
按照 Topic 查看消息	无对应的命令	定义一个 Consumer 客户端，采用 pull 模式，拉取 Topic 对应的消息
按照 Message Key 和 Topic 查看消息	queryMsgByKey 命令	查询 Message Key 和 Topic 对应的消息，其中，Message Key 对应 IndexFile 文件中的一个索引 Key
按照 Message ID 和 Topic 查看消息	queryMsgById 命令	查询 Message ID 和 Topic 对应的消息，其中，Message ID 对应存储引擎生成的一个 32 位长度的字符串

UI 控制台	命令控制台	功能描述
按照 Topic 和 Message Key 查看消息轨迹	QueryMsgTraceById 命令	查询 Message Key 和 Topic 对应的消息轨迹的消息列表，其中，Message Key 对应 IndexFile 文件中的一个索引 Key
按照 Topic 和 Message ID 查看消息轨迹	与"按照 Message ID 和 Topic 查看消息"一致，都是 queryMsgById 命令	查询 Message ID 和 Topic 对应的消息轨迹的消息列表，其中，Message ID 对应存储引擎生成的一个 32 位长度的字符串

6.2.2　启动命令控制台和 UI 控制台

下面介绍启动命令控制台和 UI 控制台的方法。

1. 启动命令控制台

为了方便理解，使用 3 个实际命令操作来分析启动命令控制台的过程。

- 使用"updateTopic"命令来创建一个消息主题"testParseCommand"（维护消息相关的元数据的命令），需要执行以下脚本命令：

```
sh mqadmin updateTopic -n 127.0.0.1:9876 -b 127.0.0.1:10911 -t
testParseCommand -r 16 -w 16 -p 6 -o false -u false
```

- 使用"sendMessage"命令来生产主题为"testParseCommand"的消息（生产消息的命令），需要执行以下脚本命令：

```
sh mqadmin sendMessage -n 127.0.0.1:9876 -b 127.0.0.1:10911 -t
testParseCommand -p "testParseCommand message"
```

- 使用"consumeMessage"命令来消费主题为"testParseCommand"的消息（消费消息的命令），需要执行以下命令：

```
sh mqadmin consumeMessage -n 127.0.0.1:9876 -b 127.0.0.1:10911 -t
testParseCommand
```

启动命令控制台的过程如下。

（1）运行 mqadmin.sh 脚本文件。

运行 mqadmin.sh 脚本文件，会调用 tools.sh 脚本文件，并调用 MQAdminStartup 类的 main() 方法。其中，mqadmin.sh 脚本文件的部分配置信息如下。

```
//①设置 RocketMQ 的根目录
export ROCKETMQ_HOME
```

```
//②调用 tools.sh 脚本文件和调用 MQAdminStartup 类的 main()方法
sh ${ROCKETMQ_HOME}/bin/tools.sh
org.apache.rocketmq.tools.command.MQAdminStartup "$@"
```

调用 MQAdminStartup 类的 main()方法的部分代码如下。

```
public class MQAdminStartup {
    protected static List<SubCommand> subCommandList = new
        ArrayList<SubCommand>();
    //①读取部署 RocketMQ 的根目录
    private static String rocketmqHome = System.getProperty(
        MixAll.ROCKETMQ_HOME_PROPERTY,System.
            getenv(MixAll.ROCKETMQ_HOME_ENV));
    //②调用 main()方法启动命令控制台
    public static void main(String[] args) {
        main(args, null);
    }
    ...
}
```

（2）加载命令控制台支持的所有命令。

每执行一次命令控制台的启动脚本，都会调用 MQAdminStartup 类的 initCommand()方法加载命令控制台支持的所有命令，代码如下。

```
protected static List<SubCommand> subCommandList = new
    ArrayList<SubCommand>();
public static void initCommand() {
    //①加载 "updateTopic" 命令
    initCommand(new UpdateTopicSubCommand());
    //②加载 "sendMessage" 命令
    initCommand(new SendMessageCommand ());
    //③加载 "consumeMessage" 命令
    initCommand(new ConsumeMessageCommand ());
    ...
}
public static void initCommand(SubCommand command) {
    //④将需要加载的命令添加到本地缓存中
    subCommandList.add(command);
}
```

（3）解析命令。

解析命令的具体的过程如下。

- 使用命令名称"updateTopic"从本地缓存中读取"预加载的命令对象 UpdateTopicSub Command"。
- 使用命令名称"sendMessage"从本地缓存中读取"预加载的命令对象 SendMessage Command"。
- 使用命令名称"consumeMessage"从本地缓存中读取"预加载的命令对象 ConsumeMessage Command"。
- 解析脚本命令（如"-n 127.0.0.1:9876"），并将脚本命令中的参数值存储在 CommandLine 对象中。

（4）调用命令对象的 execute() 方法。

调用命令对象的 execute() 方法的具体过程如下。

- 如果是"生产或消费消息"的命令，则初始化生产者（DefaultMQProducer 类）或消费者（DefaultMQPullConsumer 类）；如果是"维护消息相关的元数据"的命令，则初始化 DefaultMQAdminExt 类。
- 启动客户端通信渠道，并向服务端通信渠道发起对应命令的 RPC 请求。

（5）执行指定的命令。

图 6-22 所示为执行"updateTopic"命令的结果。

```
huxian@huxians-MacBook-Pro bin % sh mqadmin updateTopic -n 127.0.0.1:9876 -b
127.0.0.1:10911 -t testParseCommand -r 16 -w 16 -p 6 -o false -u false
RocketMQLog:WARN No appenders could be found for logger (io.netty.util.intern
al.InternalThreadLocalMap).
RocketMQLog:WARN Please initialize the logger system properly.
create topic to 127.0.0.1:10911 success.
TopicConfig [topicName=testParseCommand, readQueueNums=16, writeQueueNums=16,
 perm=RW-, topicFilterType=SINGLE_TAG, topicSysFlag=0, order=false]
```

图 6-22

图 6-23 所示为执行"sendMessage"命令的结果。

```
huxian@huxians-MacBook-Pro bin % sh mqadmin sendMessage -n 127.0.0.1:9876 -b 127.0.0.1:10911 -t t
estParseCommand -p "testParseCommand message"
RocketMQLog:WARN No appenders could be found for logger (io.netty.util.internal.InternalThreadLoc
alMap).
RocketMQLog:WARN Please initialize the logger system properly.
#Broker Name                    #QID  #Send Result        #MsgId
broker-b                        8     SEND_OK             A9FEB68F611A2F0E140B2E9C5E120000
```

图 6-23

图 6-24 所示为执行"consumeMessage"命令的结果。

```
huxian@huxians-MacBook-Pro bin % sh mqadmin consumeMessage -n 127.0.0.1:9876 -b 127.0.0.1:10911 -
t testParseCommand
RocketMQLog:WARN No appenders could be found for logger (io.netty.util.internal.InternalThreadLoc
alMap).
RocketMQLog:WARN Please initialize the logger system properly.
Consume ok
MSGID: A9FEB68F611A2F0E140B2E9C5E120000 MessageExt [brokerName=broker-b, queueId=8, storeSize=190
, queueOffset=0, sysFlag=0, bornTimestamp=1644426799635, bornHost=/127.0.0.1:53832, storeTimestam
p=1644426799686, storeHost=/127.0.0.1:10911, msgId=7F00000100002A9F000000006924E659, commitLogOff
set=1764025945, bodyCRC=226610789, reconsumeTimes=0, preparedTransactionOffset=0, toString()=Mess
age{topic='testParseCommand', flag=0, properties={MIN_OFFSET=0, MAX_OFFSET=1, UNIQ_KEY=A9FEB68F61
1A2F0E140B2E9C5E120000, CLUSTER=DefaultCluster}, body=[-30, -128, -100, 116, 101, 115, 116, 80, 9
7, 114, 115, 101, 67, 111, 109, 109, 97, 110, 100], transactionId='null'}] BODY: "testParseComman
d
```

图 6-24

2. 启动 UI 控制台

1.3 节中已经介绍了启动 UI 控制台的过程。UI 控制台的源码包主要包含两部分：①前端静态页面；②后端 Java 服务。在使用 Maven 命令打包成功之后，会将上面两部分代码构建在二进制包"rocketmq-dashboard-1.0.0.jar"中，这样方便开发人员直接部署。

6.2.3　使用对象池管理 RocketMQ Dashboard 中通信渠道客户端的核心类

在治理消息之前，RocketMQ Dashboard 需要使用通信渠道客户端的核心类连接 Name Server 和 Broker Server。为了减少性能损耗（维护这些核心类，需要消耗大量系统资源），RocketMQ Dashboard 使用对象池来管理对象池。下面来分析一下对象池的原理。

1. 通信渠道客户端的核心类

通信渠道客户端的核心类主要指 RocketMQ 封装给 rocketmq-dashboard 的 SDK（具体封装在 rocketmq-client-4.9.2.jar 和 rocketmq-tools-4.9.2.jar 中），主要包括以下 4 个类。

- MQClientInstance 类："rocketmq-client-4.9.2.jar"中的 SDK，主要用来启动一个通信渠道客户端实例。
- MQClientAPIImpl 类："rocketmq-client-4.9.2.jar"中的 SDK，主要用来发起连接 Name Server 或 Broker Server 的 RPC 请求。
- NettyRemotingClient 类："rocketmq-remoting-4.9.2.jar"中的 SDK，主要用来连接 Name Server 或 Broker Server。
- DefaultMQAdminExtImpl 类："rocketmq-tools-4.9.2.jar"中的 SDK，主要用来调用 MQClientInstance 类和 MQClientAPIImpl 类中的 SDK，完成治理消息的命令事件请求。

rocketmq-dashboard 主要是用对象池来管理 DefaultMQAdminExtImpl 类的实现对象。

> 🔲 提示：
>
> DefaultMQAdminExtImpl 类是 MQAdminExt 接口的实现类。下面使用 MQAdminExt 统一代表 DefaultMQAdminExtImpl 类。

2. 初始化一个对象池

使用 Spring Framework 中的注解 "@Bean" 和 "@Configuration" 初始化对象池，代码如下。

```
@Configuration
public class MqAdminExtObjectPool {
    //①注入与 RocketMQ 配置信息相关的配置类
    @Autowired
    private RMQConfigure rmqConfigure;
    //②将初始化完成的对象池 GenericObjectPool 注入 Spring IOC 容器中
    @Bean
    public GenericObjectPool<MQAdminExt> mqAdminExtPool() {
        //③初始化对象池配置对象 GenericObjectPoolConfig
        GenericObjectPoolConfig genericObjectPoolConfig = new
            GenericObjectPoolConfig();
        genericObjectPoolConfig.setTestWhileIdle(true);
        genericObjectPoolConfig.setMaxWaitMillis(10000);
        genericObjectPoolConfig.setTimeBetweenEvictionRunsMillis(20000);
        //④初始化管理对象池的工厂类 MQAdminPooledObjectFactory
        MQAdminPooledObjectFactory mqAdminPooledObjectFactory = new
            MQAdminPooledObjectFactory();
        //⑤初始化管理 DefaultMQAdminExt 对象的工厂类
        MQAdminFactory mqAdminFactory = new
            MQAdminFactory(rmqConfigure);
        mqAdminPooledObjectFactory.setMqAdminFactory(mqAdminFactory);
        //⑥初始化对象池，对象池底层依赖 Apache 的 Jar 包 commons-pool2
        GenericObjectPool<MQAdminExt> genericObjectPool = new
            GenericObjectPool<MQAdminExt>(
            mqAdminPooledObjectFactory,
            genericObjectPoolConfig);
        return genericObjectPool;
    }
}
```

3. 使用工厂类 MQAdminPooledObjectFactory 管理对象池中的对象 MQAdminExt

工厂类 MQAdminPooledObjectFactory 继承了 Apache 的 Jar 包 commons-pool2 中的 PooledObjectFactory 接口，从而能利用它管理对象，代码如下。

```
@Slf4j
public class MQAdminPooledObjectFactory implements
    PooledObjectFactory<MQAdminExt> {
    private MQAdminFactory mqAdminFactory;
    //①创建一个对象MQAdminExt，并将其存储在对象池PooledObject中
    @Override
    public PooledObject<MQAdminExt> makeObject() throws Exception {
        DefaultPooledObject<MQAdminExt> pooledObject = new
          DefaultPooledObject<>(
            mqAdminFactory.getInstance());
        return pooledObject;
    }
    //②销毁对象池中的对象MQAdminExt
    @Override
    public void destroyObject(PooledObject<MQAdminExt> p) {
        MQAdminExt mqAdmin = p.getObject();
        if (mqAdmin != null) {
            try {
                mqAdmin.shutdown();
            } catch (Exception e) {
                log.warn("MQAdminExt shutdown err", e);
            }
        }
        log.info("destroy object {}", p.getObject());
    }
    //③校验对象池中的对象MQAdminExt
    @Override
    public boolean validateObject(PooledObject<MQAdminExt> p) {
        MQAdminExt mqAdmin = p.getObject();
        ClusterInfo clusterInfo = null;
        try {
            clusterInfo = mqAdmin.examineBrokerClusterInfo();
        } catch (Exception e) {
            log.warn("validate object {} err", p.getObject(), e);
        }
        if (clusterInfo == null ||
            return false;
        }
```

```
        return true;
    }
    //④激活对象 MQAdminExt
    @Override
    public void activateObject(PooledObject<MQAdminExt> p) {
    }
    //⑤设置对象 MQAdminExt 为不活跃状态
    @Override
    public void passivateObject(PooledObject<MQAdminExt> p) {
    }
    //⑥设置对象 MQAdminExt 的工厂类 MQAdminFactory
    public void setMqAdminFactory(MQAdminFactory mqAdminFactory) {
        this.mqAdminFactory = mqAdminFactory;
    }
}
```

其中，使用工厂类 MQAdminFactory 生成对象池中的对象 MQAdminExt 的具体代码实现可以参考 rocketmq-dashboard 的源码，这里就不分析了。

4. 定义一个 AOP 切面拦截方法请求

由于 rocketmq-dashboard 的后端服务的底层使用 Spring Boot 作为基础框架，因此直接使用一个 AOP 切面来拦截方法请求，这样也符合 Spring Framework 的开发规范。

实现 AOP 切面的代码如下。

```
@Aspect
@Service
@Slf4j
public class MQAdminAspect {
    //①注入对象池
    @Autowired
    private GenericObjectPool<MQAdminExt> mqAdminExtPool;
    public MQAdminAspect() {
    }
    //②定义切面的拦截点
    @Pointcut("execution(* org.apache.rocketmq.dashboard.service.
      client.MQAdminExtImpl..*(..))")
    public void mQAdminMethodPointCut() {
    }
```

```
//③执行切面拦截
@Around(value = "mQAdminMethodPointCut()")
public Object aroundMQAdminMethod(ProceedingJoinPoint joinPoint)
    throws Throwable {
    long start = System.currentTimeMillis();
    Object obj = null;
    try {
        //④触发从对象池GenericObjectPool获取对象MQAdminExt的请求
        MQAdminInstance.createMQAdmin(mqAdminExtPool);
        obj = joinPoint.proceed();
    } finally {
        //⑤将从对象池GenericObjectPool获取的对象返给对象池
        MQAdminInstance.returnMQAdmin(mqAdminExtPool);
    }
    return obj;
}
}
```

在 MQAdminAspect 切面初始化完成之后，如果要调用 MQAdminExtImpl 类的某个方法，则执行切面拦截，并调用 aroundMQAdminMethod()方法。

5. 从对象池 GenericObjectPool 获取对象 MQAdminExt

调用 MQAdminInstance 类的 createMQAdmin()方法实现从对象池 GenericObjectPool 获取对象 MQAdminExt，代码如下。

```
//①定义一个线程本地变量，用来管理对象MQAdminExt
private static final ThreadLocal<MQAdminExt> MQ_ADMIN_EXT_THREAD_LOCAL = new
    ThreadLocal<>();
public static void createMQAdmin(GenericObjectPool<MQAdminExt>
    mqAdminExtPool) {
    try {
        //②从对象池中获取一个对象MQAdminExt，如果对象池中没有，则重新创建一个
        MQAdminExt mqAdminExt = mqAdminExtPool.borrowObject();
        //③将对象MQAdminExt设置到线程本地变量中，确保高并发场景下的线程安全性
        MQ_ADMIN_EXT_THREAD_LOCAL.set(mqAdminExt);
    } catch (Exception e) {
        LOGGER.error("get mqAdmin from pool error", e);
    }
}
```

在同一个线程中，调用者可以直接使用线程本地变量 MQ_ADMIN_EXT_THREAD_LOCAL 中的对象 MQAdminExt，代码如下。

```java
public class MQAdminInstance {
    public static MQAdminExt threadLocalMQAdminExt() {
        //①从线程本地变量中获取对象
        MQAdminExt mqAdminExt = MQ_ADMIN_EXT_THREAD_LOCAL.get();
        //②如果不能获取对象，则直接抛出异常
        if (mqAdminExt == null) {
            throw new IllegalStateException("defaultMQAdminExt should be
                init before you get this");
        }
        //③返回对象 MQAdminExt
        return mqAdminExt;
    }
}
```

这里的调用者是指 rocketmq-dashboard 封装的 MQAdminExtImpl 类。它主要用来给 MVC 层提供底层治理消息。

6. 将从对象池 GenericObjectPool 获取的对象返给对象池

调用 MQAdminInstance 类的 createMQAdmin() 方法将获取的对象返给对象池 GenericObjectPool（有借有还，再借不难），代码如下。

```java
public class MQAdminInstance {
    public static void returnMQAdmin(GenericObjectPool<MQAdminExt>
        mqAdminExtPool) {
        //①从线程本地变量中获取需要归还的 MQAdminExt 对象
        MQAdminExt mqAdminExt = MQ_ADMIN_EXT_THREAD_LOCAL.get();
        if (mqAdminExt != null) {
            try {
                //②将 MQAdminExt 对象返给对象池
                mqAdminExtPool.returnObject(mqAdminExt);
            } catch (Exception e) {
                LOGGER.error("return mqAdmin to pool error", e);
            }
        }
        //③清除线程本地变量中的对象
        MQ_ADMIN_EXT_THREAD_LOCAL.remove();
    }
}
```

7. 利用反射管理 MQClientInstance 类和 NettyRemotingClient 类

利用反射管理 MQClientInstance 类和 NettyRemotingClient 类的代码如下。

```java
public class MQAdminInstance {
    public static MQClientInstance threadLocalMqClientInstance() {
        //①从线程本地变量中获取 MQAdminExt 对象，再利用反射从 MQAdminExt 对象中获
            取 DefaultMQAdminExtImpl 对象的实现
        DefaultMQAdminExtImpl defaultMQAdminExtImpl = Reflect.on
            (MQAdminInstance.threadLocalMQAdminExt()).get
                ("defaultMQAdminExtImpl");
        //②利用反射从 DefaultMQAdminExtImpl 类中获取 MQClientInstance 类的实现
        return Reflect.on(defaultMQAdminExtImpl).get("mqClientInstance");
    }
    public static RemotingClient threadLocalRemotingClient() {
        //③获取 MQClientInstance 类的实现
        MQClientInstance mqClientInstance =
            threadLocalMqClientInstance();
        //④利用反射从 MQClientInstance 类中获取 MQClientAPIImpl 的实现
        MQClientAPIImpl mQClientAPIImpl = Reflect.on(mqClientInstance).
            get("mQClientAPIImpl");
        //⑤利用反射从 MQClientAPIImpl 中获取 NettyRemotingClient 类的实现
        return Reflect.on(mQClientAPIImpl).get("remotingClient");
    }
}
```

关于 Java 反射的原理这里就不再赘述，这里有一个代码设计的细节，具体如下。

- 如果只是使用反射获取类的实现，是不能管理 MQClientInstance 类和 NettyRemotingClient 类的。
- 巧妙地从线程本地变量中获取 MQAdminExt 对象（它是被对象池管理的对象），并从这个对象开始执行反射，从而获取需要类的实现，这样就间接达到了"利用对象池管理 rocketmq-dashboard 中通信渠道客户端的核心类"的效果。

6.3 使用命令控制台治理消息

如果已经启动生产者、消费者、Name Server、Broker Server 和存储引擎，则开发人员可以使用命令控制台治理消息。

命令控制台支持的命令有很多，大致可以分为以下 7 种。

- 与 Topic 相关的命令。
- 与集群相关的命令。
- 与消息相关的命令。
- 与 Broker Server 相关的命令。
- 与消费者或消费组相关的命令。
- 与 Name Server 相关的命令。

6.3.1 执行治理消息的命令

我们通过执行治理消息的命令，可以从实战的角度分析命令控制台治理消息的过程。

1. 使用与 Topic 相关的命令治理消息

Topic 是 RocketMQ 中最基础的元数据之一，也是生产和消费消息必需的属性之一。完成治理消息目标的前提是"如何实现治理 Topic"。

（1）执行"updateTopic"命令，动态创建或更新 Topic 信息。

在生产者和消费者所在的服务上线之前，如果开发人员需要创建或更新 Topic 信息，则执行"updateTopic"命令。

执行"updateTopic"命令模板如下。

```
sh mqadmin updateTopic -n 127.0.0.1:9876 -b 127.0.0.1:10911 -t
managementInformationSystem -r 16 -w 16 -p 6 -o false -u false -s false
```

"updateTopic"命令的参数详解如下。

- "-n 127.0.0.1:9876"：设置 Name Server 节点的 IP 地址。
- "-b 127.0.0.1:10911"：设置 Broker Server 节点的 IP 地址。
- "-c DefaultCluster"：设置 Broker Server 节点的集群名称，其中，"-b"和"-c"参数有且只能设置一个。
- "-t managementInformationSystem"：设置 Topic 名称。
- "-r 16"：设置读队列的数量。
- "-w 16"：设置写队列的数量。
- "-p 6"：设置消息主题的权限（2 为写，4 为读，6 为读/写）。
- "-o false"：设置 Topic 的顺序性（默认值为 false，表示不是顺序的）。
- "-u false"：设置 Topic 是否为单元消息主题的标志，默认值为 false。
- "-s false"：设置 Topic 是否为子单元消息主题的标志，默认值为 false。

图 6-25 所示为执行“updateTopic”命令模板之后的结果。

```
huxian@huxians-MacBook-Pro bin % sh mqadmin updateTopic -n 127.0.0.1:9876 -b 127.0.0.1:10911 -t managementInformationS
ystem -r 16 -w 16 -p 6 -o false -u false -s false
RocketMQLog:WARN No appenders could be found for logger (io.netty.util.internal.InternalThreadLocalMap).
RocketMQLog:WARN Please initialize the logger system properly.
create topic to 127.0.0.1:10911 success.
TopicConfig [topicName=managementInformationSystem, readQueueNums=16, writeQueueNums=16, perm=RW-, topicFilterType=SIN
GLE_TAG, topicSysFlag=0, order=false]
```

图 6-25

（2）执行“allocateMQ”命令，动态验证 Topic 中消息队列的负载均衡性。

如果开发人员需要动态验证 Topic 中消息队列的负载均衡性，则执行“allocateMQ”命令。

执行“allocateMQ”命令模板如下。

```
sh mqadmin allocateMQ -n 127.0.0.1:9876 -t managementInformationSystem
    -i 169.254.1.36@clientIdTwo,169.254.1.36@clientIdOne,
    169.254.1.36@clientIdThree
```

“allocateMQ”命令的参数详解如下。

- “-n 127.0.0.1:9876”：设置 Name Server 节点的 IP 地址。
- “-t managementInformationSystem”：设置 Topic 名称。
- “-i 169.254.1.36@clientIdOne”：设置消费者客户端实例 ID。

为了验证 Topic 中消息队列的负载均衡性，模拟了 3 个消费者客户端实例消费消息，启动 3 个消费者客户端实例：169.254.1.36@clientIdOne、169.254.1.36@clientIdTwo 和 169.254.1.36@clientIdThree。

> 提示：
>
> 具体代码可以参考本书配套源码“/chaptersix/command-consumer-server”。

图 6-26 所示为执行“allocateMQ”命令模板之后的结果。从结果中可以看到，在执行完“allocateMQ”命令之后，会将负载均衡之后的结果输出到控制台中（默认采用平均 Hash 负载均衡算法）。开发人员可以利用该结果验证 Topic 中消息队列的负载均衡性。

其中，开发人员可以修改相关源码并重新打包，定制化负载均衡算法。

```
huxian@huxians-MacBook-Pro bin % sh mqadmin allocateMQ -n 127.0.0.1:9876 -t managementInformationSystem -i 169.254.1.36@clientIdTwo,169.254.1.36
@clientIdOne,169.254.1.36@clientIdThree

RocketMQLog:WARN No appenders could be found for logger (io.netty.util.internal.InternalThreadLocalMap).
RocketMQLog:WARN Please initialize the logger system properly.
{"result":{"169.254.1.36@clientIdThree":[{"brokerName":"broker-b","queueId":13,"topic":"managementInformationSystem"},{"brokerName":"broker-b","
queueId":6,"topic":"managementInformationSystem"},{"brokerName":"broker-b","queueId":7,"topic":"managementInformationSystem"},{"brokerName":"bro
ker-b","queueId":8,"topic":"managementInformationSystem"},{"brokerName":"broker-b","queueId":9,"topic":"managementInformationSystem"}],"169.254.
1.36@clientIdTwo":[{"brokerName":"broker-b","queueId":2,"topic":"managementInformationSystem"},{"brokerName":"broker-b","queueId":3,"topic":"man
agementInformationSystem"},{"brokerName":"broker-b","queueId":4,"topic":"managementInformationSystem"},{"brokerName":"broker-b","queueId":5,"top
ic":"managementInformationSystem"},{"brokerName":"broker-b","queueId":0,"topic":"managementInformationSystem"},{"brokerName":"broker-b","queueId
":1,"topic":"managementInformationSystem"}],"169.254.1.36@clientIdOne":[{"brokerName":"broker-b","queueId":14,"topic":"managementInformationSyst
em"},{"brokerName":"broker-b","queueId":15,"topic":"managementInformationSystem"},{"brokerName":"broker-b","queueId":10,"topic":"managementInfor
mationSystem"},{"brokerName":"broker-b","queueId":11,"topic":"managementInformationSystem"},{"brokerName":"broker-b","queueId":12,"topic":"manag
ementInformationSystem"}]}}
```

图 6-26

（3）执行"updateTopicPerm"命令，动态更新 Topic 的权限。

在生产者和消费者所在的服务上线之后，如果需要动态更新 Topic 的权限，则执行"updateTopicPerm"命令。

执行"updateTopicPerm"命令模板如下。

```
sh mqadmin updateTopicPerm -n 127.0.0.1:9876 -b 127.0.0.1:10911 -t
    managementInformationSystem -p 4
```

"updateTopicPerm"命令的参数详解如下。

- "-n 127.0.0.1:9876"：设置 Name Server 节点的 IP 地址。
- "-b 127.0.0.1:10911"：设置 Broker Server 节点的 IP 地址。
- "-c DefaultCluster"：设置 Broker Server 节点的集群名称，其中"-b"和"-c"参数有且只能设置一个。
- "-t managementInformationSystem"：设置 Topic 名称。
- "-p 4"：设置消息主题的权限（2 为写，4 为读，6 为读/写）。

图 6-27 所示为执行"updateTopicPerm"命令模板之后的结果。从结果中可以看到，消息主题"managementInformationSystem"的权限变更为"只读"。

图 6-27

如果运维人员监控到某个 Broker Server 节点 A（节点 A 是 Master 角色）中的某个 Topic（如 managementInformationSystem）的写流量非常高，并且已经成为该节点的性能瓶颈，则这时可以执行"updateTopicPerm"命令，快速修改为"只读"，这样就可以隔离写流量，并将生产消息的流量转移到集群中其他 Broker Server 节点中（如节点 B 也是 Master 角色）。

在解除节点 A 的性能瓶颈故障之后，可以再次执行"updateTopicPerm"命令，快速修改为"读/写"或"写"，恢复该节点 A 中消息主题"managementInformationSystem"的正常运行状态。

（4）执行"updateOrderConf"命令，动态更新 Broker Server 节点中指定 Topic 的顺序消息队列的数量。

在生产者和消费者所在的服务上线之后，如果需要动态更新 Broker Server 节点中指定 Topic 的顺序消息队列的数量，则执行"updateOrderConf"命令。

执行"updateOrderConf"命令模板如下。

```
sh mqadmin updateOrderConf -n 127.0.0.1:9876 -t
   managementInformationSystem -v broker-b:16 -m put
```

"updateOrderConf"命令的参数详解如下。

- "-n 127.0.0.1:9876"：设置 Name Server 节点的 IP 地址。
- "-t managementInformationSystem"：设置 Topic 名称。
- "-v broker-b:16"：设置 Broker Server 名称和顺序消息队列数量的"键-值"对。
- "-m put"：设置更新操作类型，包括 put（更新顺序消息队列的数量）、get（获取顺序消息队列的数量）和 delete（删除顺序消息）。

图 6-28 所示为执行"updateOrderConf"命令模板之后的结果。

图 6-28

（5）执行"topicStatus"命令，动态验证 Topic 的状态。

如果开发人员需要动态验证 Topic 的状态，则执行"topicStatus"命令。

执行"topicStatus"命令模板如下。

```
sh mqadmin topicStatus -n 127.0.0.1:9876 -t managementInformationSystem
```

"topicStatus"命令的参数详解如下。

- "-n 127.0.0.1:9876"：设置 Name Server 节点的 IP 地址。
- "-t managementInformationSystem"：设置 Topic 名称。

图 6-29 所示为执行"topicStatus"命令模板之后的结果。从结果中可以看到，主要输出消息主题中消息队列的状态，如最小 offset 和最大 offset 等。

图 6-29

302

（6）执行"topicRoute"命令，动态查询 Topic 的路由信息。

如果开发人员需要动态查询 Topic 的路由信息，则执行"topicRoute"命令。

执行"topicRoute"命令模板如下。

```
sh mqadmin topicRoute -n 127.0.0.1:9876 -t managementInformationSystem -
    l true
```

"topicRoute"命令的参数详解如下。

- "-n 127.0.0.1:9876"：设置 Name Server 节点的 IP 地址。
- "-t managementInformationSystem"：设置 Topic 名称。
- "-l true"：如果设置为 true，则代表使用列表输出结果，默认值为 false。

图 6-30 所示为执行"topicRoute"命令模板之后的结果。

图 6-30

（7）执行"topicList"命令，动态获取所有的 Topic 信息。

如果开发人员需要动态获取所有的 Topic 信息，则执行"topicList"命令。

执行"topicList"命令模板如下。

```
sh mqadmin topicList -n 127.0.0.1:9876 -c true
```

"topicList"命令的参数详解如下。

- "-n 127.0.0.1:9876"：设置 Name Server 节点的 IP 地址。
- "-c true"：如果设置为 true，则代表"集群"模式，否则代表"广播"模式。

图 6-31 所示为执行"topicList"命令模板之后的结果。

图 6-31

（8）执行"topicClusterList"命令，动态获取 Topic 的集群信息。

如果开发人员需要动态获取 Topic 的集群信息，则执行"topicClusterList"命令。

执行"topicClusterList"命令模板如下。

```
sh mqadmin topicClusterList -n 127.0.0.1:9876 -t
    managementInformationSystem
```

"topicClusterList"命令的参数详解如下。

- "-n 127.0.0.1:9876"：设置 Name Server 节点的 IP 地址。
- "-t managementInformationSystem"：设置 Topic 名称。

图 6-32 所示为执行"topicClusterList"命令模板之后的结果。

```
[huxian@huxians-MacBook-Pro bin % sh mqadmin topicClusterList -n 127.0.0.1:9876 -t managementInformationSystem
RocketMQLog:WARN No appenders could be found for logger (io.netty.util.internal.InternalThreadLocalMap).
RocketMQLog:WARN Please initialize the logger system properly.
DefaultCluster
```

图 6-32

（9）执行"deleteTopic"命令，动态从 Name Server 节点和 Broker Server 节点删除 Topic 信息。

如果开发人员需要动态从 Name Server 节点和 Broker Server 节点删除 Topic 信息，则执行"deleteTopic"命令。

执行"deleteTopic"命令模板如下。

```
sh mqadmin deleteTopic -n 127.0.0.1:9876 -t managementInformationSystem
    -c DefaultCluster
```

"deleteTopic"命令的参数详解如下。

- "-n 127.0.0.1:9876"：设置 Name Server 节点的 IP 地址。
- "-t managementInformationSystem"：设置 Topic 名称。
- "-c DefaultCluster"：设置 Broker Server 节点的集群名称。

图 6-33 所示为执行"deleteTopic"命令模板之后的结果。

```
[huxian@huxians-MacBook-Pro bin % sh mqadmin deleteTopic -n 127.0.0.1:9876 -t managementInformationSystem -c DefaultClu]
ster
RocketMQLog:WARN No appenders could be found for logger (io.netty.util.internal.InternalThreadLocalMap).
RocketMQLog:WARN Please initialize the logger system properly.
delete topic [managementInformationSystem] from cluster [DefaultCluster] success.
delete topic [managementInformationSystem] from NameServer success.
```

图 6-33

2. 使用与集群相关的命令治理消息

（1）执行"clusterList"命令，动态查询集群信息。

如果开发人员需要动态查询集群信息，则执行"clusterList"命令。

执行"clusterList"命令模板如下。

```
sh mqadmin clusterList -n 127.0.0.1:9876 -m true -i 10
```

"clusterList"命令的参数详解如下。

- "-n 127.0.0.1:9876"：设置 Name Server 节点的 IP 地址。
- "-m true"：设置输出 Broker Server 集群的消息统计信息的开关。如果为 true，则表示开启，否则表示关闭。
- "-i 10"：设置集群信息的统计周期，"10"表示为 10s。

图 6-34 所示为执行"clusterList"命令模板之后的结果。

```
huxian@huxians-MacBook-Pro bin % sh mqadmin clusterList -n 127.0.0.1:9876 -m true -i 10
RocketMQLog:WARN No appenders could be found for logger (io.netty.util.internal.InternalThreadLocalMap).
RocketMQLog:WARN Please initialize the logger system properly.
#Cluster Name      #Broker Name                    #InTotalYest  #OutTotalYest  #InTotalToday  #OutTotalToday
DefaultCluster     broker-b                                   1              1              0              0
```

图 6-34

（2）执行"clusterRT"命令，获取所有集群生产消息的 RT（响应时间）。

如果开发人员需要获取所有集群生产消息的 RT（响应时间），则执行"clusterRT"命令。

执行"clusterRT"命令模板如下。

```
sh mqadmin clusterRT -n 127.0.0.1:9876 -a 100 -s 128  -c DefaultCluster
    -p false -m noname -i 10
```

"clusterRT"命令的参数详解如下。

- "-n 127.0.0.1:9876"：设置 Name Server 节点的 IP 地址。
- "-a 100"：设置一个统计周期内消息的总数，如 100 条。
- "-s 128"：设置统计消息的大小，如 128B。
- "-c DefaultCluster"：设置 Broker Server 节点的集群名称。
- "-p false"：设置输出日志的格式。
- "-m noname"：设置集群所在机房的名称。
- "-i 10"：设置获取所有集群生产消息的 RT（响应时间）的统计周期，"10"表示为 10s。

图 6-35 所示为执行"clusterRT"命令模板之后的结果。

```
huxian@huxians-MacBook-Pro bin % sh mqadmin clusterRT -n 127.0.0.1:9876 -a 100 -s 128  -c DefaultCluster -p false -m n
oname -i 10
RocketMQLog:WARN No appenders could be found for logger (io.netty.util.internal.InternalThreadLocalMap).
RocketMQLog:WARN Please initialize the logger system properly.
#Cluster Name              #Broker Name              #RT    #successCount  #failCount
DefaultCluster             broker-b                  2.52   100            0
DefaultCluster             broker-b                  2.62   100            0
```

图 6-35

3. 使用与消息相关的命令治理消息

（1）执行"sendMessage"命令生产消息。

如果开发人员需要生产消息，则执行"sendMessage"命令。

执行"sendMessage"命令模板如下。

```
sh mqadmin sendMessage -n 127.0.0.1:9876 -t managementInformationSystem
   -p testMessage -k 123456 -c order123456 -b broker-b -i 0 -m true
```

"sendMessage"命令的参数详解如下。

- "-n 127.0.0.1:9876"：设置 Name Server 节点的 IP 地址。
- "-t managementInformationSystem"：设置 Topic 名称。
- "-p testMessage"：设置需要生产消息的内容。
- "-k 123456"：设置消息 Key。
- "-c order123456"：设置消息 Tags。
- "-b broker-b"：设置 Broker Server 节点的名称。
- "-i 0"：设置生产消息的消息队列，如消息队列 ID 0。
- "-m true"：开启消息追踪。

图 6-36 所示为执行"sendMessage"命令模板之后的结果。

```
huxian@huxians-MacBook-Pro bin % sh mqadmin sendMessage -n 127.0.0.1:9876 -t managementInformationSystem -p testMessage -k 123456 -c order123456
   -b broker-b -i 0 -m true
#Broker Name              #QID  #Send Result       #MsgId
broker-b                  0     SEND_OK            A9FE9130746E2F0E140B385C7D3B0000
```

图 6-36

（2）执行"consumeMessage"命令消费消息。

如果运维开发人员需要消费消息，则执行"consumeMessage"命令。

执行"consumeMessage"命令模板如下。

```
sh mqadmin consumeMessage -n 127.0.0.1:9876 -t managementInformationSystem
-b broker-b -i 0 -o 0 -g testGroup -s 2022-02-11#19:24:59:59 -e
2022-02-11#22:24:59:59 -c 2
```

"consumeMessage"命令的参数详解如下。

- "-n 127.0.0.1:9876"：设置 Name Server 节点的 IP 地址。
- "-t managementInformationSystem"：设置 Topic 名称。
- "-b broker-b"：设置 Broker Server 节点的名称。
- "-i 0"：设置消费消息的消息队列，如消息队列 ID 0。
- "-o 0"：设置消费位置 offset。
- "-g testGroup"：设置消费组名称。
- "-s 2022-02-11#19:24:59:59"：设置消费消息的起始时间。
- "-e 2022-02-11#22:24:59:59"：设置消息消息的终止时间。
- "-c 2"：设置消费消息的条数。

图 6-37 所示为执行"consumeMessage"命令模板之后的结果。

```
huxian@huxians-MacBook-Pro bin % sh mqadmin consumeMessage -n 127.0.0.1:9876 -t managementInformationSystem -b broker-b -i 0 -o 0 -g testGroup -
s 2022-02-11#19:24:59:59 -e 2022-02-11#22:24:59:59 -c 2
RocketMQLog:WARN No appenders could be found for logger (io.netty.util.internal.InternalThreadLocalMap).
RocketMQLog:WARN Please initialize the logger system properly.
Consume ok
MSGID: A9FED46072F72F0E140B37F6748C0000 MessageExt [brokerName=broker-b, queueId=0, storeSize=212, queueOffset=0, sysFlag=0, bornTimestamp=16445
83698574, bornHost=/127.0.0.1:62012, storeTimestamp=1644583698586, storeHost=/127.0.0.1:10911, msgId=7F00000100002A9F00000000696A9F3B, commitLog
Offset=1768595259, bodyCRC=1756872259, reconsumeTimes=0, preparedTransactionOffset=0, toString()=Message{topic='managementInformationSystem', fl
ag=0, properties={MIN_OFFSET=0, MAX_OFFSET=2, KEYS=123456, UNIQ_KEY=A9FED46072F72F0E140B37F6748C0000, CLUSTER=DefaultCluster, TAGS=order123456},
body=[97], transactionId='null'}] BODY: a
MSGID: A9FE9130746E2F0E140B385C7D3B0000 MessageExt [brokerName=broker-b, queueId=0, storeSize=222, queueOffset=1, sysFlag=0, bornTimestamp=16445
90385469, bornHost=/127.0.0.1:62383, storeTimestamp=1644590385480, storeHost=/127.0.0.1:10911, msgId=7F00000100002A9F00000000696AA00F, commitLog
Offset=1768595471, bodyCRC=401271118, reconsumeTimes=0, preparedTransactionOffset=0, toString()=Message{topic='managementInformationSystem', fla
g=0, properties={MIN_OFFSET=0, MAX_OFFSET=2, KEYS=123456, UNIQ_KEY=A9FE9130746E2F0E140B385C7D3B0000, CLUSTER=DefaultCluster, TAGS=order123456},
body=[116, 101, 115, 116, 77, 101, 115, 115, 97, 103, 101], transactionId='null'}] BODY: testMessage
```

图 6-37

（3）执行"queryMsgByUniqueKey"命令，使用主键 Key 查询消息。

如果开发人员需要使用主键 Key 查询消息，则执行"queryMsgByUniqueKey"命令。

执行"queryMsgByUniqueKey"命令模板如下。

```
sh mqadmin queryMsgByUniqueKey -n 127.0.0.1:9876 -i
A9FE9130746E2F0E140B385C7D3B0000 -g defaultConsumerGroup -d
169.254.145.160@30631#221062049292750 -t managementInformationSystem -a 32
```

"queryMsgByUniqueKey"命令的参数详解如下。

- "-n 127.0.0.1:9876"：设置 Name Server 节点的 IP 地址。
- "-i A9FE9130746E2F0E140B385C7D3B0000"：设置 uniqueKey。
- "-g defaultConsumerGroup"：设置消费者组名称。
- "-d 169.254.145.160@30631#221062049292750"：设置消费者客户端实例 ID。
- "-t managementInformationSystem"：设置 Topic 名称。
- "-a 32"：设置输出消息的条数。

图 6-38 所示为执行"queryMsgByUniqueKey"命令模板之后的结果。

```
huxian@huxians-MacBook-Pro bin % sh mqadmin queryMsgByUniqueKey -n 127.0.0.1:9876 -i A9FE9130746E2F0E140B385C7D3B0000 -g defaultConsumerGroup -d
 169.254.145.160@30631#221062049292750 -t managementInformationSystem -a 32
RocketMQLog:WARN No appenders could be found for logger (io.netty.util.internal.InternalThreadLocalMap).
RocketMQLog:WARN Please initialize the logger system properly.
ConsumeMessageDirectlyResult [order=false, autoCommit=true, consumeResult=CR_SUCCESS, remark=null, spentTimeMills=4]
```

图 6-38

（4）执行"queryMsgByOffset"命令，使用 offset 查询消息。

如果开发人员需要使用 offset 查询消息，则执行"queryMsgByOffset"命令。

执行"queryMsgByOffset"命令模板如下。

```
sh mqadmin queryMsgByOffset -n 127.0.0.1:9876 -t managementInformationSystem
-b broker-b -i 12 -o 0
```

"queryMsgByOffset"命令的参数详解如下。

- "-n 127.0.0.1:9876"：设置 Name Server 节点的 IP 地址。
- "-t managementInformationSystem"：设置 Topic 名称。
- "-b broker-b"：设置 Broker Server 节点的名称。
- "-i 12"：设置消费消息的消息队列，如消息队列 ID 12。
- "-o 0"：设置存储消息的物理偏移位置 offset。

图 6-39 所示为执行"queryMsgByOffset"命令模板之后的结果。从结果中可以看到，查询消息主题"managementInformationSystem"中的消息队列 ID 为 12 且物理偏移位置 offset 为 0 的消息。

```
huxian@huxians-MacBook-Pro bin % sh mqadmin queryMsgByOffset -n 127.0.0.1:9876 -t managementInformationSystem -b broker-b -i 12 -o 0

RocketMQLog:WARN No appenders could be found for logger (io.netty.util.internal.InternalThreadLocalMap).
RocketMQLog:WARN Please initialize the logger system properly.
OffsetID:           7F00000100002A9F00000000696A9E67
Topic:              managementInformationSystem
Tags:               [order123456]
Keys:               [123456]
Queue ID:           12
Queue Offset:       0
CommitLog Offset:   1768595047
Reconsume Times:    0
Born Timestamp:     2022-02-11 20:40:23,041
Store Timestamp:    2022-02-11 20:40:23,054
Born Host:          127.0.0.1:61975
Store Host:         127.0.0.1:10911
System Flag:        0
Properties:         {MIN_OFFSET=0, MAX_OFFSET=1, KEYS=123456, UNIQ_KEY=A9FED46072B22F0E140B37EF32FF0000, CLUSTER=DefaultCluster, TAGS=order1234
56}
Message Body Path:  /tmp/rocketmq/msgbodys/A9FED46072B22F0E140B37EF32FF0000

WARN: No Consumer
```

图 6-39

（5）执行"queryMsgByKey"命令，使用关键字查询消息。

如果开发人员需要使用关键字查询消息，则执行"queryMsgByKey"命令。

执行"queryMsgByKey"命令模板如下。

```
sh mqadmin queryMsgByKey -n 127.0.0.1:9876 -t
    managementInformationSystem -k 123456
```

"queryMsgByKey"命令的参数详解如下。

- "-n 127.0.0.1:9876": 设置 Name Server 节点的 IP 地址。
- "-t managementInformationSystem": 设置 Topic 名称。
- "-k 123456": 设置消息 Key。

图 6-40 所示为执行"queryMsgByKey"命令模板之后的结果。

```
huxian@huxians-MacBook-Pro bin % sh mqadmin queryMsgByKey -n 127.0.0.1:9876 -t managementInformationSystem -k 123456
RocketMQLog:WARN No appenders could be found for logger (io.netty.util.internal.InternalThreadLocalMap).
RocketMQLog:WARN Please initialize the logger system properly.
#Message ID                              #QID                    #Offset
A9FED460728D2F0E140B37EC3AC40000         14                      0
A9FED46072B22F0E140B37EF32FF0000         12                      0
A9FED46072F72F0E140B37F6748C0000         0                       0
```

图 6-40

（6）执行"queryMsgById"命令，使用消息 ID 查询消息。

如果只查询消息，则执行"queryMsgById"命令模板如下。

```
sh mqadmin queryMsgById -n 127.0.0.1:9876 -i 7F00000100002A9F00000000696A9E67
```

如果需要重新生产消息，则执行"queryMsgById"命令模板如下。

```
sh mqadmin queryMsgById -n 127.0.0.1:9876 -i 7F00000100002A9F00000000696A9E67
-s true -u test
```

如果需要消费者直接消费消息，则执行"queryMsgById"命令模板如下。

```
sh mqadmin queryMsgById -n 127.0.0.1:9876 -i 7F00000100002A9F00000000696A9E67
-g defaultConsumerGroup -d 169.254.145.160@30631#221062049292750
```

"queryMsgById"命令的参数详解如下。

- "-n 127.0.0.1:9876": 设置 Name Server 节点的 IP 地址。
- "-i 7F00000100002A9F00000000696A9E67": 设置消息 ID，实际是指存储引擎中某条消息唯一的消息 ID。
- "-s true": 重新生产消息，默认值为 false。
- "-u test": 设置单元机房名称。
- "-g defaultConsumerGroup": 设置消费组名称。
- "-d 169.254.145.160@30631#221062049292750": 设置消费者客户端实例 ID。

图 6-41 所示为只查询消息，执行"queryMsgById"命令模板之后的结果。

```
huxian@huxians-MacBook-Pro bin % sh mqadmin queryMsgById -n 127.0.0.1:9876 -i 7F00000100002A9F00000000696A9E67

RocketMQLog:WARN No appenders could be found for logger (io.netty.util.internal.InternalThreadLocalMap).
RocketMQLog:WARN Please initialize the logger system properly.
OffsetID:           7F00000100002A9F00000000696A9E67
Topic:              managementInformationSystem
Tags:               [order123456]
Keys:               [123456]
Queue ID:           12
Queue Offset:       0
CommitLog Offset:   1768595047
Reconsume Times:    0
Born Timestamp:     2022-02-11 20:40:23,041
Store Timestamp:    2022-02-11 20:40:23,054
Born Host:          127.0.0.1:61975
Store Host:         127.0.0.1:10911
System Flag:        0
Properties:         {KEYS=123456, UNIQ_KEY=A9FED46072B22F0E140B37EF32FF0000, CLUSTER=DefaultCluster, TAGS=order123456}
Message Body Path:  /tmp/rocketmq/msgbodys/A9FED46072B22F0E140B37EF32FF0000


MessageTrack [consumerGroup=defaultConsumerGroup, trackType=CONSUMED, exceptionDesc=null]
```

图 6-41

图 6-42 所示为重新生产消息，执行"queryMsgById"命令模板之后的结果。

```
huxian@huxians-MacBook-Pro bin % sh mqadmin queryMsgById -n 127.0.0.1:9876 -i 7F00000100002A9F00000000696A9E67 -s true -u test

RocketMQLog:WARN No appenders could be found for logger (io.netty.util.internal.InternalThreadLocalMap).
RocketMQLog:WARN lease initialize the logger system properly.
prepare resend msg. originalMsgId=7F00000100002A9F00000000696A9E67SendResult [sendStatus=SEND_OK, msgId=A9FED46072B22F0E140B37EF32FF0000, offset
MsgId=7F00000100002A9F00000000696AA6F5, messageQueue=MessageQueue [topic=managementInformationSystem, brokerName=broker-b, queueId=8], queueOffs
et=0]
```

图 6-42

图 6-43 所示为消费者直接消费消息，执行"queryMsgById"命令模板之后的结果。

```
huxian@huxians-MacBook-Pro bin % sh mqadmin queryMsgById -n 127.0.0.1:9876 -i 7F00000100002A9F00000000696A9E67 -g defaultConsumerGroup  -d 169.2
54.145.160@30631#221062049292750

RocketMQLog:WARN No appenders could be found for logger (io.netty.util.internal.InternalThreadLocalMap).
RocketMQLog:WARN Please initialize the logger system properly.
ConsumeMessageDirectlyResult [order=false, autoCommit=true, consumeResult=CR_SUCCESS, remark=null, spentTimeMills=1]
```

图 6-43

（7）执行"checkMsgSendRT"命令，获取生产消息的耗时时间。

如果开发人员需要获取生产消息的耗时时间，则执行"checkMsgSendRT"命令模板如下。

```
sh mqadmin checkMsgSendRT -n 127.0.0.1:9876 -t managementInformationSystem
-a 100 -s 128
```

"checkMsgSendRT"命令的参数详解如下。

- "-n 127.0.0.1:9876"：设置 Name Server 节点的 IP 地址。
- "-t managementInformationSystem"：设置 Topic 名称。
- "-a 100"：设置输出消息的条数。
- "-s 128"：设置消息体的大小，如 128B。

图 6-44 所示为获取生产消息的耗时时间，执行"checkMsgSendRT"命令模板之后的结果。

```
huxian@huxians-MacBook-Pro bin % sh mqadmin checkMsgSendRT -n 127.0.0.1:9876 -t managementInformationSystem -a 100 -s 128

RocketMQLog:WARN No appenders could be found for logger (io.netty.util.internal.InternalThreadLocalMap).
RocketMQLog:WARN Please initialize the logger system properly.
#Broker Name            #QID  #Send Result        #RT
broker-b                0     true                637
broker-b                1     true                2
broker-b                2     true                3
broker-b                3     true                2
broker-b                4     true                3
broker-b                5     true                2
broker-b                6     true                3
```

图 6-44

4. 使用与 Broker Server 相关的命令治理消息

（1）执行"brokerConsumeStats"命令，获取 Broker Server 中消费者的状态。

如果开发人员需要获取 Broker Server 中消费者的状态，则执行"brokerConsumeStats"命令。

执行"brokerConsumeStats"命令模板如下。

```
sh mqadmin brokerConsumeStats -n 127.0.0.1:9876 -b 127.0.0.1:10911 -t
100 -l 10 -o false
```

"brokerConsumeStats"命令的参数详解如下。

- "-n 127.0.0.1:9876"：设置 Name Server 节点的 IP 地址。
- "-b 127.0.0.1:10911"：设置 Broker Server 节点的 IP 地址。
- "-t 100"：设置消费消息的超时时间，如 100ms。
- "-l 10"：设置消费者的消费进度和 Broker Server 的物理偏移位置 offset 的偏差，如偏差为 10。
- "-o false"：设置消费者消费的 Topic 的顺序性。

图 6-45 所示为执行"brokerConsumeStats"命令模板之后的结果。

```
huxians-MacBook-Air:bin huxian$ sh mqadmin brokerConsumeStats -n 127.0.0.1:9876 -b 127.0.0.1:10940 -t 10000 -l 10 -o false
RocketMQLog:WARN No appenders could be found for logger (io.netty.util.internal.InternalThreadLocalMap).
RocketMQLog:WARN Please initialize the logger system properly.
#Topic                      #Group                      #Broker Name                  #QID  #Broker Offset
        #Consumer Offset    #Diff           #LastTime
function-topic              function-group              192.168.0.182-room1@broker-a  0     16416
        16249               167             2022-11-21 16:11:44
function-topic              function-group              192.168.0.182-room1@broker-a  1     16413
        16247               166             2022-11-21 16:11:45
function-topic              function-group              192.168.0.182-room1@broker-a  2     16418
        16251               167             2022-11-21 16:11:42
function-topic              function-group              192.168.0.182-room1@broker-a  3     16414
        16247               167             2022-11-21 16:11:43
function-topic              anonymous_function-topic    192.168.0.182-room1@broker-a  0     16416
        13695               2721            2022-11-15 17:20:36
function-topic              anonymous_function-topic    192.168.0.182-room1@broker-a  1     16413
        13689               2724            2022-11-15 17:20:37
function-topic              anonymous_function-topic    192.168.0.182-room1@broker-a  2     16418
        13695               2723            2022-11-15 17:20:38
function-topic              anonymous_function-topic    192.168.0.182-room1@broker-a  3     16414
        13695               2719            2022-11-15 17:20:40
connect-status-topic        StatusManage-DEFAULT_WORKER_3 192.168.0.182-room1@broker-a 0    4518
        1240                3278            2022-12-02 08:57:39
connect-status-topic        StatusManage-DEFAULT_WORKER_4 192.168.0.182-room1@broker-a 0    4518
        1240                3278            2022-12-02 08:57:39

Diff Total: 18344
```

图 6-45

（2）执行"brokerStatus"命令，获取 Broker Server 的运行状态。

如果开发人员需要获取 Broker Server 的运行状态，则执行"brokerStatus"命令。

执行"brokerStatus"命令模板如下。

```
sh mqadmin brokerStatus -n 127.0.0.1:9876 -b 127.0.0.1:10911 -c
DefaultCluster
```

"brokerStatus"命令的参数详解如下。

- "-n 127.0.0.1:9876"：设置 Name Server 节点的 IP 地址。
- "-b 127.0.0.1:10911"：设置 Broker Server 节点的 IP 地址。
- "-c DefaultCluster"：设置 Broker Server 节点集群的名称。

图 6-46 所示为执行"brokerStatus"命令模板之后的结果。

```
huxian@huxians-MacBook-Pro bin % sh mqadmin brokerStatus -n 127.0.0.1:9876 -b 127.0.0.1:10911 -c DefaultCluster

RocketMQLog:WARN No appenders could be found for logger (io.netty.util.internal.InternalThreadLocalMap).
RocketMQLog:WARN Please initialize the logger system properly.
EndTransactionQueueSize               : 0
EndTransactionThreadPoolQueueCapacity: 100000
bootTimestamp                         : 1644391131029
brokerVersion                         : 397
brokerVersionDesc                     : V4_9_2
commitLogDirCapacity                  : Total : 228.3 GiB, Free : 75.5 GiB.
commitLogDiskRatio                    : 0.63
commitLogDiskRatio_/Users/huxian/Downloads/rocketmq-env/rocketmq4.9.2-env/master-master/rocketmq-4.9.2-master2/store/commitlog: 0.63
commitLogMaxOffset                    : 1768595693
commitLogMinOffset                    : 1073741824
```

图 6-46

（3）执行"updateBrokerConfig"命令，更新 Broker Server 的配置信息。

如果开发人员需要更新 Broker Server 的配置信息，则执行"updateBrokerConfig"命令。

执行"updateBrokerConfig"命令模板如下。

```
sh mqadmin updateBrokerConfig -n 127.0.0.1:9876 -b 127.0.0.1:10911 -c
DefaultCluster -k traceTopicEnable -v true
```

"updateBrokerConfig"命令的参数详解如下。

- "-n 127.0.0.1:9876"：设置 Name Server 节点的 IP 地址。
- "-b 127.0.0.1:10911"：设置 Broker Server 节点的 IP 地址。
- "-c DefaultCluster"：设置 Broker Server 节点集群的名称。
- "-k traceTopicEnable"：设置 Key。
- "-v true"：设置 value。

图 6-47 所示为执行"updateBrokerConfig"命令模板之后的结果。

```
huxian@huxians-MacBook-Pro bin % sh mqadmin updateBrokerConfig -n 127.0.0.1:9876 -b 127.0.0.1:10911 -c DefaultCluster -k traceTopicEnable -v tru
e
RocketMQLog:WARN No appenders could be found for logger (io.netty.util.internal.InternalThreadLocalMap).
RocketMQLog:WARN Please initialize the logger system properly.
update broker config success, 127.0.0.1:10911
```

图 6-47

（4）执行"sendMsgStatus"命令，获取 Broker Server 中 Topic 的消息状态。

如果运维开发人员需要获取 Broker Server 中 Topic 的消息状态，则执行"sendMsgStatus"命令。

执行"sendMsgStatus"命令模板如下。

```
sh mqadmin sendMsgStatus -n 127.0.0.1:9876 -b broker-b -s 128 -c 2
```

"sendMsgStatus"命令的参数详解如下。

- "-n 127.0.0.1:9876"：设置 Name Server 节点的 IP 地址。
- "-b broker-b"：设置 Broker Server 节点的名称。
- "-s 128"：设置消息体的大小，如 128B。
- "-c 2"：设置输出消息条数，如 2 条。

图 6-48 所示为执行"sendMsgStatus"命令模板之后的结果。

```
huxian@huxians-MacBook-Pro bin % sh mqadmin sendMsgStatus -n 127.0.0.1:9876 -b broker-b -s 128 -c 2
RocketMQLog:WARN No appenders could be found for logger (io.netty.util.internal.InternalThreadLocalMap).
RocketMQLog:WARN Please initialize the logger system properly.
rt:1ms, SendResult=SendResult [sendStatus=SEND_OK, msgId=A9FE01247FC32F0E140B3FD3883E0001, offsetMsgId=7F00000100002A9F00000000696B6D33, message
Queue=MessageQueue [topic=broker-b, brokerName=broker-b, queueId=0], queueOffset=15752]rt:2ms, SendResult=SendResult [sendStatus=SEND_OK, msgId=
A9FE01247FC32F0E140B3FD388400002, offsetMsgId=7F00000100002A9F00000000696B6E5A, messageQueue=MessageQueue [topic=broker-b, brokerName=broker-b,
queueId=0], queueOffset=15753]
```

图 6-48

（5）执行"getBrokerConfig"命令，获取 Broker Server 的配置信息。

如果开发人员需要获取 Broker Server 的配置信息，则执行"getBrokerConfig"命令。

执行"getBrokerConfig"命令模板如下。

```
sh mqadmin getBrokerConfig -n 127.0.0.1:9876 -b 127.0.0.1:10911
```

"getBrokerConfig"命令的参数详解如下。

- "-n 127.0.0.1:9876"：设置 Name Server 节点的 IP 地址。
- "-b 127.0.0.1:10911"：设置 Broker Server 节点的 IP 地址。
- "-c DefaultCluster"：设置 Broker Server 节点集群的名称，其中，"-c"和"-b"参数有且只能设置一个。

图 6-49 所示为执行"getBrokerConfig"命令模板之后的结果。

```
huxian@huxians-MacBook-Pro bin % sh mqadmin getBrokerConfig -n 127.0.0.1:9876 -b 127.0.0.1:10911

RocketMQLog:WARN No appenders could be found for logger (io.netty.util.internal.InternalThreadLocalMap).
RocketMQLog:WARN Please initialize the logger system properly.
============127.0.0.1:10911============
serverSelectorThreads                    = 8
brokerRole                               = ASYNC_MASTER
serverSocketRcvBufSize                   = 131072
osPageCacheBusyTimeOutMills              = 1000
shortPollingTimeMills                    = 1000
clientSocketRcvBufSize                   = 131072
clusterTopicEnable                       = true
brokerTopicEnable                        = true
autoCreateTopicEnable                    = true
maxErrorRateOfBloomFilter                = 20
maxMsgsNumBatch                          = 64
cleanResourceInterval                    = 10000
commercialBaseCount                      = 1
maxTransferCountOnMessageInMemory        = 32
brokerFastFailureEnable                  = true
brokerClusterName                        = DefaultCluster
flushDiskType                            = ASYNC_FLUSH
```

图 6-49

（6）执行 "cleanUnusedTopic" 命令，清除 Broker Server 中所有没有使用的 Topic。

如果开发人员需要清除 Broker Server 中所有没有使用的 Topic（主要是清除存储引擎中无用的消费者队列 ConsumeQueue），则执行 "cleanUnusedTopic" 命令。

执行 "cleanUnusedTopic" 命令模板如下。

```
sh mqadmin cleanUnusedTopic -n 127.0.0.1:9876 -b 127.0.0.1:10911
```

"cleanUnusedTopic" 命令的参数详解如下。

- "-n 127.0.0.1:9876"：设置 Name Server 节点的 IP 地址。
- "-b 127.0.0.1:10911"：设置 Broker Server 节点的 IP 地址。
- "-c DefaultCluster"：设置 Broker Server 节点集群的名称，其中，"-c" 和 "-b" 参数有且只能设置一个。

清除存储引擎中无用的消费队列 ConsumeQueue 的逻辑如下。

- 从当前 Broker Server 节点中获取所有可用的消息主题，使用 "topics" 来表示。
- 遍历存储引擎中的存储消费者队列的本地缓存，如果 "topics" 中不包含消费者队列中的消息主题，且消息主题既不是 "定时消息主题 SCHEDULE_TOPIC_XXXX"，又不是事务消息主题 "RMQ_SYS_TRANS_OP_HALF_TOPIC"，则从本地缓存中删除消费者队列。

图 6-50 所示为执行 "cleanUnusedTopic" 命令模板之后的结果。

```
huxian@huxians-MacBook-Pro bin % sh mqadmin cleanUnusedTopic -n 127.0.0.1:9876 -b 127.0.0.1:10911

RocketMQLog:WARN No appenders could be found for logger (io.netty.util.internal.InternalThreadLocalMap).
RocketMQLog:WARN Please initialize the logger system properly.
success
```

图 6-50

（7）执行"cleanExpiredCQ"命令，清除 Broker Server 中所有失效的消费者队列。

如果开发人员需要清除 Broker Server 中所有失效的消费者队列，则执行"cleanExpiredCQ"命令。

执行"cleanExpiredCQ"命令模板如下。

```
sh mqadmin cleanExpiredCQ -n 127.0.0.1:9876 -b 127.0.0.1:10911
```

"cleanExpiredCQ"命令的参数详解如下。

- "-n 127.0.0.1:9876"，设置 Name Server 节点的 IP 地址。
- "-b 127.0.0.1:10911"，设置 Broker Server 节点的 IP 地址。
- "-c DefaultCluster"，设置 Broker Server 节点集群的名称，其中，"-c"和"-b"参数有且只能设置一个。

判定存储引擎中消费者队列失效的逻辑如下。

- 如果消费者队列的消息主题是定时消息主题"SCHEDULE_TOPIC_XXXX"，则不进行处理。
- 计算 CommitLog 文件最小存储消息的偏移位置的值，使用 minCommitLogOffset 变量来标识，如果消费者队列 lastOffset 小于 minCommitLogOffset，则表示消费者队列已经失效（该消费者队列已经不能消费消息），可以直接清除。

图 6-51 所示为执行"cleanExpiredCQ"命令模板之后的结果。

```
huxian@huxians-MacBook-Pro bin % sh mqadmin cleanExpiredCQ -n 127.0.0.1:9876 -b 127.0.0.1:10911

RocketMQLog:WARN No appenders could be found for logger (io.netty.util.internal.InternalThreadLocalMap).
RocketMQLog:WARN Please initialize the logger system properly.
success
```

图 6-51

5. 使用与消费者或消费组相关的命令治理消息

（1）执行"consumerProgress"命令，获取消费者消费消息的进度。

如果开发人员需要获取消费者消费消息的进度，则执行"consumerProgress"命令。

执行"consumerProgress"命令模板如下。

```
sh mqadmin consumerProgress -n 127.0.0.1:9876 -g defaultConsumerGroup -s true
```

"consumerProgress"命令的参数详解如下。

- "-n 127.0.0.1:9876"：设置 Name Server 节点的 IP 地址。
- "-g defaultConsumerGroup"：设置消费者组名称。
- "-s true"：输出消费者客户端 IP 地址。

图 6-52 所示为执行“consumerProgress”命令模板之后的结果。

```
huxian@huxians-MacBook-Pro bin % sh mqadmin consumerProgress -n 127.0.0.1:9876 -g defaultConsumerGroup -s true

RocketMQLog:WARN No appenders could be found for logger (io.netty.util.internal.InternalThreadLocalMap).
RocketMQLog:WARN Please initialize the logger system properly.
#Topic                            #Broker Name        #QID  #Broker Offset   #Consumer Offset   #Client IP   #Diff   #LastTime
%RETRY%defaultConsumerGroup       broker-b            0     0                0                  N/A          0       N/A
managementInformationSystem       broker-b            0     17               9                  N/A          8       2022-02-13 07:48:09
managementInformationSystem       broker-b            1     10               1                  N/A          9       2022-02-13 06:01:57
managementInformationSystem       broker-b            2     8                0                  N/A          8       N/A
managementInformationSystem       broker-b            3     8                0                  N/A          8       N/A
managementInformationSystem       broker-b            4     7                0                  N/A          7       N/A
managementInformationSystem       broker-b            5     7                0                  N/A          7       N/A
managementInformationSystem       broker-b            6     7                0                  N/A          7       N/A
managementInformationSystem       broker-b            7     7                0                  N/A          7       N/A
managementInformationSystem       broker-b            8     8                1                  N/A          7       2022-02-13 06:02:32
managementInformationSystem       broker-b            9     7                0                  N/A          7       N/A
managementInformationSystem       broker-b            10    7                0                  N/A          7       N/A
managementInformationSystem       broker-b            11    7                0                  N/A          7       N/A
managementInformationSystem       broker-b            12    8                1                  N/A          7       2022-02-11 20:40:23
managementInformationSystem       broker-b            13    7                0                  N/A          7       N/A
managementInformationSystem       broker-b            14    8                1                  N/A          7       2022-02-11 20:37:08
managementInformationSystem       broker-b            15    7                0                  N/A          7       N/A

Consume TPS: 0.00
Diff Total: 117
```

图 6-52

（2）执行“consumerStatus”命令，获取消费者的内部状态信息。

如果开发人员需要获取消费者的内部状态信息，则执行“consumerStatus”命令。

执行“consumerStatus”命令模板如下。

```
sh mqadmin consumerStatus -n 127.0.0.1:9876 -g defaultConsumerGroup -i
192.168.0.123@clientIdOne
```

“consumerStatus”命令的参数详解如下。

- “-n 127.0.0.1:9876”：设置 Name Server 节点的 IP 地址。
- “-g defaultConsumerGroup”：设置消费者组名称。
- “-i 192.168.0.123@clientIdOne”：设置消费者客户端实例 ID。

图 6-53 所示为执行“consumerStatus”命令模板之后的结果。

```
huxian@huxians-MacBook-Pro bin % sh mqadmin consumerStatus -n 127.0.0.1:9876 -g defaultConsumerGroup -i 192.168.0.123@clientIdOne

RocketMQLog:WARN No appenders could be found for logger (io.netty.util.internal.InternalThreadLocalMap).
RocketMQLog:WARN Please initialize the logger system properly.
#Consumer Properties#
maxReconsumeTimes                      : -1
adjustThreadPoolNumsThreshold          : 100000
unitMode                               : false
consumerGroup                          : defaultConsumerGroup
messageModel                           : CLUSTERING
allocateMessageQueueStrategy           : org.apache.rocketmq.client.consumer.rebalance.AllocateMessageQueueAveragely@4437d681
pullThresholdSizeForTopic              : -1
suspendCurrentQueueTimeMillis          : 1000
pullThresholdSizeForQueue              : 100
PROP_CLIENT_VERSION                    : V4_9_2
offsetStore                            : org.apache.rocketmq.client.consumer.store.RemoteBrokerOffsetStore@6698ce92
consumeConcurrentlyMaxSpan             : 2000
log                                    : org.apache.rocketmq.logging.InnerLoggerFactory$InnerLogger@6b989f5f
postSubscriptionWhenPull               : false
consumeTimestamp                       : 20220213154844
consumeMessageBatchMaxSize             : 1
PROP_CONSUME_TYPE                      : CONSUME_PASSIVELY
consumeTimeout                         : 15
```

图 6-53

（3）执行“updateSubGroup”命令，创建或更新订阅组。

如果开发人员需要创建或更新订阅组，则执行“updateSubGroup”命令。

> 🐟 提示：

在创建或更新一个订阅组时，需要设置备用 Slave 节点的 Broker ID，这样消费者在消费消息时，如果 Master 节点繁忙，则可以自动地切换到 Slave 节点消费消息。

当执行"updateSubGroup"命令时，需要确保 Broker Server 集群中的 Master 节点存在一一对应的 Slave 节点。

启动一个"主/从"的 Broker Server 集群，并执行"updateSubGroup"命令模板如下。

```
sh mqadmin updateSubGroup -n 127.0.0.1:9876  -c DefaultCluster -g
subConsumer -s true -m true -d false -q 1 -r 10 -i 0 -w 1 -a true
```

"updateSubGroup"命令的参数详解如下。

- "-n 127.0.0.1:9876"：设置 Name Server 节点的 IP 地址。
- "-b 127.0.0.1:10917"：设置 Broker Server 节点的 IP 地址。
- "-c DefaultCluster"：设置 Broker Server 节点集群的名称，其中，"-c"和"-b"参数有且只能设置一个。
- "-g subConsumer"：设置消费者组的名称。
- "-s true"：设置是否可以消费消息，true 表示可以。
- "-m true"：设置是否从最小的消费位置 offset 开始消费，true 表示可以。
- "-d false"：设置是否是广播消费模式，false 表示不是。
- "-q 1"：设置重试消息队列的数量。
- "-r 10"：设置消费消息时重试的最大次数。
- "-i 0"：设置消费消息的 Broker Server 的 Broker ID，0 代表 Master 节点。
- "-w 1"：设置消费消息的备用 Broker Server 的 Broker ID，非 0 代表 Slave 节点。
- "-a true"：如果消费者组的订阅关系已经变更且设置为 true，则表示需要通知消费者客户端，消费者客户端收到变更通知之后，立即执行负载均衡，从而刷新对应消息主题的消息路由信息。

图 6-54 所示为执行"updateSubGroup"命令模板之后的结果。

```
[huxian@huxians-MacBook-Pro bin % sh mqadmin updateSubGroup -n 127.0.0.1:9876  -c DefaultCluster -g subConsumer -s true -m true]
 -d false -q 1 -r 10 -i 0 -w 1 -a true
RocketMQLog:WARN No appenders could be found for logger (io.netty.util.internal.InternalThreadLocalMap).
RocketMQLog:WARN Please initialize the logger system properly.
create subscription group to 127.0.0.1:10917 success.
SubscriptionGroupConfig [groupName=subConsumer, consumeEnable=true, consumeFromMinEnable=true, consumeBroadcastEnable=false, r
etryQueueNums=1, retryMaxTimes=10, brokerId=0, whichBrokerWhenConsumeSlowly=1, notifyConsumerIdsChangedEnable=true]
```

图 6-54

（4）执行"getConsumerConfig"命令，根据订阅组的名称获取消费者的配置信息。

如果开发人员需要根据订阅组的名称获取消费者的配置信息，则执行"getConsumerConfig"命令。

执行"getConsumerConfig"命令模板如下。

```
sh mqadmin getConsumerConfig -n 127.0.0.1:9876 -g subConsumer
```

"getConsumerConfig"命令的参数详解如下。

- "-n 127.0.0.1:9876"：设置 Name Server 节点的 IP 地址。
- "-g subConsumer"：设置消费者组的名称。

图 6-55 所示为执行"getConsumerConfig"命令模板之后的结果。

```
huxian@huxians-MacBook-Pro bin % sh mqadmin getConsumerConfig -n 127.0.0.1:9876 -g subConsumer
RocketMQLog:WARN No appenders could be found for logger (io.netty.util.internal.InternalThreadLocalMap).
RocketMQLog:WARN Please initialize the logger system properly.
===============================DefaultCluster:broker-a===============================
groupName                              = subConsumer
consumeEnable                          = true
consumeFromMinEnable                   = true
consumeBroadcastEnable                 = false
retryQueueNums                         = 1
retryMaxTimes                          = 10
brokerId                               = 0
whichBrokerWhenConsumeSlowly           = 1
notifyConsumerIdsChangedEnable         = true
```

图 6-55

（5）执行"deleteSubGroup"命令，从 Broker Server 删除消费者的订阅组信息。

如果开发人员需要删除消费者的订阅组信息，则执行"deleteSubGroup"命令。

执行"deleteSubGroup"命令模板如下。

```
sh mqadmin deleteSubGroup -n 127.0.0.1:9876 -c DefaultCluster -g subConsumer
-r true
```

"deleteSubGroup"命令的参数详解如下。

- "-n 127.0.0.1:9876"：设置 Name Server 节点的 IP 地址。
- "-b 127.0.0.1:10917"：设置 Broker Server 节点的 IP 地址。
- "-c DefaultCluster"：设置 Broker Server 节点集群的名称，其中，"-c"和"-b"参数有且只能设置一个。
- "-g subConsumer"：设置消费者组的名称。
- "-r true"：如果设置为 true，则删除 Broker Server 中对应消费者组的消费进度缓存。

图 6-56 所示为执行"deleteSubGroup"命令模板之后的结果。

```
huxian@huxians-MacBook-Pro bin % sh mqadmin deleteSubGroup -n 127.0.0.1:9876 -c DefaultCluster -g subConsumer -r true
RocketMQLog:WARN No appenders could be found for logger (io.netty.util.internal.InternalThreadLocalMap).
RocketMQLog:WARN Please initialize the logger system properly.
delete subscription group [subConsumer] from broker [127.0.0.1:10917] in cluster [DefaultCluster] success.
delete topic [%RETRY%subConsumer] from cluster [DefaultCluster] success.
delete topic [%RETRY%subConsumer] from NameServer success.
delete topic [%DLQ%subConsumer] from cluster [DefaultCluster] success.
delete topic [%DLQ%subConsumer] from NameServer success.
```

图 6-56

6. 使用与 Name Server 相关的命令治理消息

（1）执行"addWritePerm"命令，将 Name Server 中 Broker Server 的权限修改为写。

如果运维开发人员需要将 Name Server 中 Broker Server 的权限修改为写，则执行"addWritePerm"命令。

执行"addWritePerm"命令模板如下。

```
sh mqadmin addWritePerm -n 127.0.0.1:9876 -b broker-a
```

"addWritePerm"命令的参数详解如下。

- "-n 127.0.0.1:9876"：设置 Name Server 节点的 IP 地址。
- "-b broker-a"：设置 Broker Server 节点的名称，主要指 Broker Server 配置信息中的 brokerName 参数。

图 6-57 所示为执行"addWritePerm"命令模板之后的结果。

```
huxian@huxians-MacBook-Pro bin % sh mqadmin addWritePerm -n 127.0.0.1:9876 -b broker-a
RocketMQLog:WARN No appenders could be found for logger (io.netty.util.internal.InternalThreadLocalMap).
RocketMQLog:WARN Please initialize the logger system properly.
add write perm of broker[broker-a] in name server[127.0.0.1:9876] OK, 12
```

图 6-57

（2）执行"getNamesrvConfig"命令，获取 Name Server 中的配置信息。

如果开发人员需要获取 Name Server 中的配置信息，则执行"getNamesrvConfig"命令。

执行"getNamesrvConfig"命令模板如下。

```
sh mqadmin getNamesrvConfig -n 127.0.0.1:9876
```

"getNamesrvConfig"命令的参数详解如下。

- "-n 127.0.0.1:9876"：设置 Name Server 节点的 IP 地址。

图 6-58 所示为执行"getNamesrvConfig"命令模板之后的结果。

```
sh mqadmin getNamesrvConfig -n 127.0.0.1:9876
RocketMQLog:WARN No appenders could be found for logger (io.netty.util.internal.InternalThreadLocalMap).
RocketMQLog:WARN Please initialize the logger system properly.
=============127.0.0.1:9876=============
serverChannelMaxIdleTimeSeconds         = 120
listenPort                              = 9876
serverCallbackExecutorThreads           = 0
serverAsyncSemaphoreValue               = 64
serverSocketSndBufSize                  = 65535
rocketmqHome                            = /Users/huxian/Downloads/rocketmq-env/rocketmq4.9.2-env/single-master/rock
etmq-4.9.2
clusterTest                             = false
serverSelectorThreads                   = 8
useEpollNativeSelector                  = false
orderMessageEnable                      = false
serverPooledByteBufAllocatorEnable      = true
```

图 6-58

（3）执行"updateKvConfig"命令，在 Name Server 中创建或删除 key-value 配置信息。

如果开发人员需要在 Name Server 中创建或删除 key-value 配置信息，则执行"updateKvConfig"命令。

执行"updateKvConfig"命令模板如下。

```
sh mqadmin updateKvConfig -n 127.0.0.1:9876 -s nameServerKeyValueTest -k
serverThreadNum -v 10
```

"updateKvConfig"命令的参数详解如下。

- "-n 127.0.0.1:9876"：设置 Name Server 节点的 IP 地址。
- "-s nameServerKeyValueTest"：设置 key-value 配置信息的命名空间名称。
- "-k serverThreadNum"：设置 key 字段名称。
- "-v 10"：设置 key 字段名称对应的取值。

图 6-59 所示为执行"updateKvConfig"命令模板之后的结果。

```
huxian@huxians-MacBook-Pro bin % sh mqadmin updateKvConfig -n 127.0.0.1:9876 -s nameServerKeyValueTest -k serverThreadNum -v 10
RocketMQLog:WARN No appenders could be found for logger (io.netty.util.internal.InternalThreadLocalMap).
RocketMQLog:WARN Please initialize the logger system properly.
create or update kv config to namespace success.
```

图 6-59

在部署 RocketMQ 的"namesrv"文件夹中的"kvConfig.json"文件时，新增以下 key-value 配置信息。

```
{"configTable":{"nameServerKeyValueTest":{"serverThreadNum":"10"}}}
```

（4）执行"updateNamesrvConfig"命令，更新 Name Server 中的配置信息。

如果开发人员需要更新 Name Server 中的配置信息，则执行"updateNamesrvConfig"命令。

执行"updateNamesrvConfig"命令模板如下。

```
sh mqadmin updateNamesrvConfig -n 127.0.0.1:9876 -k serverSelectorThreads
-v 10
```

"updateNamesrvConfig"命令的参数详解如下。

- "-n 127.0.0.1:9876"：设置 Name Server 节点的 IP 地址。
- "-k serverSelectorThreads"：设置 key 字段名称，其中，key 必须是 Name Server 配置信息中存在的字段，如"serverSelectorThreads"为 Name Server 服务端通信渠道中 NioEventLoopGroup 类或 EpollEventLoopGroup 类中的核心线程数。
- "-v 10"：设置 key 字段名称对应的取值。

图 6-60 所示为执行"updateNamesrvConfig"命令模板之后的结果。

```
huxian@huxians-MacBook-Pro bin % sh mqadmin updateNamesrvConfig -n 127.0.0.1:9876 -k serverSelectorThreads -v 10
RocketMQLog:WARN No appenders could be found for logger (io.netty.util.internal.InternalThreadLocalMap).
RocketMQLog:WARN Please initialize the logger system properly.
update name server config success![127.0.0.1:9876]
serverSelectorThreads : 10
```

图 6-60

（5）执行"wipeWritePerm"命令，删除 Name Server 中 Broker Server 的写权限。

如果开发人员需要删除 Name Server 中 Broker Server 的写权限，则执行"wipeWritePerm"命令。

执行"wipeWritePerm"命令模板如下。

sh mqadmin wipeWritePerm -n 127.0.0.1:9876 -b broker-a

"wipeWritePerm"命令的参数详解如下。

- "-n 127.0.0.1:9876"：设置 Name Server 节点的 IP 地址。
- "-b broker-a"：设置 Broker Server 节点的名称，主要指 Broker Server 配置信息中的参数 brokerName。

图 6-61 所示为执行"wipeWritePerm"命令模板之后的结果。

```
huxian@huxians-MacBook-Pro bin % sh mqadmin wipeWritePerm -n 127.0.0.1:9876 -b broker-a
RocketMQLog:WARN No appenders could be found for logger (io.netty.util.internal.InternalThreadLocalMap).
RocketMQLog:WARN Please initialize the logger system properly.
wipe write perm of broker[broker-a] in name server[127.0.0.1:9876] OK, 12
```

图 6-61

（6）执行"deleteKvConfig"命令，删除 Name Server 中的 key-value 配置信息。

如果开发人员需要删除 Name Server 中的 key-value 配置信息，则执行"deleteKvConfig"命令。

执行"deleteKvConfig"命令模板如下。

sh mqadmin deleteKvConfig -n 127.0.0.1:9876 -s nameServerKeyValueTest -k serverThreadNum

"deleteKvConfig"命令的参数详解如下。

- "-n 127.0.0.1:9876"：设置 Name Server 节点的 IP 地址。
- "-s nameServerKeyValueTest"：设置 key-value 配置信息的命名空间名称。
- "-k serverThreadNum"：设置 key 字段名称。

图 6-62 所示为执行"deleteKvConfig"命令模板之后的结果。

```
huxian@huxians-MacBook-Pro bin % sh mqadmin deleteKvConfig -n 127.0.0.1:9876 -s nameServerKeyValueTest -k serverThreadNum
RocketMQLog:WARN No appenders could be found for logger (io.netty.util.internal.InternalThreadLocalMap).
RocketMQLog:WARN Please initialize the logger system properly.
delete kv config from namespace success.
```

图 6-62

6.3.2 【实例】使用命令控制台，完成 RocketMQ 集群的扩容

💡 提示：

本实例的源码在本书配套资源的 "/chaptersix/dynamic-capacity-expansion" 目录下。

下面介绍使用命令控制台完成 RocketMQ 集群的扩容。

1. 业务场景

假如线上只有一个 Master 节点，在消息量比较小时是够用的（不考虑单点故障）。如果对产品开展了几次大型促销活动，导致峰值时间段的线上消息量呈几何倍数增加，单 Master 节点已经不能满足大流量消息的性能要求。运维人员和开发人员沟通之后，得出一个一致的结论：线上需要紧急扩容，并且需要设计一个完整的技术方案，确保扩容一个 Broker Server 节点时，不会影响线上的业务服务。

2. 技术方案

图 6-63 所示为 "使用命令控制台，完成 RocketMQ 集群扩容的技术方案"，具体步骤如下。

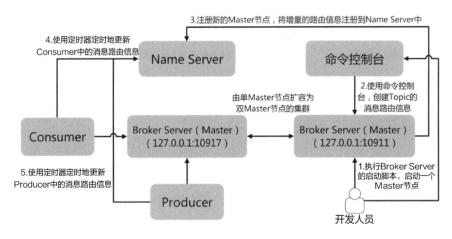

图 6-63

（1）执行 Broker Server 的启动脚本，启动一个新的 Master 节点 "127.0.0.1:10911"。

（2）使用命令控制台，在新的 Master 节点 "127.0.0.1:10911" 中创建消息路由信息（需要将

节点"127.0.0.1:10917"中对应服务的 Topic 信息，迁移到新的 Master 节点中）。

（3）注册新的 Master 节点，将增量的路由信息注册到 Name Server 中。

（4）使用定时器定时地更新 Consumer 中的消息路由信息。

（5）使用定时器定时地更新 Producer 中的消息路由信息。

总结，完成以上步骤之后就能实现 RocketMQ 集群的扩容，且不需要重启 Consumer 和 Producer。

3. 准备

准备环境，使用 RocketMQ 的部署包，快速搭建一个单 Master 节点的 Broker Server（127.0.0.1:10917）。

4. 验证

验证 RocketMQ 集群扩容的主要过程如下。

（1）模拟线上多个生产者实例的业务场景。

在生产者服务"dynamic-dilatation-broker-producer-server"中，使用 3 个线程启动 3 个生产者，具体如下。

- 使用 JDK 的固定线程池，启动第 1 个生产者线程。其中，生产者组名称为"defaultDynamicTestProducerA"，生产者客户端实例 ID 为"192.168.0.123@producerA"，生产消息的消息主题为"dynamicTestA"。
- 使用 JDK 的固定线程池，启动第 2 个生产者线程。其中，生产者组名称为"defaultDynamicTestProducerB"，生产者客户端实例 ID 为"192.168.0.123@producerB"，生产消息的消息主题为"dynamicTestB"。
- 使用 JDK 的固定线程池，启动第 3 个生产者线程。其中，生产者组名称为"defaultDynamicTestProducerC"，生产者客户端实例 ID 为"192.168.0.123@producerC"，生产消息的消息主题为"dynamicTestC"。

生产者服务"dynamic-dilatation-broker-producer-server"的具体代码实现可以参考本书配套源码。

（2）模拟线上多个消费者实例的业务场景。

在消费者服务"dynamic-dilatation-broker-consumer-server"中，启动 3 个消费者，具体如下。

- 启动第 1 个消费者。其中，消费者组为"defaultTestConsumerA"，消费者客户端 ID 为

"192.168.0.123@clientIdOne"，消费消息的消息主题为"dynamicTestA"。

- 启动第 2 个消费者。其中，消费者组为"defaultTestConsumerB"，消费者客户端 ID 为 "192.168.0.123@clientIdTwo"，消费消息的消息主题为"dynamicTestB"。
- 启动第 3 个消费者。其中，消费者组为"defaultTestConsumerC"，消费者客户端 ID 为 "192.168.0.123@clientIdThree"，消费消息的消息主题为"dynamicTestC"。

消费者服务"dynamic-dilatation-broker-consumer-server"的具体代码实现可以参考本书配套源码。

（3）启动服务。

启动生产者和消费者服务，开始生产和消费消息。为了更加真实地模拟线上环境，不要关闭这两个服务，确保实时在线。

（4）执行脚本命令"nohup sh mqbroker -n 127.0.0.1:9876 -c ../conf/broker.properties"，启动一个新的 Master 节点，并将这个节点注册到 Name Server 中。

执行"clusterList"命令动态查询集群信息，如图6-64所示，可以看到新的 Master 节点 broker-b 已经启动成功，并且生产消息和消费消息的流量为 0，说明实时在线的生产者服务和消费者服务并没有动态感知新扩容的 Master 节点。

```
huxian@huxians-MacBook-Pro bin % sh mqadmin clusterList -n 127.0.0.1:9876 -m true -i 10
RocketMQLog:WARN No appenders could be found for logger (io.netty.util.internal.InternalThreadLocalMap).
RocketMQLog:WARN Please initialize the logger system properly.
#Cluster Name    #Broker Name              #InTotalYest  #OutTotalYest  #InTotalToday  #OutTotalToday
DefaultCluster   broker-a                          2158           2158           7920            7931
DefaultCluster   broker-b                             0              0              0               0
```

图 6-64

这样，集群中就有两个 Master 节点，分别是"127.0.0.1:10917"（broker-a）和"127.0.0.1:10911"（broker-b）。

（5）使用命令控制台，在新的 Master 节点中，新增消息主题（dynamicTestA、dynamicTestB 和 dynamicTestC）的消息路由信息。

第 1 步，新增消息主题"dynamicTestA"的消息路由信息。

如果新增成功，则扩容的 Broker Server 节点中会持久化这条消息路由信息，并且将这条消息路由信息推送到 Name Server 中。同时生产者和消费者服务利用定时器定时地从 Name Server 中拉取最新的消息路由信息。这样，新扩容的 Broker Server 节点中就会形成消息主题"dynamicTestA"的生产消息和消费消息的流量。

使用命令控制台执行以下命令。

```
sh mqadmin updateTopic -n 127.0.0.1:9876 -b 127.0.0.1:10911 -t dynamicTestA
-r 4 -w 4 -p 6 -o false -u false -s false
```

执行"clusterList"命令动态查询集群信息,如图 6-65 所示,可以看到新扩容的节点"127.0.0.1: 10911"中已经产生了生产消息和消费消息的流量。

```
huxian@huxians-MacBook-Pro bin % sh mqadmin clusterList -n 127.0.0.1:9876 -m true -i 10
RocketMQLog:WARN No appenders could be found for logger (io.netty.util.internal.InternalThreadLocalMap).
RocketMQLog:WARN Please initialize the logger system properly.
#Cluster Name    #Broker Name              #InTotalYest  #OutTotalYest  #InTotalToday #OutTotalToday
DefaultCluster   broker-a                          2158           2158           9118          9129
DefaultCluster   broker-b                             0              0             17            17
```

图 6-65

第 2 步,同理新增消息主题"dynamicTestB"的消息路由信息;并验证生产消息和消费消息的流量。

第 3 步,同理新增消息主题"dynamicTestC"的消息路由信息,并验证生产消息和消费消息的流量。

至此就完成了"使用命令控制台扩容 RocketMQ 集群"的所有操作。

> 📣 提示:
>
> 真实环境中的消息主题肯定不止本书中用来演示的消息主题的数量。开发人员要结合项目中的实际业务场景,完成消息主题的迁移。
>
> 另外,如果消息主题信息太多,则可以直接将节点"127.0.0.1:10917"的部署目录"/store/config/"中的 subscriptionGroup.json 文件和 topics.json 文件直接复制到新节点"127.0.0.1:10911"对应的目录中,并重启新节点,完成消息主题的全量迁移。

6.3.3 【实例】使用命令控制台,完成 RocketMQ 集群的缩容

> 📣 提示:
>
> 本实例的源码在本书配套资源的"/chaptersix/dynamic-capacity-expansion"目录下。

下面介绍使用命令控制台,完成 RocketMQ 集群的缩容。

1. 业务场景

假如业务部每年都要开展几次大型促销活动(如"双 11"),每次大型促销活动期间都要进行技术稳定性升级,如"扩容集群"。如果大型促销活动持续一个月,一个月之后需要快速地缩容集群(主要是为了节约成本),那么 RocketMQ 集群作为"流量"和"颜值"担当的分布式消息系统,也要完成线上扩容之后的再缩容。

2. 技术方案

图 6-66 所示为"使用命令控制台,完成 RocketMQ 集群缩容的技术方案",具体步骤如下。

（1）开发人员使用命令控制台，将需要下线的 Master 节点（127.0.0.1:10911）设置为"只读"，具体使用"wipeWritePerm"命令。

（2）Broker Server 将最新的消息路由信息推送到 Name Server 中（Broker Server 会定时实现与 Name Server 集群中所有节点的心跳，用心跳机制来推送最新的消息路由信息）。

（3）Consumer 利用定时器，定时地从 Name Server 中获取最新的消息路由消息，并更新到 Consumer 的客户端实例的本地缓存中。

（4）Producer 利用定时器，定时地从 Name Server 中获取最新的消息路由消息，并更新到 Producer 的客户端实例的本地缓存中。

（5）Producer 利用最新的消息路由信息生产消息，只向节点"127.0.0.1:10917"写消息。

（6）Consumer 利用最新的消息路由信息消费消息，依然能同时消费两个节点中的消息。这里有一点需要考虑，那就是需要加快节点"127.0.0.1:10911"中消息的消费速度，确保该节点资源释放之前，所有堆积的消息都能消费完。

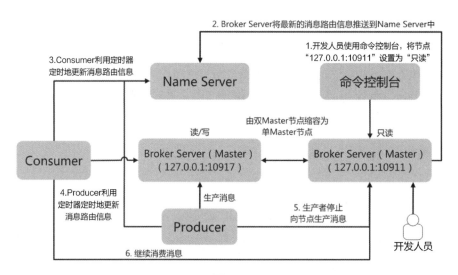

图 6-66

另外，为了更加真实地模拟线上"扩容之后，再缩容"的业务场景，这里使用"分布式配置开关"，手动地配置某个消息主题对应的生产者和消费者的数量，从而模拟出以下业务场景。

- 流量剧增，扩容一个 Broker Server 节点，为了提升生产者生产消息的能力，增加生产者的客户端实例数量。
- 流量剧增，扩容一个 Broker Server 节点，为了提升消费者消费消息的能力，增加消费者的客户端实例数量。

- 流量回归正常，缩容一个 Broker Server 节点，不需要更多的生产者，减少生产者的客户端实例数量。
- 流量回归正常，缩容一个 Broker Server 节点，不需要更多的消费者，减少消费者的客户端实例数量。

3. 准备

准备 RocketMQ 集群缩容的主要过程如下。

（1）搭建环境。

主要搭建 Nacos 和 Elastic Job 环境，前者是分布式配置中心，后者是分布式定时 Job。关于他们的原理，可以参考本书作者的另外一本书籍《Spring Cloud Alibaba 微服务架构实战派》。

（2）利用 Spring Boot 或 Spring Cloud Alibaba 框架，快速初始化一个生产者服务"dynamic-shrinkage-broker-producer-server"。

（3）在生产者服务"dynamic-shrinkage-broker-producer-server"中，实现了生产者的动态扩容和缩容。

启动一个定时任务 DynamicJob，定时地从配置中心读取与"扩容和缩容相关"的配置规则。按照规则将生产消息的生产者客户端实例，维护在一个存储生产者客户端实例的对象池中，具体设计流程如下。

第 1 步，加载"基础生产者实例"的配置信息。

- 定时任务定时地从配置中心读取"基础生产者实例"的配置信息，具体配置信息如下。

```
//基础生产者实例数量为 3 个，配置规则为"消息主题+客户端 IP 地址+实例名称+生产者组名称"
rocketmq.youxia.config.mappingRelation=dynamicShrinkageTest_127.0.0.1:5551_
dynamicShrinkageTestOne_dynamicShrinkageTest;dynamicShrinkageTest_127.0.0.1:
5552_dynamicShrinkageTestTwo_dynamicShrinkageTest;dynamicShrinkageTest_127.0.
0.1:5553_dynamicShrinkageTestThree_dynamicShrinkageTest
```

- 解析"基础生产者实例"的配置信息，按照规则生成 Producer，并维护在生产者客户端实例的对象池中。

第 2 步，加载"需要扩容的生产者实例"的配置信息。

- 定时任务定时地从配置中心读取"需要扩容的生产者实例"的配置信息，具体配置信息如下。

```
//扩容的生产者实例数量为 3 个，配置规则为"消息主题+客户端 IP 地址+实例名称+生产者组名称"
rocketmq.youxia.config.mappingRelationExt=dynamicShrinkageTest_127.0.0.1:
5554_dynamicShrinkageTestFour_dynamicShrinkageTest;dynamicShrinkageTest_127.
```

```
0.0.1:5555_dynamicShrinkageTestFive_dynamicShrinkageTest;dynamicShrinkageTest_
127.0.0.1:5556_dynamicShrinkageTestSix_dynamicShrinkageTest
```

- 如果开启扩容，则解析"需要扩容的生产者实例"的配置信息，按照规则生成 Producer，并维护在生产者客户端实例的对象池中。

第 3 步，加载"需要缩容的生产者实例"的配置信息。

- 定时任务定时地从配置中心读取"需要缩容的生产者实例"的配置信息，具体配置信息如下。

```
//缩容的生产者实例数量为 3 个，配置规则为"消息主题+客户端 IP 地址+实例名称+生产者组名称"
rocketmq.youxia.config.mappingRelationReduce=dynamicShrinkageTest_127.0.
0.1:5555_dynamicShrinkageTestFive_dynamicShrinkageTest;dynamicShrinkageTest_
127.0.0.1:5556_dynamicShrinkageTestSix_dynamicShrinkageTest
```

- 如果开启了缩容，则解析"需要缩容的生产者实例"的配置信息，并从生产者客户端实例对象池中剔除对应的生产者实例。

第 4 步，使用一个本地缓存记录"生产者实例扩容和缩容"的状态。

启动一个生产消息的定时任务 ProducerMessageJob 定时地生产消息，具体设计流程如下。

- 从分布式配置中心读取消息主题名称。
- 批量组装需要生产的消息，批量的条数可以通过配置调整。
- 从生产者客户端实例对象池 ProducerCenterPool 中，获取所有的生产者实例，并利用随机算法，随机获取一个生产者实例来生产消息。

（4）在服务"dynamic-shrinkage-broker-consumer-server"中，实现了消费者的动态扩容和缩容。

启动一个定时任务 DynamicJob，定时地从配置中心读取与"扩容和缩容相关"的配置规则。按照规则将消费消息的消费者客户端实例，维护在一个存储消费者客户端实例的对象池中，具体设计流程如下。

第 1 步，加载"基础消费者实例"的配置信息。

- 定时任务定时地从配置中心读取"基础消费者实例"的配置信息，具体配置信息如下。

```
//基础消费者实例数量为 3 个，配置规则为"消息主题+客户端 IP 地址+实例名称+消费者组名称"
rocketmq.youxia.config.mappingRelation=dynamicShrinkageTest_127.0.0.1:4551_
dynamicShrinkageTestOne_dynamicShrinkageTest;dynamicShrinkageTest_127.0.0.1:
4552_dynamicShrinkageTestTwo_dynamicShrinkageTest;dynamicShrinkageTest_127.0.
0.1:4553_dynamicShrinkageTestThree_dynamicShrinkageTest
```

- 解析"基础消费者实例"的配置信息,按照规则生成 Consumer,并维护在消费者客户端实例的对象池中。

第 2 步,加载"需要扩容的消费者实例"的配置信息。

- 定时任务定时地从配置中心读取"需要扩容的消费者实例"的配置信息,具体配置信息如下。

```
//扩容的消费者实例数量为 3 个,配置规则为"消息主题+客户端 IP 地址+实例名称+消费者组名称"
rocketmq.youxia.config.mappingRelationExt=dynamicShrinkageTest_127.0.0.1:
4554_dynamicShrinkageTestFour_dynamicShrinkageTest;dynamicShrinkageTest_127.
0.0.1:4555_dynamicShrinkageTestFive_dynamicShrinkageTest;dynamicShrinkageTest_
127.0.0.1:4556_dynamicShrinkageTestSix_dynamicShrinkageTest
```

- 如果开启了扩容,则解析"需要扩容的消费者实例"的配置信息,按照规则生成 Consumer,并维护在消费者客户端实例的对象池中。

第 3 步,加载"需要缩容的消费者实例"的配置信息。

- 定时任务定时地从配置中心读取"需要缩容的消费者实例"的配置信息,具体配置信息如下。

```
//缩容的消费者实例数量为 3 个,配置规则为"消息主题+客户端 IP 地址+实例名称+消费者组名称"
rocketmq.youxia.config.mappingRelationReduce=dynamicShrinkageTest_127.0.
0.1:4555_dynamicShrinkageTestFive_dynamicShrinkageTest;dynamicShrinkageTest_
127.0.0.1:4556_dynamicShrinkageTestSix_dynamicShrinkageTest
```

- 如果开启了缩容,则解析"需要缩容的消费者实例"的配置信息,按照规则生成 Consumer,并维护在消费者客户端实例的对象池中。

4. 验证

验证的主要过程如下。

(1)通过 Nacos 配置中心,设置生产者动态扩容和缩容的开关为关闭状态,这样默认有 3 个"基础生产者实例"来生产消息。在启动生产者服务"dynamic-shrinkage-broker-producer-server"之后,执行"producerConnection"命令,查询消息主题"dynamicShrinkageTest"的生产者实例的连接信息。

其中,执行"producerConnection"命令模板如下。

```
sh mqadmin producerConnection -n 127.0.0.1:9876 -g dynamicShrinkageTest -t
dynamicShrinkageTest
```

生产者服务已经启动了 3 个基础生产者实例生产消息,如图 6-67 所示。

```
huxian@huxians-MacBook-Pro bin % sh mqadmin producerConnection -n 127.0.0.1:9876 -g dynamicShrinkageTest -t dynamicShrinkageTest
RocketMQLog:WARN No appenders could be found for logger (io.netty.util.internal.InternalThreadLocalMap).
RocketMQLog:WARN Please initialize the logger system properly.
0001  127.0.0.1:5552@dynamicShrinkageTestTwo 127.0.0.1:53731           JAVA      V4_9_2
0002  127.0.0.1:5553@dynamicShrinkageTestThree 127.0.0.1:53733         JAVA      V4_9_2
0003  127.0.0.1:5551@dynamicShrinkageTestOne 127.0.0.1:53732           JAVA      V4_9_2
```

图 6-67

在 Nacos 配置中心中，修改 Data ID 名称为“dynamic-shrinkage-broker-producer-server”的配置文件，开启生产者实例的扩容开关，具体配置信息如下。

```
//扩容开关
rocketmq.youxia.config.dilatation=true
```

图 6-68 所示为开启扩容之后，生产者服务启动了 6 个生产者实例生产消息。

```
huxian@huxians-MacBook-Pro bin % sh mqadmin producerConnection -n 127.0.0.1:9876 -g dynamicShrinkageTest -t dynamicShrinkageTest
RocketMQLog:WARN No appenders could be found for logger (io.netty.util.internal.InternalThreadLocalMap).
RocketMQLog:WARN Please initialize the logger system properly.
0001  127.0.0.1:5552@dynamicShrinkageTestTwo 127.0.0.1:53735           JAVA      V4_9_2
0002  127.0.0.1:5554@dynamicShrinkageTestFour 127.0.0.1:53901          JAVA      V4_9_2
0003  127.0.0.1:5555@dynamicShrinkageTestFive 127.0.0.1:53900          JAVA      V4_9_2
0004  127.0.0.1:5556@dynamicShrinkageTestSix 127.0.0.1:53902           JAVA      V4_9_2
0005  127.0.0.1:5553@dynamicShrinkageTestThree 127.0.0.1:53736         JAVA      V4_9_2
0006  127.0.0.1:5551@dynamicShrinkageTestOne 127.0.0.1:53734           JAVA      V4_9_2
```

图 6-68

如果大型促销活动已经结束，需要缩容生产者实例，则可以开启缩容开关，具体配置信息如下。

```
//①生产者扩容开关
rocketmq.youxia.config.dilatation=false
//②生产者缩容开关
rocketmq.youxia.config.shrinkage=true
```

如图 6-69 所示，生产者服务剔除了需要缩容的生产者实例，并启动了 4 个生产者实例生产消息。

```
huxian@huxians-MacBook-Pro bin % sh mqadmin producerConnection -n 127.0.0.1:9876 -g dynamicShrinkageTest -t dynamicShrinkageTest
RocketMQLog:WARN No appenders could be found for logger (io.netty.util.internal.InternalThreadLocalMap).
RocketMQLog:WARN Please initialize the logger system properly.
0001  127.0.0.1:5553@dynamicShrinkageTestThree 127.0.0.1:53736         JAVA      V4_9_2
0002  127.0.0.1:5552@dynamicShrinkageTestTwo 127.0.0.1:53735           JAVA      V4_9_2
0003  127.0.0.1:5554@dynamicShrinkageTestFour 127.0.0.1:53901          JAVA      V4_9_2
0004  127.0.0.1:5551@dynamicShrinkageTestOne 127.0.0.1:53734           JAVA      V4_9_2
```

图 6-69

（2）通过 Nacos 配置中心，设置消费者动态扩容和缩容的开关为关闭状态，这样默认有 3 个“基础消费者实例”来生产消息。启动消费者服务“dynamic-shrinkage-broker-consumer-server”之后，执行“consumerConnection”命令，查询消息主题“dynamicShrinkageTest”的消费者实例的连接信息。

其中，执行“consumerConnection”命令模板如下。

```
sh mqadmin consumerConnection -n 127.0.0.1:9876 -g dynamicShrinkageTest
```

消费者服务已经启动了 3 个基础消费者实例消费消息，如图 6-70 所示。

```
huxian@huxians-MacBook-Pro bin % sh mqadmin consumerConnection -n 127.0.0.1:9876 -g dynamicShrinkageTest
RocketMQLog:WARN No appenders could be found for logger (io.netty.util.internal.InternalThreadLocalMap).
RocketMQLog:WARN Please initialize the logger system properly.
001  127.0.0.1:4552@dynamicShrinkageTestTwo 127.0.0.1:54240          JAVA      V4_9_2
002  127.0.0.1:4553@dynamicShrinkageTestThree 127.0.0.1:54243        JAVA      V4_9_2
003  127.0.0.1:4551@dynamicShrinkageTestOne 127.0.0.1:54237          JAVA      V4_9_2
```

图 6-70

在 Nacos 配置中心中，修改 Data ID 名称为"dynamic-shrinkage-broker-consumer-server"的配置文件，开启消费者实例的扩容开关，具体配置信息如下。

```
//消费者扩容开关
rocketmq.youxia.config.dilatation=true
```

图 6-71 所示为开启扩容之后，消费者服务启动了 6 个消费者实例消费消息。

```
huxian@huxians-MacBook-Pro bin % sh mqadmin consumerConnection -n 127.0.0.1:9876 -g dynamicShrinkageTest
RocketMQLog:WARN No appenders could be found for logger (io.netty.util.internal.InternalThreadLocalMap).
RocketMQLog:WARN Please initialize the logger system properly.
001  127.0.0.1:4553@dynamicShrinkageTestThree 127.0.0.1:54244       JAVA      V4_9_2
002  127.0.0.1:4551@dynamicShrinkageTestOne 127.0.0.1:54238         JAVA      V4_9_2
003  127.0.0.1:4554@dynamicShrinkageTestFour 127.0.0.1:54294        JAVA      V4_9_2
004  127.0.0.1:4555@dynamicShrinkageTestFive 127.0.0.1:54300        JAVA      V4_9_2
005  127.0.0.1:4556@dynamicShrinkageTestSix 127.0.0.1:54297         JAVA      V4_9_2
006  127.0.0.1:4552@dynamicShrinkageTestTwo 127.0.0.1:54241         JAVA      V4_9_2
```

图 6-71

如果大型促销活动已经结束，需要缩容消费者实例，则可以开启缩容开关，具体配置信息如下。

```
//①消费者扩容开关
rocketmq.youxia.config.dilatation=false
//②消费者缩容开关
rocketmq.youxia.config.shrinkage=true
```

如图 6-72 所示，消费者服务剔除了需要缩容的消费者实例，并启动了 4 个消费者实例消费消息。

```
huxian@huxians-MacBook-Pro bin % sh mqadmin consumerConnection -n 127.0.0.1:9876 -g dynamicShrinkageTest
RocketMQLog:WARN No appenders could be found for logger (io.netty.util.internal.InternalThreadLocalMap).
RocketMQLog:WARN Please initialize the logger system properly.
001  127.0.0.1:4551@dynamicShrinkageTestOne 127.0.0.1:54238         JAVA      V4_9_2
002  127.0.0.1:4554@dynamicShrinkageTestFour 127.0.0.1:54294        JAVA      V4_9_2
003  127.0.0.1:4553@dynamicShrinkageTestThree 127.0.0.1:54244       JAVA      V4_9_2
004  127.0.0.1:4552@dynamicShrinkageTestTwo 127.0.0.1:54241         JAVA      V4_9_2
```

图 6-72

（3）执行"wipeWritePerm"命令，将需要缩容的 Broker Server 节点（127.0.0.1:10911）设置为"只读"，代码如下。

```
sh mqadmin wipeWritePerm -n 127.0.0.1:9876 -b broker-b
```

如果 Broker Server 节点（127.0.0.1:10911）中的消息主题"dynamicShrinkageTest"还有消息堆积，则可以动态扩容消费者服务的消费者实例，从而加快消费消息的速度。

> 📖 提示：
>
> 在实际的线上环境中，一个 RocketMQ 集群会存在很多消息主题，如果开发人员想要利用扩容和

缩容的技术方案，则需要结合业务服务进行代码优化和重构。

（4）执行"brokerConsumeStats"命令，查看 Broker Server 节点（127.0.0.1:10911）中消费者的进度。如果不存在消息堆积，则可以下线该节点，并完成 RocketMQ 集群的缩容。

6.3.4 【实例】使用命令控制台，动态增加 Topic 的读/写消息队列的数量

☞ 提示：

本实例的源码在本书配套资源的 "/chaptersix/dynamic-queue-expansion" 目录下。

动态增加 Topic 的读/写消息队列的数量，能提高生产消息和消费消息的速度。

1. 业务场景

当开发人员上线一个消息主题时，没有手动设置读/写消息队列的数量，默认分别是 4 个。在上线一段时间之后，发现 4 个消息队列不能满足当前消息流量的性能要求，因此需要修改读/写消息队列的数量，从而提高生产消息和消费消息的速度。

2. 技术方案

动态增加 Topic 的读/写消息队列的数量，只是提高生产消息和消费消息速度的技术优化方式之一。因此，开发人员可以结合实际的业务场景进行优化方案的调整。

图 6-73 所示为"动态增加 Topic 的读/写消息队列的数量"。

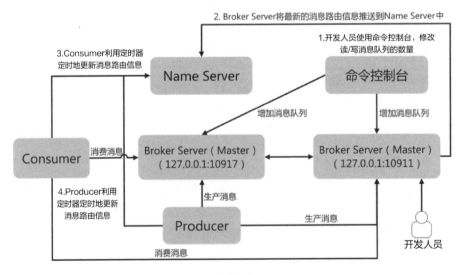

图 6-73

具体步骤如下。

（1）使用命令控制台执行"updateTopicPerm"命令，将 Master 节点"127.0.0.1:10911"中消息主题"dynamicQueueTest"的权限设置为"只读"，隔离写流量。

（2）使用命令控制台执行"updateTopic"命令，更新 Master 节点"127.0.0.1:10911"中的消息主题"dynamicQueueTest"，将读/写消息队列的数量修改为 16 个，并将权限设置为"读/写"。

（3）Consumer 利用定时器定时地更新消息路由信息，并实时地消费消息。

（4）Producer 利用定时器定时地更新消息路由信息，并实时地生产消息。

（5）执行"topicStatus"命令，观察 Master 节点"127.0.0.1:10911"中消息主题"increasedConcurrency"的运行状态，验证新增加消息队列的有效性。

针对 Master 节点"127.0.0.1:10917"，重复执行以上步骤。

3. 准备

搭建 RocketMQ 集群环境，主要包括两个 Master 节点："127.0.0.1:10911"和"127.0.0.1:10917"。

4. 验证

（1）快速初始化一个生产者服务"dynamic-queue-expansion-producer-server"，并启动 3 个生产者实例。

（2）快速初始化一个消费者服务"dynamic-queue-expansion-consumer-server"，并启动 3 个消费者实例。

（3）如果使用消息主题的默认配置，则读和写的消息队列的数量均为 4 个。

（4）执行"topicStatus"命令，查看消息主题"dynamicQueueTest"的状态，如图 6-74 所示。

```
huxian@huxians-MacBook-Pro bin % sh mqadmin topicStatus -n 127.0.0.1:9876 -t dynamicQueueTest
RocketMQLog:WARN No appenders could be found for logger (io.netty.util.internal.InternalThreadLocalMap).
RocketMQLog:WARN Please initialize the logger system properly.
#Broker Name          #QID  #Min Offset    #Max Offset      #Last Updated
broker-a              0     0              12               2022-02-23 15:13:50,302
broker-a              1     0              12               2022-02-23 15:14:00,313
broker-a              2     0              13               2022-02-23 15:14:10,334
broker-a              3     0              14               2022-02-23 15:14:20,374
broker-b              0     0              128              2022-02-23 15:14:30,446
broker-b              1     0              131              2022-02-23 15:14:30,447
broker-b              2     0              131              2022-02-23 15:14:20,374
broker-b              3     0              129              2022-02-23 15:14:30,447
```

图 6-74

发现"broker-a"和"broker-b"两个 Master 节点中，各自生成 4 个消息队列，每个消息队列都分摊了一部分消息流量。

（5）如果线上发现"broker-a"和"broker-b"的硬件配置非常好，需要动态增加消息队列数，从而提高生产和消费消息的速度，则执行"updateTopic"命令，动态扩容消息队列数，如增加到 16 个。

执行"updateTopic"命令，批量扩容集群中 Master 节点的消息主题"dynamicQueueTest"的消息队列数，具体配置信息如下。

```
sh mqadmin updateTopic -n 127.0.0.1:9876 -c DefaultCluster -t dynamicQueueTest
-r 16 -w 16 -p 6 -o false -u false -s false
```

不重启消费者和生产者服务，执行"topicStatus"命令，查看消息主题"dynamicQueueTest"的状态，如图 6-75 所示。我们从结果中可以看出，"broker-a"和"broker-b"两个 Master 节点各自生成了 16 个消息队列，并且每个消息队列都有消息流量。

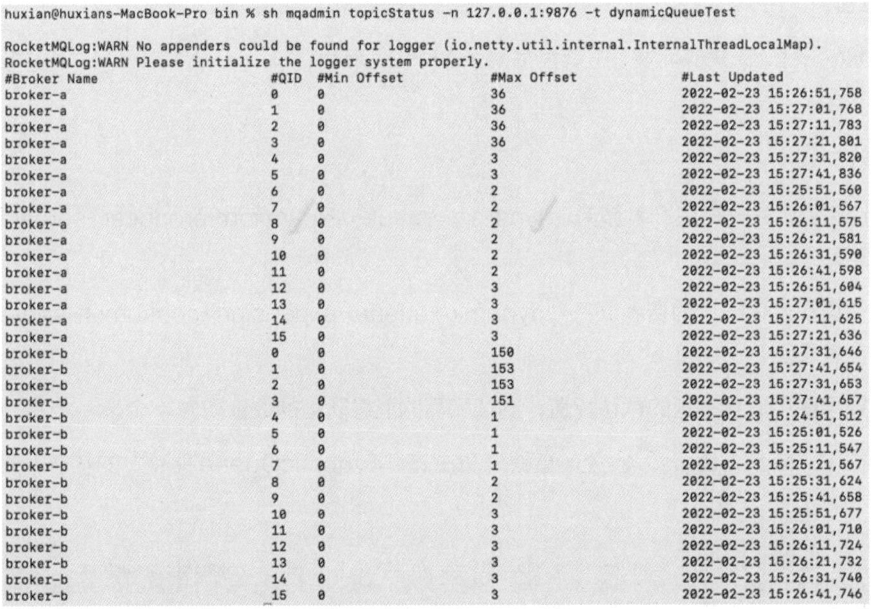

```
huxian@huxians-MacBook-Pro bin % sh mqadmin topicStatus -n 127.0.0.1:9876 -t dynamicQueueTest
RocketMQLog:WARN No appenders could be found for logger (io.netty.util.internal.InternalThreadLocalMap).
RocketMQLog:WARN Please initialize the logger system properly.
#Broker Name        #QID  #Min Offset    #Max Offset      #Last Updated
broker-a            0     0              36               2022-02-23 15:26:51,758
broker-a            1     0              36               2022-02-23 15:27:01,768
broker-a            2     0              36               2022-02-23 15:27:11,783
broker-a            3     0              36               2022-02-23 15:27:21,801
broker-a            4     0              3                2022-02-23 15:27:31,820
broker-a            5     0              3                2022-02-23 15:27:41,836
broker-a            6     0              2                2022-02-23 15:25:51,560
broker-a            7     0              2                2022-02-23 15:26:01,567
broker-a            8     0              2                2022-02-23 15:26:11,575
broker-a            9     0              2                2022-02-23 15:26:21,581
broker-a            10    0              2                2022-02-23 15:26:31,590
broker-a            11    0              2                2022-02-23 15:26:41,598
broker-a            12    0              3                2022-02-23 15:26:51,604
broker-a            13    0              3                2022-02-23 15:27:01,615
broker-a            14    0              3                2022-02-23 15:27:11,625
broker-a            15    0              3                2022-02-23 15:27:21,636
broker-b            0     0              150              2022-02-23 15:27:31,646
broker-b            1     0              153              2022-02-23 15:27:41,654
broker-b            2     0              153              2022-02-23 15:27:31,653
broker-b            3     0              151              2022-02-23 15:27:41,657
broker-b            4     0              1                2022-02-23 15:24:51,512
broker-b            5     0              1                2022-02-23 15:25:01,526
broker-b            6     0              1                2022-02-23 15:25:11,547
broker-b            7     0              1                2022-02-23 15:25:21,567
broker-b            8     0              2                2022-02-23 15:25:31,624
broker-b            9     0              2                2022-02-23 15:25:41,658
broker-b            10    0              3                2022-02-23 15:25:51,677
broker-b            11    0              3                2022-02-23 15:26:01,710
broker-b            12    0              3                2022-02-23 15:26:11,724
broker-b            13    0              3                2022-02-23 15:26:21,732
broker-b            14    0              3                2022-02-23 15:26:31,740
broker-b            15    0              3                2022-02-23 15:26:41,746
```

图 6-75

6.4 使用 UI 控制台治理消息

"RocketMQ Dashboard"是一个可视化的 UI 控制台，除了能给开发人员提供一些可视化的功能，还具备一定的消息治理功能。

6.4.1 "使用 UI 控制台治理消息"的原理

使用 UI 控制台治理消息可以从两个方面去治理：①度量；②管控。

1. 度量

如果一个系统是可以度量的，则可以参照这些度量指标值进行非功能性相关的架构设计。目前，RocketMQ 支持使用 UI 控制台实时地度量 Consumer、Producer 和 Broker Server 的状态。

（1）度量 Consumer。

在业务开发的过程中，开发人员一般将消费同一批消息类型的 Consumer 客户端归类到同一个消费组中。如果我们能实时地观察到业务服务中 Consumer 客户端的数量及 Consumer 客户端的状态（如 TPS、延迟等），则可以准确判断 Consumer 的健康状态，从而快速制定扩容/缩容方案。

通过命令事件控制台，从 Broker Server 中远程拉取度量 Consumer 的数据，虽然存在一定的延迟（定时器定时发起拉取数据的请求），但是能达到"辅助开发人员，度量 Consumer 健康状态"的效果。

度量 TPS 的具体过程如下。

第 1 步，当业务服务使用 Consumer 的 pull 模式、push 模式或 pop 模式成功消费消息之后，Broker Server 利用本地缓存（缓存 Key 为"GROUP_GET_NUMS"）记录对应消费者组和消费主题消费成功的消息数量，这个数量是实时更新的。

在成功消费消息之后，记录消费成功的消息数量，代码如下。

```
//①代码来源于 PullMessageProcessor 类的 processRequest()方法
switch (response.getCode()) {
    case ResponseCode.SUCCESS:
        //②如果成功消费消息，则记录消费成功的消息数量
        this.brokerController.getBrokerStatsManager().incGroupGetNums
            (requestHeader.getConsumerGroup(), requestHeader.getTopic(),
                getMessageResult.getMessageCount());
    ...
}
```

使用本地缓存存储消费成功的消息数量的部分代码实现如下。

```
//①代码来自于 BrokerStatsManager 类
private final HashMap<String, StatsItemSet> statsTable = new
    HashMap<String, StatsItemSet>();
public void incGroupGetNums(final String group, final String topic,
```

```
final int incValue) {
    //②构建缓存 Key，规则为 topic+"@" + group
    final String statsKey = buildStatsKey(topic, group);
    //③存储消费成功的消息数量
    this.statsTable.get(GROUP_GET_NUMS).addValue(statsKey, incValue, 1);
}
```

第 2 步，使用定时器定时地采样数据，为了满足不同的场景，RocketMQ 支持多种采样维度：
①按秒采样，采样周期为 10 秒，一分钟采样 6 次；②按分钟采样，采样周期为 10 分钟，一小时采
样 6 次；③按小时采样，采样周期为 1 小时，一天采样 24 次。采样周期越短，度量的实时性就越
强，而度量 TPS 的实时性要求非常高。因此，RocketMQ 按秒采样数据，代码如下。

```
private final LinkedList<CallSnapshot> csListMinute = new
    LinkedList<CallSnapshot>();
//①代码来源于 StatsItem 类
public void samplingInSeconds() {
    //②使用 csListMinute 存储采样值
    synchronized (this.csListMinute) {
        if (this.csListMinute.size() == 0) {
            //③初始化一个采样对象 CallSnapshot，采样时间为 10s，采样值为 0
            this.csListMinute.add(new CallSnapshot(System.
                currentTimeMillis()- 10 * 1000, 0, 0));
        }
        //④记录当前采样时间和采样值
        this.csListMinute.add(new
            CallSnapshot(System.currentTimeMillis(), this.times.sum(),
                this.value.sum()));
        //⑤如果采样次数为 7 次，则删除第一次的采样对象
        if (this.csListMinute.size() > 7) {
            this.csListMinute.removeFirst();
        }
    }
}
```

度量需要使用计数器，RocketMQ 采用 JDK 自带的计数器 LongAdder 类，这个计数器具有
线程安全的特点。开发人员也可以在业务开发中使用它来完成计数的功能。

第 3 步，有了采样数据后就需要计算 TPS，计算 TPS 的代码如下。

```
//①代码来源于 StatsItem 类
public StatsSnapshot getStatsDataInMinute() {
```

```
    //②计算"按秒采样"的数据,一分钟采样6次
    return computeStatsData(this.csListMinute);
}
private static StatsSnapshot computeStatsData(final
    LinkedList<CallSnapshot> csList) {
    StatsSnapshot statsSnapshot = new StatsSnapshot();
    //③添加同步锁
    synchronized (csList) {
        double tps = 0;
        double avgpt = 0;
        long sum = 0;
        long timesDiff = 0;
        if (!csList.isEmpty()) {
            CallSnapshot first = csList.getFirst();
            CallSnapshot last = csList.getLast();
            //④计算消费消息的总数量
            sum = last.getValue() - first.getValue();
            //⑤计算一分钟之内消费消息的TPS
            tps = (sum * 1000.0d) / (last.getTimestamp() -
                first.getTimestamp());
        //⑥RocketMQ支持批量消费消息,在批量消费消息时需要计算消费消息请求的总次数
            timesDiff = last.getTimes() - first.getTimes();
            if (timesDiff > 0) {
                //⑦计算消费消息的平均值
                avgpt = (sum * 1.0d) / timesDiff;
            }
        }
        //⑧将度量值存储在快照对象StatsSnapshot中
        statsSnapshot.setSum(sum);
        statsSnapshot.setTps(tps);
        statsSnapshot.setAvgpt(avgpt);
        statsSnapshot.setTimes(timesDiff);
    }
    //⑨返回计算结果
    return statsSnapshot;
}
```

度量延迟的代码如下。

```
//①代码来源于 ConsumeStats 类
public long computeTotalDiff() {
    long diffTotal = 0L;
    Iterator<Entry<MessageQueue, OffsetWrapper>> it = this.offsetTable.
        entrySet().iterator();
    //②遍历快照数据中的本地缓存 offsetTable，本地缓存主要用来存储 Broker Server
        和 Consumer 的进度偏移量 Offset
    while (it.hasNext()) {
        Entry<MessageQueue, OffsetWrapper> next = it.next();
        //③计算 Broker Server 和 Consumer 进度的偏差，并进行累加
        long diff = next.getValue().getBrokerOffset() - next.getValue()
            .getConsumerOffset();
        diffTotal += diff;
    }
    //④返回最终的偏差值（Consumer 落后 Broker Server 的偏移量 Offset）
    return diffTotal;
}
```

（2）度量 Producer。

在业务开发的过程中，开发人员一般将生产同一批消息类型的 Producer 客户端归类到同一个生产组中。RocketMQ 也支持按照生产者组名称来度量 Producer 客户端实例的状态，这样开发人员可以实时查看到线上正在运行的 Producer 客户端实例的数量，方便评估 Producer 客户端所在业务服务的消息容量。

🔔 提示：

RocketMQ 还支持度量集群中所有 Producer 客户端生产消息的总 TPS 和某个消息主题中生产消息的总 TPS（会有时间区间）。但是，它是通过 "定时任务（发起 RPC 命令请求）+本地缓存" 实现的，具有一定的延迟性。

（3）度量 Broker Server。

目前，RocketMQ 支持度量 Broker Server 节点信息和集群信息，代码如下。

```
private final HashMap<String, BrokerData> brokerAddrTable;
private final HashMap<String, Set<String>> clusterAddrTable;
//①代码来源于 RouteInfoManager 类
public byte[] getAllClusterInfo() {
    ClusterInfo clusterInfoSerializeWrapper = new ClusterInfo();
    //②获取 Name Server 中缓存的 Broker Server 节点信息
```

```
clusterInfoSerializeWrapper.setBrokerAddrTable(this.
    brokerAddrTable);
//③获取 Name Server 中缓存的集群信息
clusterInfoSerializeWrapper.setClusterAddrTable(this.
    clusterAddrTable);
return clusterInfoSerializeWrapper.encode();
}
```

这样，UI 控制台通过 RPC 命令事件 RequestCode.GET_BROKER_CLUSTER_INFO，可以实时地度量 Broker Server。

除了支持以上功能的度量，RocketMQ 还支持"消息路由信息"、"消息"与"消息大屏统计"的度量，这里就不再赘述。

2. 管控

RocketMQ 主要支持消息路由信息、订阅组信息和消费进度的管控。

（1）动态变更 Broker Server 中的消息路由信息。

目前，RocketMQ 支持创建、修改和删除消息路由信息。如果在 UI 控制台的界面发起一次创建或更新消息路由信息的请求，则 UI 控制台向 Broker Server 发起一次 RPC 命令事件请求，使用 Broker Server 来处理 RPC 请求，完成消息路由信息的创建或修改，最终会重新注册 Broker Server 节点，并将新的消息路由信息同步到 Name Server 中。

RPC 命令事件请求代码如下。

```
//①创建或修改消息路由信息
RequestCode.UPDATE_AND_CREATE_TOPIC
//②删除消息路由信息
RequestCode.DELETE_TOPIC_IN_BROKER
```

Consumer 客户端或 Producer 客户端利用定时器，定时地从 Name Server 中拉取最新的消息路由信息，并更新到客户端消息路由信息的本地缓存中。

> 📰 提示：
>
> 完成一次创建或更新操作会存在一定的延迟，甚至会存在数据不一致性的风险。但是消息路由信息变更的频率不是特别高，并且它对数据不一致性的要求也没有那么高。因此，在一般的业务场景下，这样管控消息路由信息是没有问题的。

> 📰 提示：
>
> RocketMQ 支持单个或批量变更集群中所有 Broker Server 节点的消息路由信息，如果线上的集群

规模比较小，则可以直接采用单个变更；如果线上的集群规模非常大，则建议采用批量变更，这样能确保所有 Name Server 节点、Broker Server 节点、Consumer 客户端及 Producer 节点中的消息路由信息，尽快达到最终的数据一致性。

（2）动态更改订阅组信息。

目前，RocketMQ 支持创建、修改和删除订阅组信息。如果在 UI 控制台的界面发起一次创建或修改订阅组信息的请求，则 UI 控制台向 Broker Server 发起一次 RPC 命令事件请求，使用 Broker Server 处理 RPC 请求，并完成订阅组信息的创建或修改。

除了将订阅组信息存储到 Broker Server 节点的本地缓存中，Broker Server 还会将最新的订阅组信息持久化到本地文件中。

```
//①创建或修改订阅组信息
RequestCode.UPDATE_AND_CREATE_SUBSCRIPTIONGROUP
//②删除订阅组信息
RequestCode.DELETE_SUBSCRIPTIONGROUP
```

当 Consumer 客户端发起一次消费消息的请求，Broker Server 处理请求时，都会从本地缓存中实时地获取最新的订阅组信息。

3. 治理消息

当 UI 控制台输出度量和管控之后，我们在业务开发过程中就可以充分利用这些功能治理消息。下面列举一些应用场景。

（1）消息主题的消息队列的数量不够用，需要扩容消息队列。

（2）线上要切换处理消费消息请求的 Broker Server 节点的流量，需要调整某个 Broker Server 节点中消息主题的读/写权限。

（3）线上 RocketMQ 集群中的一个 Broker Server 出现硬件故障，需要快速将 Producer 客户端的生产请求和 Consumer 客户端消费消息的请求转移到其他 Broker Server 节点上，此时可以调整消息路由信息。

（4）某个消费者组的 Consumer 实例出现故障，需要优雅地关闭该消费者组消费消息的流量请求，此时可以禁用消费组。

（5）某个消费者组出现了大量的消费堆积，经过排查发现，堆积的消息是 Producer 客户端出现故障，导致生产了很多重复的消息，此时可以重置消费者消费消息进度，从而快速解决消息堆积的问题。

以上只是列举了部分使用 UI 控制台治理消息的场景。开发人员可以在实际工作中结合具体的业务场景来调整治理消息的策略。

6.4.2　【实例】使用 UI 控制台手动地禁用消费者组

☞ 提示:

本实例的源码在本书配套资源的"/chaptersix/dynamic-queue-expansion"目录下。

下面介绍使用 UI 控制台手动地禁用消费者组。

1. 业务场景

如果线上订阅组中的消费者实例出现功能 Bug,则需要紧急下线,但是消费者实例所在的消费者服务不支持动态下线"消费消息"的功能。

2. 技术方案

在使用 UI 控制台的消费者模块中,修改消费者组的订阅关系,并设置该消费者组不可以消费消息。

3. 准备

为了更加真实地模拟线上环境,本节提供了一个生产者服务"dynamic-disable-producer-server"和一个消费者服务"dynamic-disable-consumer-server"。

准备如下。

- 在生产者服务中,启动了 3 个生产者客户端实例。
- 在消费者服务中,启动了 3 个消费者客户端实例。
- 启动两个 Master 节点的 RocketMQ 集群(broker-a 和 broker-b)。

具体代码可以参考本书配套源码。

4. 验证

(1)启动生产者服务和消费者服务,使用 UI 控制台可以看到已经启动了 3 个消费者客户端实例(见图 6-76)和 3 个生产者客户端实例(见图 6-77)。

图 6-76

图 6-77

（2）使用 UI 控制台修改订阅关系，并设置消费组不可以消费。

如图 6-78 所示，设置 Master 节点 broker-a 中的消费者组"disableConsumerTest"不可以消费消息。同理设置另一个 Master 节点 broker-b 中的值。

图 6-78

使用 UI 控制台查看消费者实例已经暂停消费消息，如图 6-79 所示。

图 6-79

6.4.3　【实例】使用 UI 控制台重置消费者进度

📖 提示:

本实例的源码在本书配套资源的 "/chaptersix/dynamic-reset-expansion" 目录下。

下面介绍使用 UI 控制台重置消费者进度。

1. 业务场景

如果生产者出现异常，发送大量重复的消息，消费者一直在消费同一条消息，这时就需要使用 UI 控制台重置消费者进度。

2. 技术方案

线上实施步骤如下。

- 计算生产者服务出现重复消息的开始时间和结束时间。
- 使用 UI 控制台重置消费进度，参数为开始时间和结束时间之间的某个时间。
- 不用重启消费者服务，可以自动地加快消费的速度，从而间接地解决消息堆积的问题。

3. 准备

为了更加真实地模拟线上环境，本节提供了一个生产者服务 "dynamic-reset-producer-server" 和一个消费者服务 "dynamic-reset-consumer-server"。

准备如下。

- 在生产者服务中，启动了 3 个生产者客户端实例。
- 在消费者服务中，启动了一个消费者客户端实例。其中，只启动一个消费者客户端主要是为了模拟 "生产者客户端实例生产了大量的重复消息，而消费者实例处理速度太慢，导致出现消息堆积" 的问题。
- 启动两个 Master 节点的 RocketMQ 集群（broker-a 和 broker-b）。

具体代码可以参考本书配套源码。

4. 验证

（1）启动生产者服务和消费者服务，使用 UI 控制台可以看到已经启动了一个消费者客户端实例和 3 个生产者客户端实例。

从图 6-80 中的 "Delay" 标签中可以看到出现消息堆积的问题。

（2）为了更加清晰地看到重置后的效果，可以提前设置消息主题的权限为 "只读"。

343

图 6-80

（3）使用 UI 控制台重置消费进度（参数为当前系统时间）。当执行完成后，消息堆积问题已经解决，消息延迟为 0，如图 6-81 所示。

图 6-81

第 7 章
实现分布式事务

业务从单体架构向微服务架构演进是目前技术发展的一个趋势，那么单体架构又是如何被拆分为微服务的呢？一般我们采用水平拆分和垂直拆分两种拆分模式。

- 如果采用水平拆分，则保留原来的表结构，只是做数据的搬运工，如分库和分表（此时数据分散到不同数据库的不同表中，表结构一致）。
- 如果采用垂直拆分，则会破坏原来的表结构，先将大表按照规则拆分成若干小表（新的表模型和旧的表模型差异性非常大），再做数据的搬运工。

无论采用水平拆分还是垂直拆分，只要涉及表数据的搬运，就会涉及一个技术难题"如何保证分库分表之后的数据一致性"，这就是本章需要探讨的话题"分布式事务"。当然本章不会详细分析分布式事务的原理，如果读者感兴趣，则可以查阅分布式事务相关的书籍。本章从 RocketMQ 事务消息的视角分析落地分布式事务的必要条件和相关原理。

7.1 什么是分布式事务

事务可以分为本地事务和分布式事务，在理解分布式事务之前，一定要先理解本地事务。

7.1.1 本地事务

1. 本地事务的概念

事务是由多个计算任务构成的一个具有明确边界的工作集合。它包含以下两个目的。

- 为数据库操作提供一个从"失败态"恢复到"正常态"的方法，提供在数据库出现异常时确保数据一致性的方法。
- 当多个应用在并发访问数据库时，可以隔离应用，确保应用能安全地访问数据库。

本地事务需要具备以下 4 个特性（ACID）。

- 原子性（Atomicity，简称 A）：事务作为一个整体被执行，对数据库的操作要么都被执行，要么都不被执行。
- 一致性（Consistency，简称 C）：事务应确保数据库的状态从一个"一致状态"转变为另一个"一致状态"。一致状态是指数据库中的数据满足完整性约束。
- 隔离性（Isolation，简称 I）：在多个事务并发执行时，一个事务的执行不能影响其他事务的执行。
- 持久性（Durability，简称 D）：一旦某个事务被提交，它对数据库的修改应该被永久保存在数据中。

以上是事务特性的标准总结，但是在实际分布式环境中，上面 4 个特性并不正交，A、I 和 D 是手段，而 C 是目的，即本地事务需要重点关注的是 A、I 和 D。

由于本书以 Java 为主要编程语言，因此通过 Java 来分析本地事务。在 Java 中，要理解本地事务，需要重点关注 Java 支持的事务隔离级别和事务传播性。

Java 支持的事务隔离级别如下。

- 默认（ISOLATION_DEFAULT）：该级别表示使用 Java 支持的数据库的默认隔离级别。
- 读未提交（ISOLATION_READ_UNCOMMITTED）：该级别表示一个事务可以读取另一个事务修改但还没有提交的数据，该级别不能防止"脏读"、不可重复读和幻读，因此很少使用。
- 读已提交（ISOLATION_READ_COMMITTED）：该级别表示事务能看到的数据都是其他事务已经提交的修改，即保证不会看到任何中间性状态，"脏读"也不会出现。读已提交仍然是比较低级别的隔离，并不会保证再次读取时能获取同样的数据，即允许其他事务并发修改数据，允许不可重复读和幻读出现。
- 可重复读（ISOLATION_REPEATABLE_READ）：该级别表示一个事务在整个过程中可以多次重复地执行某一个查询，并且每次返回的结果都一样，可以防止"脏读"和不可重复读。
- 串行化（ISOLATION_SERIALIZABLE）：该级别表示所有事务依次顺序执行，这样事务之间就不会产生干扰，该级别可以防止"脏读"、不可重复读和幻读。

Java 支持的事务传播性如下。

- PROPAGATION_REQUIRED：如果当前数据库连接上下文中存在事务，将 SQL 请求加入该事务中；如果不存在事务，则创建一个新的事务（如果 A 方法和 B 方法都使用注解开启了一个事务，则 A 方法内部调用 B 方法，在执行的过程中将这两个事务合并为一个事务）。

- PROPAGATION_SUPPORTS：如果当前数据库连接上下文中存在事务，则将 SQL 请求加入该事务中；如果不存在事务，则以非事务模式运行 SQL 请求。
- PROPAGATION_MANDATORY：如果当前数据库连接上下文中存在事务，则将 SQL 请求加入该事务中；如果不存在事务，则直接抛出异常。
- PROPAGATION_REQUIRES_NEW：重新创建一个新的事务，如果当前数据库连接上下文中存在事务，则暂停该事务（当 A 类的 a() 方法采用 PROPAGATION.REQUIRED 模式，B 类的 b() 方法采用 PROPAGATION.REQUIRES_NEW 模式时，在 a() 方法中调用 b() 方法操作数据库，然而 a() 方法抛出异常后，b() 方法并没有进行回滚，因为 PROPAGATION.REQUIRES_NEW 会暂停 a() 方法的事务）。
- PROPAGATION_NOT_SUPPORTED：以非事务模式运行 SQL 语句，如果当前数据库连接上下文中存在事务，则暂停该事务。
- PROPAGATION_NEVER：以非事务模式运行 SQL 语句，如果当前数据库连接上下文中存在事务，则抛出异常。
- PROPAGATION_NESTED：与 PROPAGATION_REQUIRED 的效果一样。

通常比较常用的数据库有 MySQL、Oracle 和 PostgreSQL，它们支持的隔离级别如表 7-1 所示。

表 7-1 MySQL、Oracle 和 PostgreSQL 支持的隔离级别

Java 中的隔离级别	MySQL	Oracle	PostgreSQL
默认	支持，默认为可重复读	支持，默认为读已提交	支持，默认为读已提交
读未提交	支持	不支持	不支持
读已提交	支持	支持	支持
可重复读	支持	不支持	支持
串行化	支持	支持	支持

隔离级别自上而下，对 A、I 和 D 支持粒度依次递增，从而实现 C 的强度也越来越大，但是性能也是依次递减的。MySQL 默认支持"可重复读"，Oracle 和 PostgreSQL 默认支持"读已提交"，所以 MySQL 的隔离级别是最高的。还有一种特殊的隔离级别"只读"，它是 Oracle 独有的。

2. 为什么需要本地事务

在介绍完本地事务的概念后，我们再来分析"为什么需要本地事务"。其实使用本地事务的最终目的就是解决数据一致性（ACID 中的 C）。

这里不要有一个误区，ACID 不是本地事务独有的特性，它是分布式系统中所有参与者都具备的

特性，所以解决数据一致性并不是只能依靠本地事务，还有很多其他技术手段。

（1）使用本地事务来解决数据的原子性和持久性。

原子性和持久性在事务里是密切相关的两个属性。

- 原子性保证了事务的多个操作要么都生效要么都不生效，不会存在中间状态。
- 持久性保证了一旦事务生效，就不会再因为任何原因而导致其修改的内容被撤销或丢失。

显而易见，数据必须成功写入磁盘、磁带等持久化存储器后才能拥有持久性，只存储在内存中的数据，一旦遇到程序忽然崩溃、数据库崩溃、操作系统崩溃、机器突然断电宕机（后面统称为崩溃 "Crash"）等情况就会丢失。实现原子性和持久性所面临的困难是，"写入磁盘"这个操作不会是原子的，不仅有"写入"与"未写入"，还客观存在着"正在写"的中间状态。

我们可以将数据恢复操作称为"崩溃恢复"（Crash Recovery、Failure Recovery 或 Transaction Recovery）。为了能够顺利完成崩溃恢复，在磁盘中写数据就不能像程序修改内存中变量值那样，直接改变某表某行某列的某个值，必须将修改数据这个操作所需的全部信息（如修改什么数据、数据物理上位于哪个内存页和磁盘块中、从什么值改成什么值等），以日志的形式（日志是指仅进行顺序追加的文件写入方式，这是最高效的写入方式）先记录到磁盘中。只有在日志记录全部都安全落盘，见到代表事务成功提交的 "Commit Record" 后，数据库才会根据日志上的信息对真正的数据进行修改，修改完成后，在日志中加入一条 "End Record"，表示事务已完成持久化，这种事务实现方法被称为 "Commit Logging"。

> 🐭 提示：
>
> 通过日志实现事务的原子性和持久性是目前的主流方案，但并非唯一选择。除了使用日志，还可以使用 Shadow Paging（影子分页）事务实现机制，常用的轻量级数据库 SQLite Version 3 采用的就是 Shadow Paging。

我们可以简单地了解一下 Shadow Paging 技术。它的大体思路是，对数据的变动会写到硬盘的数据中，但并不是直接修改原先的数据，而是先将数据复制一份副本，保留原始数据，修改副本数据。在事务过程中，被修改的数据会同时存在两份，一份是修改前的数据，另一份是修改后的数据，这也是"影子"（Shadow）这个名字的由来。当事务成功提交，所有数据的修改都成功持久化之后，最后一步要修改数据的引用指针，将引用从原始数据改为新复制出来修改后的副本，"修改指针"这个操作将被认为是原子操作，所以 Shadow Paging 也可以保证原子性和持久性。Shadow Paging 相对简单，但在涉及隔离性与锁时，Shadow Paging 实现的事务并发功能相对有限，因此在高性能的数据库中应用不多。

Commit Logging 能保障数据持久性、原子性的原理并不难理解。

首先，日志一旦成功写入 Commit Record，那么整个事务就是成功的，即使修改数据时崩溃了，重启后根据已经写入磁盘的日志信息恢复现场、继续修改数据即可，这就保证了持久性。

其次，如果日志没有写入成功就发生崩溃，系统重启后会看到一部分没有 Commit Record 的日志，则将这部分日志标记为回滚状态即可，整个事务就像完全没有发生过一样，这就保证了原子性。

最后，Commit Logging 实现事务简单清晰，也有一些数据库就是采用 Commit Logging 机制来实现事务的（具有代表性的是阿里巴巴的 OceanBase）。

但是，Commit Logging 存在一个巨大的缺陷：所有对数据的真实修改都必须发生在事务提交、日志写入了 Commit Record 之后，无论是事务提交前磁盘 I/O 有足够空闲，还是某个事务修改的数据量非常庞大，占用大量的内存缓冲，不管何种理由，都决不允许在事务提交之前就开始修改磁盘上的数据，这一点对提升数据库的性能是很不利的。

为了解决这个缺陷，ARIES（Algorithms for Recovery and Isolation Exploiting Semantics，基于语义的恢复与隔离算法）提出了"Write-Ahead Logging"（WAL）的日志改进方案，其名字里所谓的"提前写入"（Write-Ahead），就是允许在事务提交之前写入变动数据的意思。

> 📢 提示：
>
> **MySQL 就是采用 WAL 技术实现了事务的原子性和持久性。它的本质就是先写日志，再写磁盘。**

（2）使用本地事务来解决数据的隔离性。

隔离性保证了每个事务各自读、写的数据互相独立，不会彼此影响。只从定义上，我们就能感觉到隔离性肯定与并发密切相关。如果没有并发，所有事务全都是串行的，就不需要任何隔离，或者说这样的访问具备了天然的隔离性。

一般，我们使用以下方式来解决数据的隔离性。

- 写锁（Write Lock 或 eXclusive Lock，简称 X-Lock）：只有持有写锁的事务才能对数据进行写入操作，当数据加持着写锁时，其他事务不能写入数据，也不能添加读锁。
- 读锁（Read Lock 或 Shared Lock，简称 S-Lock）：多个事务可以对同一个数据添加多个读锁，数据被加上读锁后就不能再被加上写锁，所以其他事务不能对该数据进行写入，但可以读取。对于持有读锁的事务，如果该数据只有一个事务添加了读锁，则可以直接将其升级为写锁，然后写入数据。
- 范围锁（Range Lock）：对于某个范围直接添加排他锁，在这个范围内的数据不能被读取，也不能被写入。

事务的隔离级别有一个共同特点：一个事务在读数据过程中，受另外一个写数据的事务影响而破坏了隔离性。针对这种"一个事务读 + 另一个事务写"的隔离问题，有一种名为"多版本并发控制"（Multi-Version Concurrency Control，MVCC）的无锁优化方案被主流的商业数据库广泛采用。

MVCC 是一种读取优化策略。它的"无锁"是特指读取时不需要添加锁。MVCC 的基本思路是对数据库的任何修改都不会直接覆盖之前的数据，而是产生一个新版副本与老版本共存，以此达到读取时可以完全不加锁的目的。

MVCC 是只针对"读 + 写"场景的优化，如果是两个事务同时修改数据，即"写 + 写"的情况，就没有多少优化的空间了，添加锁几乎是唯一可行的解决方案。

> 📢 提示：
>
> MySQL 就是采用 MVCC 来实现数据隔离性的。

7.1.2 分布式事务

1. 分布式事务的概念

分布式事务是指事务的参与者、支持事务的服务器、资源服务器及事务管理器。它们分别位于分布式系统的不同的实例上。

> 📢 提示：
>
> 简单来说，一个大操作由不同的小操作组成，这些小操作分布在不同的服务器上，且属于不同的应用。分布式事务需要保证这些小操作要么全部执行成功，要么全部执行失败。

从本质上来说，分布式事务就是为了确保不同应用间的数据一致性，包括 RPC 的数据一致性和数据存储的数据一致性。

如图 7-1 所示，将实例 A 中的本地事务拆分为 3 部分：实例 B 中的事务 1、实例 C 中的事务 2 和实例 D 中的事务 3。事务之间的关系如下。

本地事务 ＝ 事务 1 + 事务 2 + 事务 3

事务 1、事务 2 和事务 3 利用 RPC 通信来传输事务数据并协调彼此的执行。

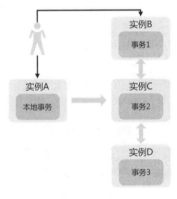

图 7-1

数据一致性可以分为以下 3 种类型。

- 强一致性：在数据更新成功后，任意时刻所有副本中的数据都是一致的。
- 弱一致性：在数据更新成功后，系统不会承诺立即可以读到最新写入的值，也不会承诺具体多久后可以读取最新写入的值。
- 最终一致性：弱一致性的一种形式。在数据更新成功后，系统不会承诺可以实时地返回最新写入的值，但是可以保证一定返回上一次更新操作之后的最新值，只是会有一些时延。

如图 7-2 所示，实例 A、实例 B 和实例 C 同时对数据库进行读与写的操作，实例 A 执行 SQL 语句 "insert into datasource0.t_order value (7878,1234,'测试订单');"，并插入一条数据，强一致性、弱一致性和最终一致性的表现如下。

（1）如果 3 个实例之间是数据的强一致性，则实例 B 和实例 C 能实时地读取新插入的数据，并且实例 A、实例 B 和实例 C 观察到的数据状态是一样的。

（2）如果 3 个实例之间是数据的弱一致性，则实例 B 和实例 C 不一定能读取新插入的数据，并且实例 A、实例 B 和实例 C 观察到的数据状态可能是不一致的。

（3）如果 3 个实例之间是数据的最终一致性，则实例 B 和实例 C 一定能读取新插入的数据。在新插入的数据没有同步到实例 B 和实例 C 之前，数据是不一致的；但是最终一致性会确保在一定时间内，将新插入的数据从实例 A 对应的数据库同步到实例 B 和实例 C 对应的数据库。

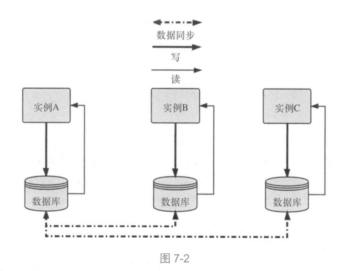

图 7-2

2. 为什么需要分布式事务

从系统整体的架构角度来看，分布式事务涉及的场景分为以下两类。

- 事务只涉及一个应用，但涉及多个数据存储。

- 事务涉及多个应用，且每个应用可能连接一个或多个数据存储。

图 7-3 所示为电商领域最常见的两个服务：订单服务和商品服务。

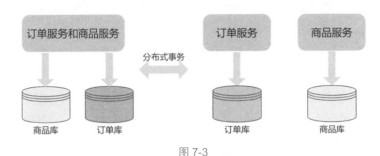

图 7-3

如果订单服务和商品服务没有被拆分，而是强耦合的，商品库和订单库被水平拆分，则订单服务和商品服务将访问不同的实例数据库。如果在商品服务扣除商品库存成功后订单服务出现了故障，导致订单状态更新失败，且没有分布式事务，则商品库存和订单库存相关表数据会不一致。如果订单服务出现故障时服务的流量非常大（如 TPS 为 100 000），则会影响用户 100 000 次的正常购买商品。

> 💡提示：
>
> 服务之间的依赖关系越强，故障造成的数据不一致性的影响就越大。

如果又将订单服务和商品服务进行了水平拆分，则此时既要确保数据库层的数据一致性，还要确保 RPC 层的数据一致性。例如，在更新完商品库存后，通过 RPC 调用（如 Dubbo）订单服务更新订单状态，会存在以下两种情况。

- 如果在调用应用层的 RPC 接口时失败，则调用者可以通过重试或补偿来确保业务功能的完整性。
- 如果在 RPC 接口更新订单库失败时已经成功调用 RPC 接口，但是数据库操作失败，则此时需要关联的 RPC 接口和数据库操作在一个全局事务里，并且具备分布式的特性。

由上述可以看到，分布式事务可以解决 RPC 层和数据库层的分布式数据一致性问题。

3. 常见的分布式事务解决方案

在理解事务消息之前，我们可以先认识一下分布式事务中常见的技术解决方案。在开源社区，成熟的工业级别的分布式事务框架有很多，Seata 就是其中之一。下面结合 Seata 来具体看一下。

（1）AT 模式。

它是 Seata 主推的分布式事务解决方案，最早来源于阿里巴巴中间件团队发布的 TXC 服务——"上云"，后改名为 GTS。AT 模式屏蔽了底层 JDBC 数据层的细节，让应用能无感知地使用分布式事务，自动代理应用数据源，并进行事务相关的操作。

AT 模式的分布式事务主要分为以下两阶段。

- 第一阶段：应用只需要关注自己的"业务 SQL 代码"，Seata 将应用的"业务 SQL 代码的执行"作为第一阶段。Seata 框架会自动代理应用的数据源，并生成事务第二阶段的提交和回滚事务操作，记录在 UNDO LOG 日志表中。
- 第二阶段：如果 TC 事务协调器通知分支事务处理成功，则 Seata 提交分支事务（在 Seata 的 AT 模式中，提交分支事务就是"删除 UNDO LOG 日志表中的事务相关日志"）；如果 TC 事务协调器通知分支事务处理失败，则 Seata 回滚分支事务（从 UNDO LOG 日志表中读取事物回滚的日志）。

（2）XA 模式。

XA 模式是 Seata 利用事务资源（数据库、消息服务等）来提供对 XA 协议的支持，以 XA 协议的机制来管理分支事务的一种事务模式。

在 XA 模式中，Seata 完成全局事务的两个阶段的过程如下。

- 第一阶段：利用 RM 代理应用的数据源，并创建数据库的代理连接。通过开启 XA 模式事务拦截应用的 SQL 语句，执行 XA 模式预处理。为了防止应用宕机，造成数据丢失，第一阶段的 XA 模式操作会被 Seata 持久化。
- 第二阶段：TC 通知 RM 执行提交或回滚 XA 模式的分支事务。

在 XA 模式中，应用在开启 XA 模式事务之后，注册分支事务；在预处理 XA 模式事务之后，分析并上传分支事务的状态。

（3）TCC 模式。

它是一个分布式的全局事务，并且是一个两阶段的分布式事务。在 TCC 模式中，全局事务是由若干分支事务组成的，分支事务要满足两阶段提交的模型要求（需要每个分支事务都具备该模型），支持把自定义的分支事务纳入全局事务的管理中。

（4）Saga 模式。

在 Saga 模式中，业务流程中的每个参与者都可以提交本地事务。如果某个参与者失败，则补偿本地事务提交成功的参与者，第一阶段正向服务和第二阶段补偿服务都由开发人员来实现。

Saga 的核心就是补偿：第一阶段就是服务的正常顺序调用（数据库事务正常提交），如果都执行成功，则第二阶段什么都不做；如果在第一阶段中有执行发生异常，则在第二阶段中会依次调用其补偿服务（以保证整个交易的一致性）。

7.1.3　事务消息与数据的最终一致性

使用事务消息来实现分布式事务只能确保数据的最终一致性。下面一起来看一看相关原理。

1. 事务消息

关于 RocketMQ 中事务消息的定义和逻辑架构可以参考 4.2.6 节，这里补充一些事务消息的知识点。

在了解完 Seata 的 4 种分布式事务模式后，我们回过头来看一下"事务消息"。它的本质是控制消息参与者的数据一致性，这一点与分布式事务的目的是一致的。

如果采用分布式消息系统来实现事务消息（如 RocketMQ），则参与者就是 Producer、Consumer 和 Broker Server（Kafka 也支持事务消息）。下面列举事务消息常见的技术解决方案。

（1）全局状态表。

什么是本地状态表？就是用一张专门存储事务状态的表来控制本地事务的执行，从而达到分布式环境中控制业务服务数据一致性的目的。

假设参与事务的有 4 张表：商品表、交易订单表、支付订单表和物流信息表，定义一张全局状态表，其中，交易服务完成一笔订单需要在这 4 张表中同时写入数据。如图 7-4 所示，完成一笔订单之后，会将表数据对应的状态记录到全局状态表中。

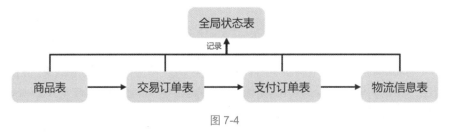

图 7-4

全局状态表中关键字段的具体含义如下。

- 全局事务 ID：用来标记一个全局事务，如果完成一笔订单需要更新商品表、交易订单表、支付订单表和物流信息表，这 4 次数据更新请求就组合成一个全局事务的上下文，用这个全局事务 ID 来标记。
- 本地事务 ID：用来标记本次需要更新的数据的 SQL 语句唯一性，如果需要扣减商品表中某一个商品的库存，则执行一条 UPDATE 类型的语句，本地事务 ID 就是用来唯一标记这条 SQL 语句的。一般在执行 SQL 语句之前，利用分布式发号器服务生成一个全局唯一的、有序的和有业务意义的分布式 ID 作为本次 SQL 语句的本地事务 ID。

- 请求 ID：用来标记本次执行 SQL 语句请求的唯一性，如果执行 SQL 语句出现超时请求，且程序重试了 3 次，则为每次执行 SQL 语句都生成一个唯一的请求 ID，用来标记请求的唯一性。
- 业务类型：用来区分需要执行的 SQL 语句所在的业务模块，如更新商品库存业务。
- 执行 SQL 语句：记录需要执行的 SQL 语句。
- 回滚 SQL 语句：记录执行 SQL 语句对应的回滚 SQL 语句，如果出现异常，则可以使用它完成数据的回滚。
- 状态：执行 SQL 语句的结果，如"执行成功"、"执行失败"和"中间状态"等。
- 版本号：用版本号作为乐观锁。

图 7-5 所示为全局状态表的详细设计，其中，全局状态表的核心流程如下。

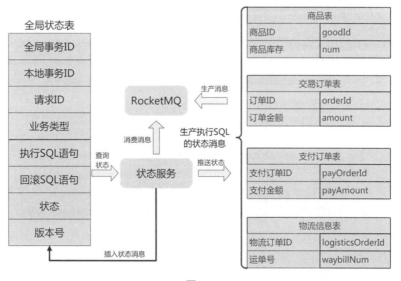

图 7-5

- 定义业务类型，定义订单相关的 SQL 为"trade-order"、商品相关的 SQL 为"good-item"、支付相关的 SQL 为"pay-order"及物流相关的 SQL 为"logistics-info"，并将这些类型统一维护起来，这样方便进行正确的业务接入。
- 更新订单状态，执行步骤如下：①生成一条 SQL 语句和对应的回滚 SQL 语句；②更新订单状态为本次业务请求的入口，此时需要生成一个全局事务 ID，并用 globalTransactionId 来标记；③生成本地事务 ID，并用 localTransactionId 来标记；④生成请求 ID，并用 requestId 来标记；⑤如果本地事务执行成功，则生产一条状态为"执行成功"的消息，并包含全局状态表中的字段信息；⑥将 globalTransactionId 传递给事务消息中的其他服务。

- 更新商品库存、更新支付订单状态和更新物流信息也会生成全局状态表所需要的字段信息，只是全局事务 ID 是由订单服务全局传递过来的。
- 状态服务订阅相关消息，并将消息异步存储到全局状态表中，形成状态树，用来标记参与本次业务请求所有表的状态。
- 如果出现异常，则状态服务主动推送异常状态树给指定的业务服务，如执行商品相关 SQL 的商品服务。商品服务从状态树中解析出需要回滚 SQL 语句，执行回滚操作。同理，参与事务的其他服务也会收到状态树，并执行回滚操作。

关于"状态服务如何将异常状态树推送给参与事务的业务服务"，这里就不再赘述，比较常见的技术方案是回调和事件订阅机制。

（2）全局事件中心。

全局事件中心是指在分布式环境中传播全局事件的一个大集合。如果将一个业务服务接入"全局事件中心"，它就能够实时地感知所订阅"事件"的状态变更。

图 7-6 所示为"利用全局事件中心，实现事务消息"的架构设计。

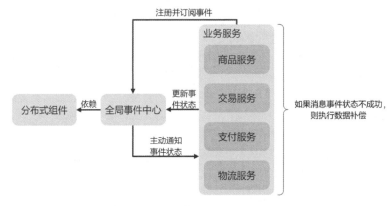

图 7-6

下面简单分析一下"全局事件中心"的关键设计。

- 分布式组件：它是全局事件中心最关键的技术挑战。如果一个事件只能在本地传播，则它是不能被其他服务订阅的。在开源领域有很多优秀的分布式组件，如 Apache 的 ZooKeeper，我们就可以利用它的监听器机制实现事务消息事件的传递。当然 ZooKeeper 能够确保 CAP 中的 CP，所以使用它也能在一定程度上确保事件消息的可靠性。
- 全局事件中心：它一般由后台服务和前台服务组成，其中，后台服务会接入微服务治理中心（如 Nacos），而前台服务则负责管理消息事件相关的数据（如新增消息事件、新增订阅关系等）。全局事件中心在消息事件状态变化之后，需要主动通知订阅消息事件的业务服务，如果消息事件状态为不成功，则执行数据补偿。数据补偿的方式有很多，一般要求业务接口除了提供正向的数据更新接口，还提供一个反向的数据回滚接口，用来处理异常情况。

（3）两阶段消息。

RocketMQ 为了满足分布式事务，用两阶段消息实现事务消息，从而解决微服务中分布式事务的技术难题的方法，关于"两阶段消息"会在 7.2 节详细分析。

2. 数据的最终一致性

讲到数据的最终一致性，就绕不开分布式的基础理论 CAP，由于这个理论非常的成熟，这里就不详细介绍它了，读者可以自主查阅相关知识点。

事务消息是一种"数据的最终一致性"的分布式事务的技术解决方案，即它不能确保实时地完成业务功能。

图 7-7 所示为常见的事务消息最终一致性的架构设计。下面来重点分析它的关键技术细节。

（1）微服务 A 和微服务 B 需要通过事务消息中心来完成分布式事务，前提是事务消息中心要能感知这两个微服务的存在。

在一般情况下，一个处理事务消息的消息中心是一个完全与业务服务解耦的平台，所以它需要一套标准的接入规则和消息规范，这样就能够快速接入不同的服务。

首先，我们需要定义事务消息的状态，从而让业务服务针对不同的状态正确处理业务逻辑。例如，哪些状态可以执行业务服务中的本地事务，而哪些需要回滚。

其次，业务服务如何订阅事务消息，使用 RPC 还是 HTTP 通信渠道，使用"异步"模式还是"同步"模式等。

再次，在事务消息状态变更之后，如何通知订阅事务消息的服务，是主动通知还是被动通知。

最后，如果微服务 A 超时怎么办。微服务 B 怎么确认微服务 A 的本地事务状态。

（2）如何实现"事务消息中心"。

首先，事务消息中心需要提供一个客户端给需要接入的微服务，并定制接入规则。例如，发布事务消息事件可以使用 Producer，消费事务消息事件可以使用 Consumer；也可以使用其他的叫法，如类似于服务治理中的发布者和订阅者。在启动 Producer 之后，就可以初始化相关的资源，如 RPC 通信渠道和事务消息规则（消息主题等）；同理，在启动 Consumer 之后，也会加载类似的资源。

然后，当事务消息中心收到微服务发布的事务消息请求之后，需要及时处理请求（如持久化消息等），将处理之后的消息推送给订阅者服务。

最后，事务消息中心可以采用 pull 模式或 push 模式将事务消息推送给订阅者服务。

（3）事务消息的发布者和订阅者如何确认本地事务执行的时机。

一般情况是这样的，在发布者发布事务消息之后，事务消息中心收到事务消息，此时的事务消息是不能被订阅的；发布者执行本地事务，并且确认本地事务状态，如成功或失败；发布者向事务消息中心发布一条确认消息，当事务消息中心收到确认消息之后，就会将事务消息推送给订阅者服务；订阅者服务收到发布者本地事务执行成功的确认消息之后，就可以执行它的本地事务。

还有一种特殊场景，如果订阅者服务收到确认消息之后，执行本地事务失败，并且重试了多次之后，还是失败的，则发布者已经执行的本地事务又如何去回滚。如果出现问题不处理，就会出现两个服务之间的数据不一致性的问题。

遇到上述问题，一般我们线上采用补偿机制，利用服务和接口更改发布者服务中的数据。因此，我们建议事务消息的发布者和订阅者都要记录本地日志，这样方便以后的数据补偿操作（这些问题都是小概率，如果是大面积问题，那么只能说明出现比较严重的环境问题了）。

（4）为什么要实现数据的最终一致性。

事务消息在微服务 A、微服务 B 和事务消息中心之间传递时是异步的。如果按照正常的流程完成事务消息，则需要 3 次 RPC 请求；如果微服务 A 执行本地事务超时，则微服务 B 需要确认微服务 A 的本地事务状态，需要增加 2 次 RPC 请求，总共是 5 次。一次事务消息最少需要 3 次 RPC 请求，如果出现异常，则需要一次次重试，并验证本地事务的状态，即 RPC 请求次数是 $3+2\times N$（N 代表重试的次数）。

如果处理事务消息时采用"同步"模式实现数据的强一致性，只处理 RPC 请求就要消耗很多时间和系统资源。微服务和事务消息中心内部还要消耗时间来处理事务消息请求。因此，一般实现事务消息就会采用"异步"模式，并实现"数据的最终一致性"。

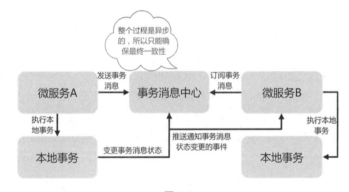

图 7-7

7.2　使用"两阶段提交"模式处理事务消息

RocketMQ 主要使用"两阶段提交"模式来处理事务消息：第一阶段是处理"预处理消息"（又被称为"半消息"），第二阶段是处理"确认消息"（又被称为"终止事务的消息"）。

为了使读者比较深刻地理解使用"两阶段提交"模式处理事务消息的原理，下面从"如何使用 RocketMQ 的事务消息"的角度来分析。

1. 生产者发送第一阶段的"预处理消息"

生产事务消息的第 1 步就是使用生产者发送第一阶段的"预处理消息"，那么首当其冲的就是要初始化一个具备事务功能的生产者。

（1）初始化一个具备事务功能的生产者 TransactionMQProducer。

我们来看一下如何发送一条事务消息的实例，代码如下。

```
@EnableScheduling
@Component
public class TransactionProducerTask {
    Map<String,TransactionMQProducer> producerMap=new
        ConcurrentHashMap<>();
    List<TransactionMQProducer> producerList=new CopyOnWriteArrayList<>();
    @Autowired
    private TransactionProducerConfig transactionProducerConfig;
    //①注入事务监听器
    @Autowired
    private LocalTransactionListener localTransactionListener;
    private LongAdder longAdder=new LongAdder();

    @Scheduled(fixedRate = 200)
    public void producerTransactionMessage()
            throws MQClientException,UnsupportedEncodingException {
        //②控制生产者的数量
        while (longAdder.intValue() < transactionProducerConfig.
            getProducerNum()) {
            final String producerGroup = "testTransactionMessage";
            //③初始化一个 TransactionMQProducer
```

```
TransactionMQProducer transactionMQProducer = new
    TransactionMQProducer(producerGroup);
//④设置事务监听器
transactionMQProducer.setTransactionListener(
    localTransactionListener);
//⑤初始化一个实例名称
String instanceName = "testTransactionMessage" +
    RandomUtils.nextInt(1000, 10000000);
while (producerMap.containsKey(instanceName)) {
    instanceName = "testTransactionMessage" + RandomUtils.
        nextInt(1000, 10000000);
}
//⑥设置 TransactionMQProducer 对象中的参数
transactionMQProducer.setInstanceName("testTransactionMessage"
    + RandomUtils.nextInt(1000, 10000000));
transactionMQProducer.setClientIP("127.0.0.1:787" +
    RandomUtils.nextInt(0, 10));
transactionMQProducer.setNamesrvAddr("127.0.0.1:9876");
//⑦启动生产者
transactionMQProducer.start();
producerMap.put(transactionMQProducer.getInstanceName(),
    transactionMQProducer);
producerList.add(transactionMQProducer);
longAdder.increment();
}
String topic = "testTransactionMessage";
String message = "testTransactionMessage" + RandomUtils.nextLong(100,
    1000000000);
//⑧组装一条事务消息
Message transactionMessage = new Message(topic, (message).getBytes
    (RemotingHelper.DEFAULT_CHARSET));
Integer index = RandomUtils.nextInt(0, producerList.size());
//⑨从本地缓存中获取一个生产者
TransactionMQProducer transactionMQProducer = producerList.
    get(index);
//⑩生产一条事务消息
transactionMQProducer.sendMessageInTransaction(transactionMessage,
```

```
        "这是一条事务消息");
    }
}
```

（2）自定义一个用于执行本地事务和回查本地事务状态的监听器 TransactionListener，代码如下。

```
@Component
public class LocalTransactionListener implements TransactionListener {
    //①执行本地事务，并返回处理本地事务的结果
    @Override
    public LocalTransactionState executeLocalTransaction(Message msg,
        Object arg) {
        //②这里可以添加执行本地事务的业务逻辑，并设置本地事务的状态
        System.out.println(arg.toString());
        return LocalTransactionState.COMMIT_MESSAGE;
    }
    //③验证本地事务的状态，并返回本地事务的结果
    @Override
    public LocalTransactionState checkLocalTransaction(MessageExt msg) {
    //④这里可以添加查询本地事务状态的逻辑，一般采用日志或本地缓存来查询本地事务的状态
        return LocalTransactionState.ROLLBACK_MESSAGE;
    }
}
```

上面这个事务监听器非常重要：①使用它可以控制第一阶段中参与分布式事务的本地事务的执行结果；②使用它可以控制"定时回调"机制查询本地事务的状态。开发人员在使用事务消息实现分布式事务的过程中，一定要考虑事务监听器功能逻辑的严谨性。

（3）启动生产者，并调用 TransactionMQProducer 类的 sendMessageInTransaction()方法生产第一阶段的"预处理消息"。

```
public TransactionSendResult sendMessageInTransaction(final Message msg,
    final LocalTransactionExecuter localTransactionExecuter, final Object
        arg)
    throws MQClientException {
    //①获取本地事务监听器
    TransactionListener transactionListener = getCheckListener();
    if (null == localTransactionExecuter && null == transactionListener) {
        throw new MQClientException("tranExecutor is null", null);
```

```
    }
    //②如果消息中的延迟消息等级不为 0，则清除延迟消息等级标识，RocketMQ 的事务消息不支
        持消息的延迟生产
    if (msg.getDelayTimeLevel() != 0) {
        MessageAccessor.clearProperty(msg, MessageConst.
            PROPERTY_DELAY_TIME_LEVEL);
    }
    //③校验事务消息
    Validators.checkMessage(msg, this.defaultMQProducer);
    SendResult sendResult = null;
    //④设置事务消息的系统标识
    MessageAccessor.putProperty(msg, MessageConst.
        PROPERTY_TRANSACTION_PREPARED,"true");
    //⑤设置事务消息的生产者组
    MessageAccessor.putProperty(msg, MessageConst.PROPERTY_PRODUCER_GROUP,
        this.defaultMQProducer.getProducerGroup());
    try {
        //⑥使用生产者的"默认方式"同步生产第一阶段的"预处理消息"
        sendResult = this.send(msg);
    } catch (Exception e) {
        throw new MQClientException("send message Exception", e);
    }
    ...
}
```

在调用客户端通信渠道生产"预处理消息"的过程中，使用的是"默认方式"的生产者 SDK 和
"同步"模式的生产类型。这样做的优势是既可以充分利用"默认方式"下生产者的"故障延迟"机
制来提高第一阶段的可用性，又可以利用"同步"模式同步等待生产消息的结果，从而进一步提高第
一阶段的可靠性。

2. 处理本地事务

使用事务监听器处理本地事务，主要分为两种情况：①生产预处理消息成功；②生产预处理消
息失败。

（1）如果发送预处理消息成功，则执行本地事务，并根据执行结果设置本地事务的状态，代码
如下。

```
//①生产"预处理消息"成功
case SEND_OK: {
```

```
    try {
        //②在消息的系统属性设置事务 ID
        if (sendResult.getTransactionId() != null) {
            msg.putUserProperty("__transactionId__", sendResult.
                getTransactionId());
        }
        String transactionId = msg.getProperty(MessageConst.
            PROPERTY_UNIQ_CLIENT_MESSAGE_ID_KEYIDX);
        //③在消息中设置事务 ID
        if (null != transactionId && !"".equals(transactionId)) {
            msg.setTransactionId(transactionId);
        }
        //④如果本地事务执行器不为空，则使用它执行本地事务，并获取本地事务执行的结果
        if (null != localTransactionExecuter) {
            localTransactionState = localTransactionExecuter.
                executeLocalTransactionBranch(msg, arg);
        } else if (transactionListener != null) {
            //⑤如果事物监听器不为空，则使用它执行本地事务，并获取本地事务执行的结果
            log.debug("Used new transaction API");
            localTransactionState = transactionListener.
                executeLocalTransaction(msg, arg);
        }
        //⑥如果本地事务状态为空，则设置事务状态未知
        if (null == localTransactionState) {
            localTransactionState = LocalTransactionState.UNKNOW;
        }
        if (localTransactionState != LocalTransactionState.COMMIT_MESSAGE) {
            log.info("executeLocalTransactionBranch return {}",
                localTransactionState);
            log.info(msg.toString());
        }
    } catch (Throwable e) {
        log.info("executeLocalTransactionBranch exception", e);
        log.info(msg.toString());
        localException = e;
    }
}
break;
```

（2）如果发送预处理消息失败，则不会执行本地事务，并设置本地事务为回滚状态，代码如下。

```
case FLUSH_DISK_TIMEOUT:
case FLUSH_SLAVE_TIMEOUT:
case SLAVE_NOT_AVAILABLE:
    //如果发送"预处理消息"失败（如结果为刷盘超时、"主/从"同步超时、Slave节点不可用），
        则设置本地事务为回滚状态
    localTransactionState = LocalTransactionState.ROLLBACK_MESSAGE;
    break;
```

如果能完成以上两种场景，则表示执行完成事务消息的第一阶段。假如执行本地事务过程中没有发生异常，这样"第一阶段"之后可以确认"本地事务"的状态，从而可以同步开启"第二阶段"的确认消息。

3. 生产者发送第二阶段的"确认消息"（提交或回滚事务消息）

生产者发送第二阶段的"确认消息"可以分成两步：①组装"确认消息"的 RPC 请求头；②构造 RPC 命令请求事件，并调用客户端的通信渠道生产"确认消息"。

（1）调用 endTransaction()方法，结束分布式事务，代码如下。

```
try {
    //①结束分布式事务
    this.endTransaction(msg, sendResult, localTransactionState,
        localException);
} catch (Exception e) {
    //②如果结束分布式事务出现异常，则这里只输出一条警告日志
    log.warn("local transaction execute " + localTransactionState + ", but
        end broker transaction failed", e);
}
```

上面代码中有一个巧妙的设计理念：RocketMQ 的事务消息支持使用"定时回调"机制来查询本地事务执行的状态。如果在执行本地事务完成之后，生产者发送第二阶段的"确认消息"出现异常，即直接向上抛出异常，则会出现"回滚本地事务+跨进程调用的 RPC 异常"的技术难题。所以，RocketMQ 为了规避技术复杂性，就直接输出一条警告日志，不会回滚本地事务。这样做也不会影响"事务消息"，即便是生产第二阶段的"确认消息"失败，也可以使用"定时回调"机制来补偿查询本地事务执行的状态，重新生产第二阶段的"确认消息"。

在结束分布式事务之前，需要根据本地事务执行的状态，组装 RPC 请求头 EndTransactionRequestHeader，代码如下。

```
public void endTransaction(
    final Message msg,
    final SendResult sendResult,
    final LocalTransactionState localTransactionState,
    final Throwable localException) throws RemotingException,
        MQBrokerException, InterruptedException, UnknownHostException {
    final MessageId id;
    //①解析消息 ID
    if (sendResult.getOffsetMsgId() != null) {
        id = MessageDecoder.decodeMessageId(sendResult.getOffsetMsgId());
    } else {
        id = MessageDecoder.decodeMessageId(sendResult.getMsgId());
    }
    //②获取返回的事务 ID
    String transactionId = sendResult.getTransactionId();
    //③获取 Broker Server 的 IP 地址
    final String brokerAddr = this.mQClientFactory.
        findBrokerAddressInPublish(sendResult.getMessageQueue().
            getBrokerName());
    //④构造结束事务消息的 RPC 请求头
    EndTransactionRequestHeader requestHeader = new
        EndTransactionRequestHeader();
    //⑤设置事务 ID
    requestHeader.setTransactionId(transactionId);
    //⑥设置 CommitLog 文件偏移量
    requestHeader.setCommitLogOffset(id.getOffset());
    //⑦根据执行本地事务的结果，设置结束事务消息的状态
    switch (localTransactionState) {
        case COMMIT_MESSAGE:
            requestHeader.setCommitOrRollback(MessageSysFlag.
                TRANSACTION_COMMIT_TYPE);
            break;
        case ROLLBACK_MESSAGE:
            requestHeader.setCommitOrRollback(MessageSysFlag.
                TRANSACTION_ROLLBACK_TYPE);
            break;
        case UNKNOW:
```

365

```
        requestHeader.setCommitOrRollback(MessageSysFlag.
            TRANSACTION_NOT_TYPE);
        break;
    default:
        break;
    }
    doExecuteEndTransactionHook(msg, sendResult.getMsgId(), brokerAddr,
        localTransactionState, false);
    //⑧设置生产者组
    requestHeader.setProducerGroup(this.defaultMQProducer.
        getProducerGroup());
    //⑨设置消息队列偏移量
    requestHeader.setTranStateTableOffset(sendResult.getQueueOffset());
    requestHeader.setMsgId(sendResult.getMsgId());
    String remark = localException != null ? ("executeLocalTransactionBranch
        exception: " + localException.toString()) : null;
    //⑩使用"最多发送一次"模式发起结束事务消息的 RPC 请求
    this.mQClientFactory.getMQClientAPIImpl().endTransactionOneway
        (brokerAddr, requestHeader, remark,
    this.defaultMQProducer.getSendMsgTimeout());
}
```

（2）向 Broker Server 发起 RPC 请求并生产确认消息，代码如下。

```
public void endTransactionOneway(
    final String addr,final EndTransactionRequestHeader requestHeader,
    final String remark,final long timeoutMillis
    ) throws RemotingException, MQBrokerException, InterruptedException {
    //①构造结束事务的 RPC 请求 RequestCode.END_TRANSACTION
    RemotingCommand request = RemotingCommand.createRequestCommand
        (RequestCode.END_TRANSACTION, requestHeader);
    request.setRemark(remark);
    //②使用客户端通信渠道发起"最多发送一次"模式的 RPC 请求
    this.remotingClient.invokeOneway(addr, request, timeoutMillis);
}
```

为了提高事务消息的吞吐量和性能，发起"第二阶段"结束事务消息的 RPC 请求，且采用"最多发送一次"模式，但是该模式不关心 RPC 请求的结果，即不能保证 Broker Server 正确地结束事务消息。

4. Broker Server 收到确认消息，并处理事务消息

Broker Server 收到确认消息，调用 EndTransactionProcessor 类的 processRequest()方法处理确认消息，主要分为以下几个步骤。

（1）判断 Broker Server 节点的角色，如果是 Slave，则直接返回。目前，只支持 Master 角色的 Broker Server 节点处理"第二阶段"的事务消息。

（2）处理和解析 RPC 请求头 EndTransactionRequestHeader。

判断当前 RPC 请求是否是"定时回调"机制查询本地事务状态之后重新发起的"第二阶段"请求，如果 EndTransactionRequestHeader 参数 fromTransactionCheck 的值为 true，则表示为重新发起的"第二阶段"请求，否则是第一次发起的"第二阶段"请求。该参数的默认值为 false。

（3）如果结束事务消息的状态为 MessageSysFlag.TRANSACTION_COMMIT_TYPE，则进行以下处理。

第 1 步，查询"预处理消息"，主要使用 RPC 请求头中的 CommitLog 文件偏移量，从存储引擎中查询"预处理消息"。

第 2 步，校验"预处理消息"，主要校验的内容如下。

- 预处理消息中的生产者组与 RPC 请求头中生产者组是否一致，如果不一致，则系统报错。
- 预处理消息中的队列偏移量与 RPC 请求头中的事务状态表偏移量是否一致，如果不一致，则系统报错。
- 预处理消息中的 CommitLog 文件偏移量与 RPC 请求头中的 CommitLog 文件偏移量是否一致，如果不一致，则系统报错。

第 3 步，如果检验"预处理消息"成功，则将"预处理消息"转换"确认消息"，代码如下。

```
private MessageExtBrokerInner endMessageTransaction(MessageExt msgExt) {
    //①构造一个存储引擎能够识别的消息模型 MessageExtBrokerInner
    MessageExtBrokerInner msgInner = new MessageExtBrokerInner();
    //②还原原来的消息主题名称
    msgInner.setTopic(msgExt.getUserProperty(MessageConst.
        PROPERTY_REAL_TOPIC));
    //③还原原来的消息队列 ID
    msgInner.setQueueId(Integer.parseInt(msgExt.getUserProperty(
        MessageConst.PROPERTY_REAL_QUEUE_ID)));
    //④设置消息体
    msgInner.setBody(msgExt.getBody());
    msgInner.setFlag(msgExt.getFlag());
```

```
//⑤设置生产消息的时间
msgInner.setBornTimestamp(msgExt.getBornTimestamp());
msgInner.setBornHost(msgExt.getBornHost());
//⑥设置存储消息的机器，主要是 Broker Server 的 IP 地址
msgInner.setStoreHost(msgExt.getStoreHost());
msgInner.setReconsumeTimes(msgExt.getReconsumeTimes());
msgInner.setWaitStoreMsgOK(false);
//⑦设置事务 ID
msgInner.setTransactionId(msgExt.getUserProperty(MessageConst.
    PROPERTY_UNIQ_CLIENT_MESSAGE_ID_KEYIDX));
msgInner.setSysFlag(msgExt.getSysFlag());
TopicFilterType topicFilterType =(msgInner.getSysFlag() &
    MessageSysFlag.MULTI_TAGS_FLAG) == MessageSysFlag.MULTI_TAGS_FLAG
        ? TopicFilterType.MULTI_TAG: TopicFilterType.SINGLE_TAG;
long tagsCodeValue = MessageExtBrokerInner.tagsString2tagsCode
    (topicFilterType, msgInner.getTags());
msgInner.setTagsCode(tagsCodeValue);
//⑧设置消息的系统属性参数
MessageAccessor.setProperties(msgInner, msgExt.getProperties());
msgInner.setPropertiesString(MessageDecoder.messageProperties2String
    (msgExt.getProperties()));
//⑨清除备份的消息主题名称
MessageAccessor.clearProperty(msgInner, MessageConst.
    PROPERTY_REAL_TOPIC);
//⑩清除备份的消息队列 ID
MessageAccessor.clearProperty(msgInner, MessageConst.
    PROPERTY_REAL_QUEUE_ID);
return msgInner;
}
```

第 4 步，将 RPC 请求头中的参数设置到"确认消息"中，主要包括以下 5 个参数。

- 系统标识：用来存储"确认消息"对应的事务状态为 MessageSysFlag.TRANSACTION_ COMMIT_TYPE。
- 队列偏移量：用来存储事务状态表偏移量。
- 预处理事务偏移量：用来存储 CommitLog 文件偏移量。
- 存储消息的时间：用来存储重新设置的存储"确认消息"的时间。

- 清除消息的系统属性参数 MessageConst.PROPERTY_TRANSACTION_PREPARED
  用来标记事务。

第 5 步，存储"确认消息"，主要使用存储引擎存储消息，代码如下。

```
private RemotingCommand sendFinalMessage(MessageExtBrokerInner msgInner) {
    final RemotingCommand response = RemotingCommand.
        createResponseCommand(null);
    //调用存储引擎 DefaultMessageStore 类的 putMessage()方法来存储消息
    Final PutMessageResult putMessageResult = this.brokerController.
        getMessageStore().putMessage(msgInner);
    ...
}
```

关于调用存储引擎 DefaultMessageStore 类的 putMessage()方法来存储消息的具体代码可以查阅相关源码。

第 6 步，调用事务消息服务 TransactionalMessageServiceImpl 类的 deletePrepareMessage()方法实现删除"预处理消息"的逻辑。本质上是逻辑删除，而不是物理删除。

（4）如果结束事务消息的状态为 MessageSysFlag.TRANSACTION_ROLLBACK_TYPE，则进行以下处理。

第 1 步，查询"预处理消息"，主要使用 RPC 请求头中的 CommitLog 文件偏移量，从存储引擎中查询"预处理消息"。

第 2 步，校验"预处理消息"，同处理事务消息的状态为 MessageSysFlag.TRANSACTION_COMMIT_TYPE 时一致。

第 3 步，调用事务消息服务 TransactionalMessageServiceImpl 类的 deletePrepareMessage()方法实现删除"预处理消息"的逻辑。本质上是逻辑删除，而不是物理删除。

> 💡 提示：
>
> RocketMQ 在确认回滚和提交事务消息之后，都需要逻辑上删除该消息，并设置消息属性 TAGS 的值为"d"。这样，当 RocketMQ 使用"定时回调"机制查询本地事务状态时，可以利用这个字段进行过滤。

图 7-8 所示为删除"预处理消息"的逻辑架构设计。从图 7-8 中可以看出，将存储"预处理消息"的消息主题"RMQ_SYS_TRANS_HALF_TOPIC"中的消息迁移到消息主题"RMQ_SYS_TRANS_OP_HALF_TOPIC"中。

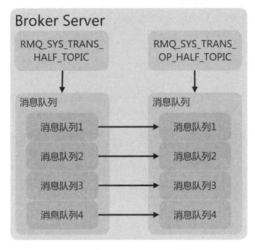

图 7-8

7.3 使用"定时回调"机制查询本地事务状态

RocketMQ 使用事务消息校验服务和监听器来实现"定时回调"机制。它们是在启动 Broker Server 阶段完成初始化的。

1. 初始化事务消息校验服务和监听器

（1）初始化事务消息服务。

事务消息服务用来管理"预处理消息"，主要包括处理、删除、提交、回滚和校验"预处理消息"。初始化事务消息服务的代码如下。

```
private void initialTransaction() {
    //①使用 SPI 加载业务服务自定义的事务消息服务
    this.transactionalMessageService = ServiceProvider.loadClass
    (ServiceProvider.TRANSACTION_SERVICE_ID,
        TransactionalMessageService.class);
    //②如果业务服务没有自定义事务消息服务，则使用 RocketMQ 提供的默认事务消息服务
    TransactionalMessageServiceImpl
    if (null == this.transactionalMessageService) {
        //③初始化 TransactionalMessageServiceImpl 类
        this.transactionalMessageService = new
            TransactionalMessageServiceImpl(
                new TransactionalMessageBridge(this, this.getMessageStore()));
```

```
        log.warn("Load default transaction message hook service: {}",
            TransactionalMessageServiceImpl.class.getSimpleName());
    }
    ...
}
```

如果开发人员需要定制化事务消息服务，则可以在项目中先自定义一个类来实现接口 TransactionalMessageService，再通过 SPI 机制注入 RocketMQ 中。

（2）初始化事务消息监听器。

事务消息监听器用来发送校验事务消息的回调请求，初始化事务消息监听器的代码如下。

```
private void initialTransaction() {
    //①使用 SPI 加载业务服务自定义的校验事务消息监听器
    this.transactionalMessageCheckListener = ServiceProvider.loadClass
        (ServiceProvider.TRANSACTION_LISTENER_ID,
            AbstractTransactionalMessageCheckListener.class);
    //②如果业务服务没有自定义校验事务消息监听器，则使用 RocketMQ 提供的默认监听器
    if (null == this.transactionalMessageCheckListener) {
        this.transactionalMessageCheckListener = new
            DefaultTransactionalMessageCheckListener();
        log.warn("Load default discard message hook service: {}",
          DefaultTransactionalMessageCheckListener.class.getSimpleName());
    }
    //③绑定 BrokerController 和校验事务消息监听器
    this.transactionalMessageCheckListener.setBrokerController(this);
    ...
}
```

如果开发人员需要定制化事务消息监听器，则可以在项目中先自定义一个类来实现抽象类 AbstractTransactionalMessageCheckListener，再通过 SPI 机制注入 RocketMQ 中。

2. 校验主题为 "RMQ_SYS_TRANS_HALF_TOPIC" 的事务消息

（1）RocketMQ 定时地校验主题为 "RMQ_SYS_TRANS_HALF_TOPIC" 的事务消息，其中，定时功能是使用线程 TransactionalMessageCheckService 类来实现的。

```
public class TransactionalMessageCheckService extends ServiceThread {
    ...
    @Override
    public void run() {
```

```
        log.info("Start transaction check service thread!");
        //①周期性校验消息服务的周期默认为 60s
        long checkInterval = brokerController.getBrokerConfig().
            getTransactionCheckInterval();
        while (!this.isStopped()) {
            //②延迟 60s 执行线程
            this.waitForRunning(checkInterval);
        }
        log.info("End transaction check service thread!");
    }


    @Override
    protected void onWaitEnd() {
        //③校验事务消息的超时时间默认为 6s
        long timeout = brokerController.getBrokerConfig().
            getTransactionTimeOut();
        //④校验事务消息次数的阈值默认为 15 次
        int checkMax = brokerController.getBrokerConfig().
            getTransactionCheckMax();
        long begin = System.currentTimeMillis();
        log.info("Begin to check prepare message, begin time:{}", begin);
        //⑤调用事务消息服务校验事务消息的状态（本地事务执行的状态）
        this.brokerController.getTransactionalMessageService().
            check(timeout, checkMax, this.brokerController.
                getTransactionalMessageCheckListener());
        log.info("End to check prepare message, consumed time:{}",
            System.currentTimeMillis() - begin);
    }


}
```

（2）校验主题为"RMQ_SYS_TRANS_HALF_TOPIC"的事务消息调用事务消息服务
TransactionalMessageServiceImpl 的 check()方法来完成。

在回查"预处理消息"之前，要从存储引擎中获取需要校验的"预处理消息"，具体过程如下。

第 1 步，查询消息主题"RMQ_SYS_TRANS_HALF_TOPIC"的消息队列信息。这一步非
常关键，Broker Server 并不知道哪些事务消息需要回查本地事务状态。

第 2 步，循环遍历消息队列，如果消息主题"RMQ_SYS_TRANS_HALF_TOPIC"有 8 个

消息队列，则会依次遍历。

第 3 步，当遍历消息队列时，构造消息主题为"RMQ_SYS_TRANS_OP_HALF_TOPIC"
的消息队列。它与消息主题为"RMQ_SYS_TRANS_HALF_TOPIC"的消息队列是一对一的。

```
//①代码来源于TransactionalMessageServiceImpl类
private MessageQueue getOpQueue(MessageQueue messageQueue) {
    //②从本地缓存中获取Key为MessageQueue的消息队列，其中，MessageQueue的消息主题
      为"RMQ_SYS_TRANS_HALF_TOPIC"
    MessageQueue opQueue = opQueueMap.get(messageQueue);
    if (opQueue == null) {
        //③如果不存在，则新建一个MessageQueue
        opQueue = new MessageQueue(TransactionalMessageUtil.buildOpTopic(),
            messageQueue.getBrokerName(),
            messageQueue.getQueueId());
        opQueueMap.put(messageQueue, opQueue);
    }
    //④返回消息主题为"RMQ_SYS_TRANS_OP_HALF_TOPIC"的消息队列
    return opQueue;
}
```

这里需要说明一下，RocketMQ 为了方便处理事务"半消息"，在原先消息队列的基础之上，增
加了一个用于本地操作的消息队列的概念"opQueue"，并与消息队列是一对一的映射关系。

生产"opQueue"消息队列的规则如下。

- 消息主题名称：单独命名为"RMQ_SYS_TRANS_OP_HALF_TOPIC"。
- Broker Server 名称：取值为映射的消息队列的 Broker Server 名称。
- 消息队列 ID：取值为映射的消息队列的消息队列 ID。

第 4 步，调用 Broker Server 的消费者进度管理器并计算出消费进度 halfOffset 和 opOffset，分别对
应消息主题"RMQ_SYS_TRANS_HALF_TOPIC"和"RMQ_SYS_TRANS_OP_HALF_TOPIC"
中某一个消息队列的消费进度。

> 提示：
>
> RocketMQ 用"事务消费者组名称 CID_RMQ_SYS_TRANS"+"消息主题名称"+"消息队列 ID"
> 作为查询条件，从存储引擎中查询存储消息的偏移量。如果查询的消息主题名称为"RMQ_SYS_
> TRANS_OP_HALF_TOPIC"，则将它标识为变量 halfOffset，代表"消息队列"中事务的半消息的
> 消费进度；如果查询的消息主题名称为"RMQ_SYS_TRANS_OP_HALF_TOPIC"，则将它标识为
> 变量 opOffset，代表"本地操作的消息队列"中消息的消费进度。

第 5 步，利用消息中的属性"TAGS"过滤本地操作的消息队列，计算已经完成和删除的消息，并使用变量 doneOpOffset 和 removeMap 来标识。当 RocketMQ 遍历消息队列中的消息，回查事务消息的状态时，可以利用 removeMap 过滤已经删除的事务消息，从而提高执行的效率。

3. 使用监听器异步处理"预处理消息"

（1）在监听器 AbstractTransactionalMessageCheckListener 类中，使用线程池启动一个线程异步处理"预处理消息"，代码如下。

```
//①定义一个线程池ExecutorService
private static ExecutorService executorService = new ThreadPoolExecutor(2,
    5, 100, TimeUnit.SECONDS, new ArrayBlockingQueue<Runnable>(2000), new
    ThreadFactory() {
    @Override
    public Thread newThread(Runnable r) {
        Thread thread = new Thread(r);
        thread.setName("Transaction-msg-check-thread");
        return thread;
    }
}, new CallerRunsPolicy());

public abstract class AbstractTransactionalMessageCheckListener {
    public void resolveHalfMsg(final MessageExt msgExt) {
        //②使用线程池executorService异步执行线程
        executorService.execute(new Runnable() {
            @Override
            public void run() {
                try {
                    //③新建一个线程异步处理"预处理消息"
                    sendCheckMessage(msgExt);
                } catch (Exception e) {
                    LOGGER.error("Send check message error!", e);
                }
            }
        });
    }
}
```

（2）在监听器 AbstractTransactionalMessageCheckListener 类中，构造 RPC 对象 CheckTransactionStateRequestHeader，向生产者发起 RPC 请求，代码如下。

374

```
public void sendCheckMessage(MessageExt msgExt) throws Exception {
    //①构造一个校验事务状态的请求头 CheckTransactionStateRequestHeader
    CheckTransactionStateRequestHeader checkTransactionStateRequestHeader
        = new CheckTransactionStateRequestHeader();
    //②设置 CommitLog 文件偏移量
    checkTransactionStateRequestHeader.setCommitLogOffset
        (msgExt.getCommitLogOffset());
    //③设置偏移量消息 ID
    checkTransactionStateRequestHeader.setOffsetMsgId(msgExt.getMsgId());
    //④设置消息 ID
    checkTransactionStateRequestHeader.setMsgId(msgExt.getUserProperty
        (MessageConst.PROPERTY_UNIQ_CLIENT_MESSAGE_ID_KEYIDX));
    //⑤设置事务 ID
    checkTransactionStateRequestHeader.setTransactionId
(checkTransactionStateRequestHeader.getMsgId());
    //⑥设置队列偏移量
 checkTransactionStateRequestHeader.setTranStateTableOffset(msgExt.
    getQueueOffset());
    //⑦设置消息主题（主要是原来的消息主题）
    msgExt.setTopic(msgExt.getUserProperty(MessageConst.
        PROPERTY_REAL_TOPIC));
    //⑧设置消息队列 ID（主要是原来的消息队列 ID）
    msgExt.setQueueId(Integer.parseInt(msgExt.getUserProperty
        (MessageConst.PROPERTY_REAL_QUEUE_ID)));
    msgExt.setStoreSize(0);
    //⑨获取生产者组
    String groupId = msgExt.getProperty(MessageConst.
        PROPERTY_PRODUCER_GROUP);
    Channel channel = brokerController.getProducerManager().
        getAvailableChannel(groupId);
    if (channel != null) {
    //⑩调用 Broker2Client 类的 checkProducerTransactionState()方法，发起 RPC 请求
        brokerController.getBroker2Client().checkProducerTransactionState
            (groupId, channel, checkTransactionStateRequestHeader, msgExt);
    } else {
        LOGGER.warn("Check transaction failed, channel is null. groupId={}",
            groupId);
    }
}
```

4. 发起 Broker Server 到生产者之间的 RPC 通信，并回查事务状态

（1）调用 Broker2Client 类的 checkProducerTransactionState()方法，向生产"预处理消息"的生产者发起 RPC 通信，回查本地事务状态。

```
public void checkProducerTransactionState(
    final String group,final Channel channel,
    final CheckTransactionStateRequestHeader requestHeader,
    final MessageExt messageExt) throws Exception {
    //①构建校验本地事务状态的 RPC 请求事件 RequestCode.CHECK_TRANSACTION_STATE
    RemotingCommand request =RemotingCommand.createRequestCommand(
        RequestCode.CHECK_TRANSACTION_STATE, requestHeader);
    //②设置需要校验的"预处理消息"
    request.setBody(MessageDecoder.encode(messageExt, false));
    try {
        //③客户端通信渠道采用"最多发送一次"模式调用生产预处理消息的生产者
        this.brokerController.getRemotingServer().invokeOneway(channel,
            request, 10);
    } catch (Exception e) {
        log.error("Check transaction failed because invoke producer
        exception.group={}, msgId={}, error={}",group, messageExt.
            getMsgId(),e.toString());
    }
}
```

（2）处理回查事务状态的 RPC 请求。

RPC 命令事件中心将"回查本地事务状态"的 RPC 请求，指派给命令事件处理器 ClientRemotingProcessor 类的 checkTransactionState()方法来处理回查事务状态的 RPC 请求，代码如下。

```
public RemotingCommand checkTransactionState(ChannelHandlerContext ctx,
    RemotingCommand request) throws RemotingCommandException {
    //①解析 RPC 请求头
    final CheckTransactionStateRequestHeader requestHeader =
        (CheckTransactionStateRequestHeader) request.
        decodeCommandCustomHeader(
            CheckTransactionStateRequestHeader.class);
    final ByteBuffer byteBuffer = ByteBuffer.wrap(request.getBody());
    //②解析"预处理消息"
    final MessageExt messageExt = MessageDecoder.decode(byteBuffer);
    if (messageExt != null) {
```

```
        if (StringUtils.isNotEmpty(this.mqClientFactory.getClientConfig().
            getNamespace())) {
            messageExt.setTopic(NamespaceUtil.withoutNamespace(messageExt.
                getTopic(), this.mqClientFactory.getClientConfig().
                    getNamespace()));
        }
        //③获取事务 ID
        String transactionId = messageExt.getProperty(MessageConst.
            PROPERTY_UNIQ_CLIENT_MESSAGE_ID_KEYIDX);
        if (null != transactionId && !"".equals(transactionId)) {
            messageExt.setTransactionId(transactionId);
        }
        //④获取生产者组的名称
        final String group = messageExt.getProperty(MessageConst.
            PROPERTY_PRODUCER_GROUP);
        if (group != null) {
            //⑤从客户端实例的本地缓存中获取一个指定生产者组的生产者客户端
            MQProducerInner producer = this.mqClientFactory.
                selectProducer(group);
            if (producer != null) {
                //⑥解析生产者客户端的 IP 地址
                final String addr = RemotingHelper.parseChannelRemoteAddr
                    (ctx.channel());
                //⑦使用生产者客户端校验本地事务状态
                producer.checkTransactionState(addr, messageExt,
                    requestHeader);
            } else {
                log.debug("checkTransactionState, pick producer by group[{}]
                    failed", group);
            }
        } else {
            log.warn("checkTransactionState, pick producer group failed");
        }
    } else {
        log.warn("checkTransactionState, decode message failed");
    }
    return null;
}
```

（3）查询生产者中本地事务执行的状态，可以拆分为以下 3 个步骤。

第 1 步，新建一个线程，并启动线程异步查询生产者中本地事务执行的状态，代码如下。

```
//①初始化一个线程池 checkExecutor
protected ExecutorService checkExecutor;
public void initTransactionEnv() {
    //②如果业务服务使用事务生产者 TransactionMQProducer 自定义了线程池，则直接使用
      这个线程池
    TransactionMQProducer producer = (TransactionMQProducer)
        this.defaultMQProducer;
    if (producer.getExecutorService() != null) {
        this.checkExecutor = producer.getExecutorService();
    } else {
        //③否则，新建一个线程池，默认最大线程数和最小线程数均为 1 个
        this.checkRequestQueue = new LinkedBlockingQueue<Runnable>
            (producer.getCheckRequestHoldMax());
        this.checkExecutor = new ThreadPoolExecutor(
            producer.getCheckThreadPoolMinSize(),
            producer.getCheckThreadPoolMaxSize(),
            1000 * 60,
            TimeUnit.MILLISECONDS,
            this.checkRequestQueue);
    }
}
@Override
public void checkTransactionState(final String addr, final MessageExt msg,
    final CheckTransactionStateRequestHeader header) {
    //④新建一个线程
    Runnable request = new Runnable() {
        //⑤Broker Server 的 IP 地址
        private final String brokerAddr = addr;
        //⑥预处理消息
        private final MessageExt message = msg;
        //⑦校验本地事务消息的 RPC 请求头
        private final CheckTransactionStateRequestHeader checkRequestHeader
            = header;
        //⑧生产事务消息的生产者组
        private final String group = DefaultMQProducerImpl.this.
```

```
        defaultMQProducer.getProducerGroup();
    @Override
    public void run() {
        //⑨获取执行本地事务的状态
    }
};
//⑩使用线程池 checkExecutor 异步执行线程
this.checkExecutor.submit(request);
}
```

第 2 步，在异步线程的 run() 方法中，使用事务监听器 TransactionListener 获取执行本地事务消息的状态，代码如下。

```
@Override
public void run() {
    //①获取 TransactionCheckListener 对象，该功能在 RocketMQ 5.0 版本中被移除了
    TransactionCheckListener transactionCheckListener =
        DefaultMQProducerImpl.this.checkListener();
    //②获取 TransactionListener 对象
    TransactionListener transactionListener = getCheckListener();
    if (transactionCheckListener != null || transactionListener != null) {
        //③初始化本地事务状态为 LocalTransactionState.UNKNOW
        LocalTransactionState localTransactionState =
            LocalTransactionState.UNKNOW;
        Throwable exception = null;
        try {
            //④如果 TransactionCheckListener 对象不为空，则使用它来获取本地事务状态
            if (transactionCheckListener != null) {
                localTransactionState = transactionCheckListener.
                    checkLocalTransactionState(message);
            } else if (transactionListener != null) {
                //⑤如果 TransactionListener 对象不为空，则使用它来获取本地事务状态
                log.debug("Used new check API in transaction message");
                localTransactionState = transactionListener.
                    checkLocalTransaction(message);
            } else {
                log.warn("CheckTransactionState, pick transactionListener by
                    group[{}] failed", group);
            }
```

```
        } catch (Throwable e) {
            log.error("Broker call checkTransactionState, but
                checkLocalTransactionState exception", e);
            exception = e;
        }
        //⑥处理本地事务状态
        this.processTransactionState(localTransactionState,
            group,exception);
    } else {
        log.warn("CheckTransactionState, pick transactionCheckListener by
            group[{}] failed", group);
    }
}
```

第 3 步，处理执行本地事务的状态，具体过程如下。

- 按照本地事务的状态，构建结束事务消息的 RPC 请求头 EndTransactionRequestHeader。
- 调用客户端通信渠道，重新发起"第二阶段"确认消息的 RPC 请求。

7.4 【实例】架构师如何在电商项目中落地分布式事务

提示：

本实例的源码在本书配套资源的 "/chapterseven/distributed-transaction" 目录下。

如果要在一个电商项目中落地分布式事务，那么作为一个架构师该如何设计技术方案，才能让开发人员快速接入分布式事务，并且又能降低技术复杂度，从而严格控制技术接入的成本？

7.4.1 分析业务场景

在电商项目中，最核心的业务就是"下单购买商品，并完成订单交易"，核心流程如下。

（1）用户将商品添加到购物车中，发起一笔订单交易，交易服务会调用订单服务创建一个待支付的订单。

（2）在创建一个待支付的订单之后，交易服务需要调用商品服务来锁定对应商品的库存，如果下单购买了一本书，则需要锁定对应 SKU 的一个库存。

（3）电商平台留给用户半个小时的倒计时来支付订单金额。如果用户使用第三方支付平台完成订单的支付（如支付宝、微信等），则交易服务调用支付服务，完成订单的支付。

（4）在支付完成之后，如果支付成功，则交易服务需要调用订单服务更新订单的状态为"待发货"；交易服务还需要调用商品服务扣减商品库存，之前的锁库存只是临时给用户分配一个商品份额，并没有真实地扣减商品的库存。

（5）交易服务还需要调用供应链服务，通知物流服务启动商品的发货流程。

以上是简化版"下单购买商品，并完成订单交易"的业务流程，涉及的服务主要包括①交易服务；②订单服务；③商品服务；④支付服务；⑤供应链服务。整个业务链路非常长，并且真实的业务场景中的业务复杂度要远大于本实例列举的业务场景中的业务复杂度。

7.4.2　分析业务复杂度

一个标准的电商项目的表结构是非常复杂的，本实例利用商品服务中的表结构来模拟分析，对于其他服务的表结构，读者可以查阅本实例配套源码（真实项目的表结构要比本书提供的复杂很多，这里只是为了方便演示分布式事务的技术方案）。

在电商项目中商品是最基础的业务元素，当设计商品模型时，会重点考虑它的可扩展性，即同一个商品表结构要能够支持商品服务中不同供应商的差异化的商品需求。

下面简单列举一下商品中的差异化需求。

- 不同商品的 SKU 信息会存在差异性。
- 不同供应商的商品信息会存在差异性。

不同产品的商品信息也会存在差异性，因此，我们在设计商品表结构时，需要考虑它的可扩展性。为了方便人们理解"商品表"的可扩展性，本实例提供了一个完整的商品表的 E-R 模型，使人们可以结合实际情况进行对比分析。

1. 品牌表和类目表

如图 7-9 所示，类目表和品牌表之间是 1∶N 的关系，即一个类目下面可以有多个商品品牌，但是一个品牌只能归属于一个类目。

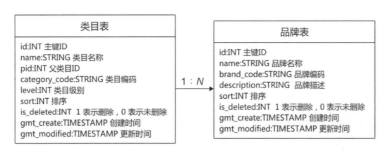

图 7-9

2. 商品基础信息表、属性名表和属性值表

如图 7-10 所示，商品基础信息表和属性名表是 *N*：*N* 的关系，商品基础信息表和属性值表之间是 *N*：*N* 的关系。商品基础信息表主要用来存储商品的基础信息（主要指商品的公共信息，如商品名称、商品 ID 等），属性名表主要用来存储商品中个性化字段的属性名（主要指商品详情页的属性名，如重量、颜色、尺码等属性名），属性值表主要用来存储商品中个性化字段的属性值（主要指商品详情页的属性值，如重量对应的属性值"1.735kg"，颜色对应的属性值"红色"等）。

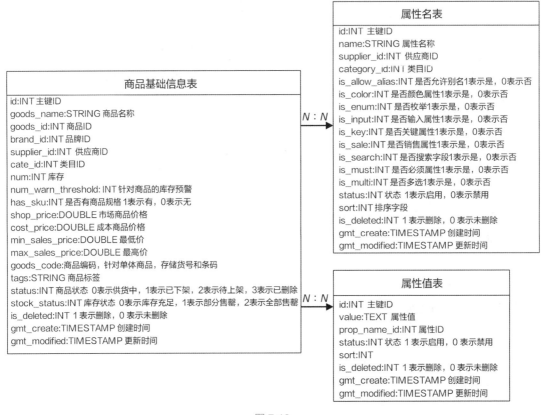

图 7-10

3. 商品属性表、商品规格表和商品详情表

如图 7-11 所示，商品属性表和商品规格表之间是 *N*：*N* 的关系，商品属性表和商品详情表之间是 *N*：*N* 的关系，主要包括以下内容。

- 使用商品属性表来组合属性名表和属性值表形成的"键-值"对信息，并和商品 ID 关联起来，这样就可以将这些信息归类到某个商品中。

- 在商品规格表中，使用 properties 字段来存储商品属性表 ID（支持多个商品属性表 ID，使用 "," 分隔），这样就将属性名表和属性值表形成的 "键-值" 对信息与商品规格表（SKU 表）关联起来。

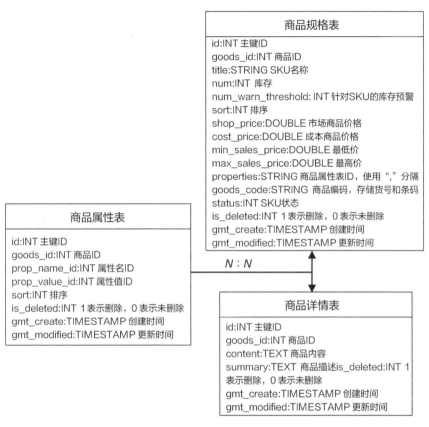

图 7-11

4. 商品图片表

如图 7-12 所示，商品图片表主要是用来存储商品视频和图片资源相关的信息，主要包括图片 URL、视频 URL、图片大小、图片位置等信息。

上述商品模型如何体现扩展性呢？可以从以下几点来看。

（1）一个商品的属性太多了，如果将所有属性都定义为一个字段，则存储字段值的商品表太大，于是就可以进行以下优化。

- 独立一张商品基础信息表，用来存储商品基础信息字段，如库存等。
- 定义两张 "键-值" 对表：属性名表和属性值表，用来存储商品基础信息表中的扩展字段和个性化字段，甚至还可以用这两张表来实现一个商品模板。

<table>
<tr><th colspan="1">商品图片表</th></tr>
<tr><td>id:INT 主键ID</td></tr>
<tr><td>goods_id:INT 商品ID</td></tr>
<tr><td>sku_id:STRING SKU ID</td></tr>
<tr><td>goods_property_id:INT 商品属性ID</td></tr>
<tr><td>url:STRING 商品资源链接，可以是图片或视频的URL链接</td></tr>
<tr><td>name:STRING 名称</td></tr>
<tr><td>sort:INT 排序</td></tr>
<tr><td>position:INT 图片位置 0 表示商品素材，1 表示规格图片，2 表示商品详情图片</td></tr>
<tr><td>is_master:INT 是否是主图 1 表示主图，0 表示非主图</td></tr>
<tr><td>mime_type:INT 是否是图片 1 表示视频，0 表示图片</td></tr>
<tr><td>height:DOUBLE 高度</td></tr>
<tr><td>width:DOUBLE 宽度</td></tr>
<tr><td>duration:视频时长</td></tr>
<tr><td>is_deleted:INT 1 表示删除，0 表示未删除</td></tr>
<tr><td>gmt_create:TIMESTAMP 创建时间</td></tr>
<tr><td>gmt_modified:TIMESTAMP 更新时间</td></tr>
</table>

图 7-12

还是使用图书类商品和男装类商品来举例，具体如下。

- 图书类商品详情中有一些特殊字段，如"重量"和"套装"等。
- 男装类商品中有一些特殊字段，如"颜色"和"尺码"等。

为了满足更多商品的个性化需求，我们可以将这些字段以"键–值"对的形式存储在属性名表和属性值表中。

（2）商品、属性和 SKU 之间的可扩展的映射关系。

定义一张商品属性表，作为商品基础信息表、属性名表、属性值表和商品规格表之间的关系中间表，具体如下。

- 商品属性表中的"商品 ID"字段是商品基础信息表中的主键 ID。
- 商品属性表中的"属性名 ID"字段是属性名表中的主键 ID。
- 商品属性表中的"属性值 ID"字段是属性值表中的主键 ID。
- 商品规格表中的"商品属性表 ID"字段是商品属性表的主键 ID 组合（多个 ID 之间使用","分隔）。

按照映射关系，我们可以快速组合一个商品详情并提供给商品服务。熟悉软件架构设计的开发人员应该比较清楚，如果业务追求可扩展性，那么肯定会增加表关系的复杂度，这是没有办法避免的，就像我们做算法一样，用增加空间复杂度来降低时间复杂度，反之也是可行的。

其实按照上述表模型来存储商品信息，还可以复用重复的商品数据，并制作为商品模板库。

7.4.3 分析技术复杂度

为了提高电商平台的可扩展性，架构师将以上业务服务拆分到不同的项目中，并且完成了分库分表。为了提高交易服务的吞吐量，架构师引入 RocketMQ 来异步解耦业务服务。

当完成了分库分表和服务异步化之后，需要利用"分布式事务"来解决分布式环境中的数据一致性问题。架构师发现 RocketMQ 支持利用"事务消息"来实现分布式事务，那么开始在业务项目中推行该技术方案，替换技术复杂度比较高的分布式事务技术方案，如 Seata。

利用 RocketMQ 的事务消息来实现分布式事务，需要分析以下 7 个方面的技术复杂度。

1. 术业有专攻

需要专门的开发人员维护 RocketMQ 的线上环境，如升级 RocketMQ 集群、扩容/缩容 Broker Server 节点治理线上的消息等。

一个新技术的引入需要"术业有专攻"，不要拿业务当作小白鼠，技术试错的成本从"严重性"角度来看，其成本是非常高的。

2. 沉淀技术

业务团队需要开发人员熟悉 RocketMQ 的使用方式，遇到问题之后，可以通过日志快速定位故障问题的原因，并将这些经验整理为可以维护的技术文档。

在使用 RocketMQ 过程中，开发人员肯定会遇到各种"疑难杂症"，可以通过查阅源码或咨询相关专家及时解决这些问题。如果这些经验只是固定的开发人员知道，就会形成单点故障。"好东西"需要分享，让更多的开发人员获取经验能整体提升团队的技术能力。

3. 提炼最佳实践

中间件团队需要提炼出 RocketMQ 的最佳实践，如高性能、高可用和高并发的使用方式。

由于新技术的引入都是经过从"会用"到"用好"的一个艰难过程，因此提炼最佳实践也需要投入更多的时间和人力资源。只要有投入，就会有对应的技术产出，反之肯定是没有的。

4. 考虑技术风险

关于执行本地事务，要考虑以下两种类型的流程：①先生产事务消息（半消息），再执行本地事务；②先执行本地事务，再生产事务消息（半消息）。

第 1 步，假如我们按照第 1 种流程来会出现什么问题呢？如图 7-13 所示。

- 先生产事务消息，Producer 客户端向 Broker Server 发起生产半消息的请求。如果生产事务消息成功，则利用事务监听器查询本地事务的状态，并再次发起结束事务的 RPC 请求，将本地事务状态传递给订阅事务消息的消费者。

- 如果生产事务消息（半消息）失败，则直接抛出异常，退出当前线程。
- 如果生产事务消息（半消息）成功，但是执行本地事务失败，则设置本地事务状态为 UNKNOW，并再次发起结束事务的 RPC 请求，请求头中设置 commitOrRollback 字段值为 MessageSysFlag.TRANSACTION_NOT_TYPE。Broker Server 收到这种类型的请求之后，只是输出一条日志。这时为了确保事务消息的完整性，需要重试执行本地事务的操作，直到获取确认的结果（失败或成功）。

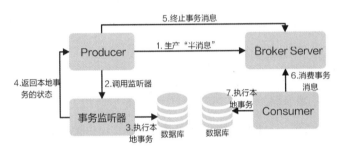

图 7-13

第 2 步，假如我们按照第 2 种流程来会出现什么问题呢？如图 7-14 所示。

- 先执行本地事务，如果失败，则退出当前线程，也不会生产事务消息（半消息）；如果成功，则使用 Producer 客户端生产一条事务消息（半消息）；由于执行本地事务的操作是独立运行的，因此可以不用将它添加到事务监听器中，这样生产事务消息（半消息）时，线程就已经确认本地事务的状态。
- 如果生产事务消息失败，这时就需要业务服务采用重试机制，确保消息一定要投递到 Broker Server 中，这样才能确保事务消息的完整性。如果这时 Broker Server 宕机了，则业务服务需要准备好逆向接口，及时将更新之后的数据还原。

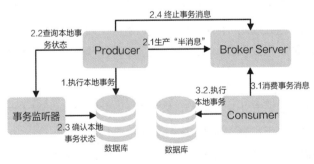

图 7-14

总之，无论是上述的哪一点都会存在一些技术风险，架构师在选择其中一种方式落地时，需要考虑应对技术风险的方案。

5. 确定校验本地事务状态的流程

如果确定执行本地事务的流程，则需要确定校验本地事务状态的流程。

第 1 步，如果是"先生产事务消息，再执行本地事务"，则我们该如何确定校验本地事务状态的流程。

- 如果 Broker Server 触发了某条事务消息的"回查本地事务状态"的流程，则使用事务监听器来校验本地事务的状态。
- 事务监听器需要依赖业务服务中的接口来确认本地事务的状态。
- 业务服务可以使用 Redis 或事务绑定表（事务日志表）来存储本地事务执行的状态，这样只需要给监听器暴露一个查询接口，就可以实现本地事务的校验。

第 2 步，如果是"先执行本地事务，再生产事务消息"，则我们该如何确定校验本地事务状态的流程。

- 先执行本地事务，因此 Broker Server 知道本地事务的状态。
- 如果 Broker Server 收到了事务消息，则消费者肯定需要消费。

6. 确定校验本地事务状态的技术方案

图 7-15 所示为事务绑定表的技术方案，本实例推荐使用该技术方案。

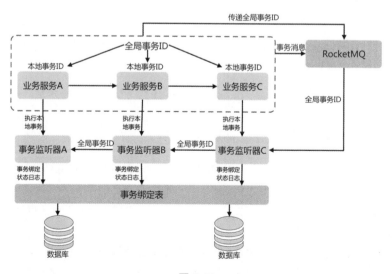

图 7-15

首先，一次业务请求需要调用业务服务 A、业务服务 B 和业务服务 C 中的接口，并且每个业务服务中不止访问一张表。

其次，一次业务请求，使用一个全局事务 ID 来标记，它会关联业务服务中的本地事务 ID（每访问一张表，并且在访问成功的生命周期范围之内，都会有一个唯一的本地事务 ID）。

再次，在执行事务成功之后，将执行本地事务的状态记录到事务绑定表中，并关联全局事务 ID 和本地事务 ID。

最后，处理回查本地事务状态的请求时，从消息中解析出全局事务 ID，并从事务绑定表中查询出指定的全局事务树，获取每个子事务的状态。

总之，这样可以校验全局事务范围内所有业务服务的本地事务状态，如果有一个事务状态失败，则可以执行回滚或对本地事务进行数据补偿。

使用事务绑定表的主要优势如下。

- 业务服务不需要单独管理这些事务状态数据，并且事务监听器也不需要去指定的业务接口中获取本地事务的状态。
- 开发人员可以将事务绑定表相关的操作封装成一个独立的服务，用来处理事务状态的存储。
- 方便开发人员标准化"事务消息"的接入模式。

关于基于 Redis 的技术方案，它与事务绑定表一样，只是底层采用 Redis 作为本地事务状态的存储设备，这样在一定程度上可以提高性能。当然线上 Redis 也可以结合具体的业务选择合适的集群部署方式。

7. 分析分布式事务的详细流程设计

图 7-16 所示为一个缩减版本的分布式事务的业务详细流程设计。其中，涉及 5 个服务，即交易服务、订单服务、商品服务、支付服务和供应链服务。

整个业务流程分为两大块：一个是"生成前置订单"的业务流程，另一个是"生成后置订单"的业务流程。

首先，看一下"生成前置订单"的业务流程。

- 业务流程的起点是"交易服务"（购物车服务），交易服务需要从商品服务中获取商品信息，商品服务将最新的商品信息返给交易服务（一般会有商品缓存）。
- 从"交易服务"向"订单服务"发起"下单"操作，交易服务一般同步向商品服务发起"预备锁前台库存"的操作。
- 在"订单服务"生产前置订单之后，将结果返给"交易服务"。
- 如果"前置订单"已经落库，则交易服务调用商品服务完成"锁前台库存"的操作。

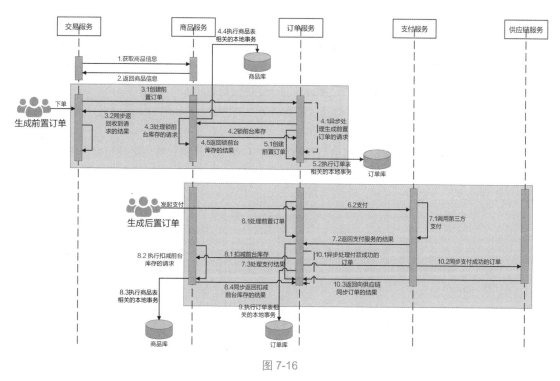

图 7-16

然后，看一下"生成后置订单"的业务流程。

- 订单服务处理"前置订单"，并向"支付服务"发起支付的请求。

- "支付服务"调用第三方支付，完成支付结算的业务流程，并将支付结果返给"订单服务"。

- 如果当前订单已经支付成功，则订单服务调用商品服务完成"实际后台库存的扣减"（在真实的商品服务中，存在前台库存和后台库存的对账流程，一般以后台库存为准）。

- "订单服务"异步将"支付成功的订单信息"同步到"供应链服务"中，"供应链服务"返回同步的结果。

- 最后"供应链服务"将"订单信息"同步到仓库、物流平台等服务中，完成"电商最后一公里"的业务流程。

在理解了缩减版的业务详细流程设计之后，就可以考虑哪些流程需要引入分布式事务。业务流程中分别启动两个分布式事务：一个是生成前置订单的分布式事务，另一个是生成后置订单的分布式事务。

"生成前置订单"的分布式事务流程设计如图 7-17 所示，具体过程如下。

- "交易服务"用于处理用户发起的下单请求，内部处理一些校验逻辑，如校验商品库存等。在校验通过之后，"交易服务"发起创建"后置订单"的请求，并异步生产一条"锁库存"预处理消息，其中"商品服务"订阅该消息。

- "订单服务"收到创建订单的请求之后，立即返回一个响应成功的结果给"交易服务"，注意这时只是"订单服务"收到了"交易服务"的请求，但是这个请求实际的响应结果还是不确定的（"订单服务"需要确保"后置订单"一定能创建成功）。
- "交易服务"确认"订单服务"创建"前置订单"成功之后，利用 RocketMQ 生产锁前台库存的确认消息。
- "商品服务"利用定时器，定时地利用消费者客户端拉取消息，并消费锁定前台库存的确认消息。

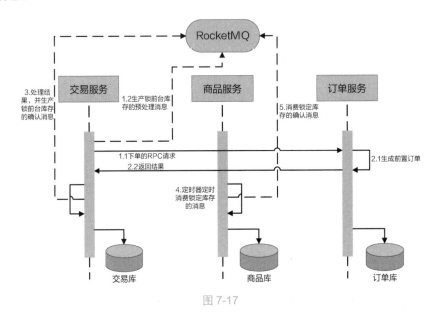

图 7-17

总之，使用交易服务作为协调者，协调商品服务"锁库存"和订单服务创建"前置订单"的本地事务的执行，从而实现前置订单"分布式事务"的效果。

"生成后置订单"的分布式事务流程设计如图 7-18 所示，具体过程如下。

- "订单服务"处理"前置订单"发起"在线支付"，生成一条"后置订单"，并生产一条"扣减库存"的预处理消息。
- "支付服务"处理在线支付请求成功之后，调用第三方支付，发起远程支付请求，如果成功，则返回支付成功（通常都是返回受理成功的结果，即异步处理）。
- "订单服务"确认"支付服务"支付成功之后（一般通过回调或轮询方式查询支付的结果，当然也可以利用消息进行异步处理），就生产一条"扣减库存"的确认消息，此时"后置订单"创建成功，也确认了支付结果。
- "商品服务"消费"扣减库存"的确认消息，从而完成"前台库存"的扣减。

总之，用订单服务作为协调者，协调商品服务"扣减库存"和订单服务创建"后置订单"的本地事务的执行，从而实现后置订单的"分布式事务"的效果。

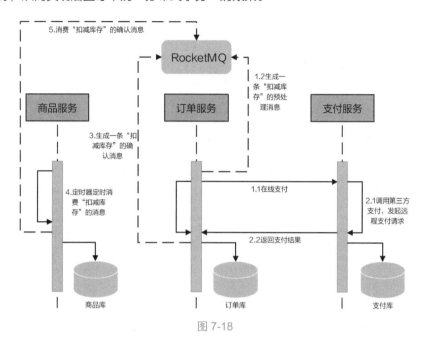

图 7-18

7.4.4 落地代码

本实例提供了源代码，但是毕竟是一本书，并不能完整复盘一个标准的电商项目，部分功能采用 Mock 方式，具体代码可以参考本书配套的源码。

图 7-19 所示为实例中服务之间的依赖关系。服务的主要功能描述如下。

（1）user-entry-api（内部 API 服务）：提供了 RESTFul API 接口，模拟用户下单购买商品和支付请求。

（2）trade-server（交易服务）：提供了 Dubbo 接口，模拟用户处理前置订单和锁库存的请求。

（3）order-server（订单服务）：提供了 Dubbo 接口，模拟用户处理后置订单和扣减库存的请求。

（4）good-server（商品服务）：提供了 Dubbo 接口，模拟用户锁库存和扣减库存的请求。

（5）pay-server（支付服务）：提供了 Dubbo 接口，模拟用户的支付请求。

（6）supply-server（供应链服务）：提供了 Dubbo 接口，模拟用户的物流相关请求。

（7）third-channel-api（第三方支付服务）：提供了 RESTFul API 接口，模拟第三方支付服务处理支付请求，如支付宝等。

本实例采用 Spring Cloud Alibaba+Nacos+Dubbo 作为基础框架，使用 RocketMQ 作为分布式消息中间件来实现分布式事务。

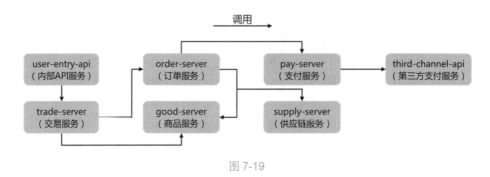

图 7-19

7.4.5 验证接入的结果

1. 准备环境

本实例需要准备的环境为①Nacos 注册中心和配置中心；②RocketMQ 集群。

2. 启动服务

按照依赖关系的顺序，启动本实例的服务，并检查 Nacos 控制台中的服务是否都已经启动成功。

3. 利用定时器制造数据

在电商产品中，商品属于基础数据。本实例为了方便演示，利用定时器制造一批商品数据，它们是自动插入数据中的，因此，开发人员可以直接使用。

4. 验证前置订单分布式事务的效果

按照标准的业务流程，利用 Postmap 工具发起一次购买商品的 RESTFul API 请求，交易服务调用订单服务来创建前置订单，并异步生产一条锁库存的事务消息。交易服务利用监听器实时地监听前置订单的状态，如果创建成功，则确认锁库存的事务消息，这样商品服务就可以利用定时器实时地订阅该消息，从而完成库存的锁定。

具体的验证过程如下。

（1）在订单服务中，打开"模拟创建前置订单故障"的开关，动态植入一个故障，但是订单服务添加了异步设计，还是会返回一个受理"创建前置订单"成功的结果，但是"前置订单"创建失败，它被订单服务的本地事务回滚掉。

（2）触发商品服务锁库存和订单服务创建前置订单的分布式事务消息，交易服务的事物消息监听器利用全局 ID 查询"订单服务"中对应的前置订单，在出现故障之后，不能查询到该订单。

（3）交易服务尝试多次之后，就确认该事务消息的状态为"回滚状态"，商品服务就不能消费"锁库存"的事务消息，从而实现分布式事务。

5. 验证后置订单分布式事务的效果

具体的验证过程如下。

（1）在第三方支付服务中，打开"模拟支付故障"的开关，动态植入一个故障，但是支付服务添加了异步设计，还是会返回一个受理"受理支付"成功的结果，但是"订单支付"失败，支付服务将支付结果回滚掉。

（2）订单服务通过"回调"或"轮询"确认最终的支付结果，并持久化该结果。

（3）订单服务通过监听器实时监听订单的支付结果，如果支付失败，则确认事务消息的结果为回滚状态。

（4）商品服务最终不能订阅到该订单对应商品的扣减库存的消息，从而实现分布式事务的效果。

开发人员可以下载本书配套源码，并按照以上步骤逐一验证，这样效果会更好。

7.5 【实例】使用泛娱乐业务验证事务消息的故障转移机制

> 📌 提示：
>
> 本实例的源码在本书配套资源的 "/chapterseven/transaction-failure" 目录下。

一个核心的业务上线，通常都会通过集群部署来避免单点故障，这样，生产者和消费者也会采用"集群"模式生产和消费消息。

RocketMQ 的事务消息采用"两阶段"来完成分布式事务，其中任何一个阶段出现服务的不可用都会导致事务消息流程中断，并整体不可用。在生产事务消息的过程中，RocketMQ 支持一个生产者出现故障，将事务消息故障转移到其他生产者。

本书使用泛娱乐直播中比较常见的业务场景——用户给主播打赏礼物，并异步扣减账户余额，从实战角度验证事务消息的故障转移机制。

7.5.1 准备环境

（1）搭建两个 Master 角色的 Broker Server 集群。

（2）搭建 Nacos 配置中心和注册中心。

（3）初始化一个送礼服务 live-gift-core-server 和一个账户服务 live-account-core-server。

（4）初始化一个分布式发号器服务 distributed-generator-server。

送礼服务和账户服务的代码实现可以参考本书配套源码。

7.5.2 架构设计

图 7-20 所示为"用户给主播打赏礼物"业务的事务消息流程设计。

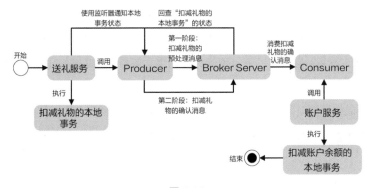

图 7-20

完成"用户给主播打赏礼物"的事务消息的常规流程主要包括以下 5 个步骤。

（1）送礼服务调用 Producer 向 Broker Server 生产第一阶段扣减礼物的预处理消息。

（2）送礼服务执行扣减礼物的本地事务。

（3）送礼服务调用 Producer 向 Broker Server 生产第二阶段扣减礼物的确认消息。

（4）账户服务调用 Consumer 消费扣减礼物的确认消息，并执行扣减账户余额的本地事务。

（5）如果送礼服务中参与事务消息的本地事务的状态不确定，则 Broker Server 定时回查事务状态不确定的扣减礼物的本地事务的状态，确认之后重新发起第二阶段请求。

那么故障转移会发生在上面哪个流程呢？主要发生在回查"扣减礼物的本地事务"的状态中。图 7-21 所示为送礼服务和账户服务之间事务消息故障转移的架构设计，主要包括以下内容。

- 在执行回查"扣减礼物的本地事务"的状态流程中，需要按照生产者组名称，从生产者客户端通信渠道的本地缓存中获取一个可用的通信渠道。

- 获取通信渠道可采用轮询算法，采用轮询算法会出现两种场景：①如果生产事务消息的生产者 Producer1 出现故障，它的通信渠道 1 就被 Broker Server 判定为不可用，执行轮询算法之后会丢弃该通信渠道 1，并轮询其他可用的通信渠道，如可能获取通信渠道 2；②如果 3 个生产者都是可用的，则使用轮询算法也会出现生产"半消息"的生产者和 Broker Server 回查"扣减礼物的本地事务"时使用的生产者不一致的情况，这样做的好处是可以起到负载均衡的作用。

- Broker Server 使用获取到的通信渠道，发起回查"扣减礼物的本地事务"的状态流程中的 RPC 命令事件请求。

- 如果送礼服务的 3 个生产者都宕机了，事务消息就整体不可用了。开发人员在使用事务消息时，尽可能启动多个生产者（具体数量可以结合具体业务及接口的性能指标），并使用相同的生产者组名称。这样，在实际生产环境中，如果出现网络抖动，导致部分通信渠道被判断为不可用（不活跃），则可以通过 RocketMQ 的故障转移机制，继续完成回查"扣减礼物的本地事务"的状态流程。

> 💡 提示：
>
> 在使用事务消息时，有经验的开发人员一般都会建议"事务消息的生产者组名称必须是一致的"，当新手知道事务消息底层的原理是 RocketMQ 在回查事务消息状态时，需要遍历同一个生产者组名称下面的所有生产者，并使用轮询算法，向生产者发起确认本地事务消息状态的 RPC 请求。如果生产者组名称不一致，则在回查本地事务状态时会漏掉这个 Producer。

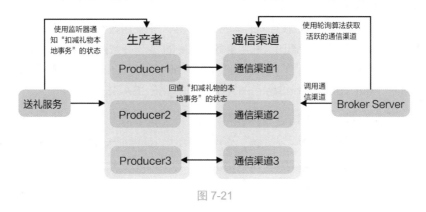

图 7-21

7.5.3 代码设计

为了方便验证实现事务消息时的故障转移技术细节，本实例增加了代码设计细节。

"送礼服务"的主要代码设计如下。

（1）使用定时任务定时地制造礼物数据。

这主要是为模拟"用户给主播打赏礼物"制造礼物种子数据，并利用 Nacos 配置中心，动态控制数据库中的礼物数据规模。

（2）使用定时任务，将礼物数据加载到本地对象池中。

礼物数据被缓存到对象池中之后，利用随机算法从对象池中获取一个礼物，并将它打赏给一个用户。

（3）使用定时器，定时地扩容/缩容 Producer 客户端。

使用两个定时器，一个用来扩容 Producer 客户端（从配置中心读取扩容的数量），另一个用来缩容 Producer 客户端（从配置中心读取缩容的数量），最后将 Producer 客户端存储在本地缓存中。

（4）自定义一个事务监听器。

事务监听器的主要职责如下。

- 事务监听器用来执行"送礼服务"的本地事务——更新礼物数量。如果执行本地事务成功，则插入一条成功日志（日志中会记录送礼的全局唯一 ID，使用 uk 变量来表示），返回 LocalTransactionState.COMMIT_MESSAGE，如果更新失败，则返回 LocalTransactionState.ROLLBACK_MESSAGE；利用一个动态开关控制故障植入，如果开启动态开关，则更新完礼物数量之后，当前线程休眠 5s，并制造一个空指针异常，返回 LocalTransactionState.UNKNOW。
- 事务监听器用来校验"送礼服务"的本地事务状态——使用数据库中的日志来校验。当校验"送礼服务"的本地事务状态时，利用事务消息中的 uk，在数据库中查询日志，并校验日志的状态。如果日志状态是"0"，则返回 LocalTransactionState.COMMIT_MESSAGE，否则返回 LocalTransactionState.ROLLBACK_MESSAGE。

（5）启动一个定时器，定时给用户打赏礼物。

从礼物数据对象池中随机获取一个礼物，生产一个全局 uk 作为本次送礼的全局唯一 ID 和礼物数据绑定，将礼物数据转换为事务消息。从 Producer 客户端对象池中随机获取一个 Producer 客户端（模拟负载均衡），生产事务消息。

"账户服务"的主要代码设计如下。

（1）使用定时任务定时地制造账户数据。

这主要是为模拟"用户给主播打赏礼物"制造账户种子数据，并利用 Nacos 配置中心，动态控制数据库中的账户数据规模。

（2）使用定时任务，消费事务消息。

消费事务消息的过程如下。

- 利用 Nacos 配置中心，动态控制消费消息的 Consumer 客户端数量。
- 启动 Consumer 客户端消费消息，并执行"账户服务"中的本地事务。

7.5.4　验证故障转移

（1）为了方便演示故障转移，本实例使用两个 Producer 客户端生产事务消息，如果其中一个 Producer 客户端出现故障，则需要在回查本地事务消息状态时，转移到另一个 Producer 客户端中。

在"送礼服务"中配置 Nacos 配置中心的相关配置参数，代码如下。

```
//①礼物的种子数据量，默认为 1000 条
rocketmq.youxia.config.giftNum=1000
//②Producer 客户端数量，默认为 2 个
rocketmq.youxia.config.producerNum=2
//③设置 Producer 客户端的实例名称
rocketmq.youxia.config.instanceName=giftMessage3366719,giftMessage7850692
//④设置 Producer 客户端的 IP 地址
rocketmq.youxia.config.clientId=127.0.0.1:7875,127.0.0.1:7877
//⑤插入种子数据的开关，默认为关闭
rocketmq.youxia.config.openInsertData=false
//⑥开启故障开关，Broker Server 需要回查本地事务状态
rocketmq.youxia.config.openFaultInsertion=true
//⑦派发礼物的次数，默认为 18 次
rocketmq.youxia.config.simulateNum=18
//⑧剔除 Producer 的数量，默认为 0 个
rocketmq.youxia.config.eliminateNum=0
//⑨是否开启剔除 Producer 客户端的开关，默认为关闭
rocketmq.youxia.config.openEliminate=false
//⑩设置需要剔除的 Producer 客户端实例
rocketmq.youxia.config.eliminateProducerClientId=127.0.0.1:7875@giftMess
    age3366719
```

在"账户服务"中配置 Nacos 配置中心的相关配置参数，代码如下。

```
//①礼物的种子数据量，默认为 10 条
rocketmq.youxia.config.accountNum=10
//②Consumer 客户端数量，默认为 1 个
```

```
rocketmq.youxia.config.consumerNum=1
//③插入种子数据的开关，默认为关闭
rocketmq.youxia.config.openInsertData=false
```

（2）为了验证生产事务消息的 Producer 客户端和处理回查本地事务状态请求的 Producer 客户端是否为同一个，在生产事务消息时，使用 producerClientId 字段来记录 Producer 客户端 ID 的值。

第 1 步，启动"送礼服务"和"账户服务"，开启"用户给主播打赏礼物"的业务流程。

第 2 步，使用 IDEA 远程调试"送礼服务"和"账户服务"，用来调试"回查本地事务状态"的代码。

第 3 步，通过 UI 控制台查看启动的两个 Producer 客户端 ID，如图 7-22 所示。它们分别是"127.0.0.1:7875@giftMessage3366719"和"127.0.0.1:7877@giftMessage7850692"。

Topic: giftMessage	▼ ProducerGroup: giftMessage		Q SEARCH	
clientId		**clientAddr**	**language**	**version**
127.0.0.1:7875@giftMessage3366719		127.0.0.1:59661	JAVA	V4_9_2
127.0.0.1:7877@giftMessage7850692		127.0.0.1:59662	JAVA	V4_9_2

图 7-22

第 4 步，假如使用 Producer 客户端"127.0.0.1:7875@giftMessage3366719"生产了一条事务消息，执行本地事务的日志如下。

[executeLocalTransaction],执行本地事务的生产者是 127.0.0.1:7875@giftMessage3366719 消息对应的全局唯一 ID uk 为 710198634674651136

并通过 IDEA 远程调试，查看处理全局唯一 ID uk 为"710198634674651136"的事务消息的本地事务状态的 Producer 客户端信息，如图 7-23 所示。

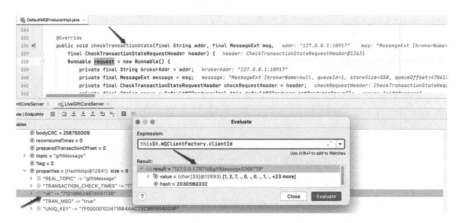

图 7-23

我们通过对比可以发现，执行事务消息"710198634674651136"对应的本地事务的 Producer 客户端 ID 和处理回查本地事务状态的请求的 Producer 客户端 ID 是一致的。

由于故障转移采用轮询机制确定一个 Producer 客户端处理回查本地事务状态的请求，因此会出现不一致的现象，但是依然会在两个 Producer 客户端之间切换。

第 5 步，修改 Nacos 配置中心的配置信息，下线 Producer 客户端实例"127.0.0.1:7875@ giftMessage3366719"的配置信息如下。

```
//①剔除 Producer 客户端实例的数量
rocketmq.youxia.config.eliminateNum=1
//②开启剔除 Producer 客户端实例的开关
rocketmq.youxia.config.openEliminate=true
//③需要剔除 Producer 客户端实例的客户端 ID
rocketmq.youxia.config.eliminateProducerClientId=127.0.0.1:7875@giftMess
    age3366719
```

如果没有发生故障转移，则已经下线的 Producer 客户端实例中，还没来得及处理的"回查本地事务状态"的请求就会丢失，从而导致分布式事务消息失败。

在剔除 Producer 客户端"127.0.0.1:7875@giftMessage3366719"之前，它已经生产了一条事务消息，执行本地事务的日志如下。

```
[executeLocalTransaction],执行本地事务的生产者是127.0.0.1:7875@giftMessage3366719
消息对应的全局唯一 ID uk 为 710229020402253824
```

通过 IDEA 远程调试，查看处理全局唯一 ID uk 为"710229020402253824"的事务消息的本地事务状态的 Producer 客户端信息，如图 7-24 所示。我们可以发现，处理"回查本地事务状态"的 Producer 客户端为"127.0.0.1:7877@giftMessage7850692"，这样就可以验证 RocketMQ 将请求转移到了其他可用的 Producer 客户端实例上。

图 7-24